가정자원관리

홍성희 · 김혜연 · 김성희 · 윤소영 · 고선강 공저

신정

머·리말

PREFACE

2004년 2월 '건강가정기본법' 이 제정된 이후 각 대학에서는 건강가정사 양성과 교육을 위한 교과목을 개설하였고, 이에 따라 교재에 대한 요구가 커지게 되었다. 가족자원경영학회에서는 이러한 필요성을 절감하고 '건강가정 총서' 를 기획하게 되었으며, 이 책은 그 시리즈 중의 하나이다.

가정자원관리는 건강가정사 자격 취득의 필수과목이기 이전에도 가정관리학 분야에서 가장 기본적이고 기초적인 전공 지식을 제공하는 중요한 과목이었다. 왜냐하면 인간은 형태와 구조와 상관없이 일반적으로 우리가 인식하는 '가정' 이라는 보금자리에서 '가족' 이 서로 이해하고, 배려하며, 서로의 성장을 위해 기여하기를 원하기 때문이다. 이와 같은 인간의 본질적인 욕구는 가정 내외의 자원을 사용함으로써 충족되며, 가정자원관리는 이러한 자원의 관리를 통한 목표, 즉 "모든 욕구가 충족되고 인간다운 삶이 보장되는(건강가정기본법 제3조)" 건강한 가정을 통해서 "가정의 구성원으로서 안정되고 인간다운 삶을 유지할 수 있는 가정생활을 영위할 수 있는 권리(건강가정기본법 제4조)" 를 추구하는 것을 다룬다.

이 책은 4부로 구성되었다. 1부에서는 사회와 가정의 변화 양상 중에서 최근 우리나라에서 급진전되고 있어 더욱 심각한 영향을 미칠 것으로 우려되는 고령화 및 저출산 현상, 그리고 가정에 다양한 혜택과 동시에 과제를 던져주고 있는 정보화에 초점을 맞추었으며, 이러한 환경적 변화에 따라 새롭게 건강가정의 개념과 가정의 건강성을 증진시키기 위한 자원관리를 다룬다. 2부에서는 건강가정의 이론적 틀로서 체계이론에 근거하여 가정의 구성원이 주어진 조건을 인식하고, 계획적으로 목표를 향해 나가며, 그에 따라 결과를 성취하고 평가하는 전체 과정을 다룬다. 구체적으로는 건강가정의 철학과 가치, 목표, 표준 등의 정신적 측면, 가정 내외 자원의 조건적 측면, 그리고 계획과 수행에 이르는 행동적 측면을 다루며, 이러한 과정에 관련된 의사소통과 의사결정을 포함한다. 3부에서는 변화하는 사회와 가정의 건강성 증진과 행복추구를 위해 관리할 수 있는 주요한 자원들, 인적자원, 시간자원, 경제적 자원 및 주거환경자원에 대해 이해하고, 각각의 자원들을 어떻게 관리할 수 있는가에 대한 실제적인 관리방안을 제시한다. 4부에서는 최근에 나타나고 있는 다양한 형태의 가정에서 가정구성원이 가정생활을 통해서 그들의 요구와 자원을 조정하여 목표와 목적을 달성하고 창조적인 생활을 하는 관리과정에 대해서 살펴본다.

이 책을 집필하면서 저자들이 가장 고민하고 논의하였던 것은 건강가정이라는 개념적 부분과 이를 위한 자원관리라는 실제적 부분의 통합이었다. 그 결과 이 책에서는 '가족'의 개념과 구별하여 '가정' 개념을 사용한다. 가족이 구조나 관계를 중심으로 한 개념이라면 가정은 생활의 측면, 즉 가족을 구성하는 인간, 가족의 생활, 그리고 이를 둘러싼 환경까지 포함하는 포괄적 개념이어서 건강가정의 기본 취지와 보다 부합된다는 인식에서였다. 이러한 인식과 맞추어 가정생활과 관리적 측면을 강조하기 위해 '가정'을 사용하였으며, '가족구성원' 대신 '가정의 구성원'이라는 용어를 일관되게 사용하였다. 이 책은 저자들이 전체 내용과 목차를 논의한 후 관심 주제를 나누어 집필하였다. 1장 · 10장 · 12장은 홍성희 선생님, 3장 · 4장 · 5장은 김혜연 선생님, 7장과 8장은 김성희 선생님, 6장 · 13장 · 14장 · 15장 · 16장 · 17장은 윤소영 선생님, 2장 · 9장 · 11장은 고선강 선생님이 집필하였다. 각 저자의 서술방식의 차이를 최소화하려고 노력하였으나 개인적 차이가 다소 있을 수 있음을 밝히고자 한다.

앞으로 이 책을 기초로 다양한 관점과 활용성을 갖춘 가정자원관리 교재뿐 아니라 건강가정과 관련된 교재들이 더욱 활발하게 출판되어 '건강가정'을 달성하는 데 도움이 되었으면 한다.

2008년 1월

저자 일동

차 · 례

PART I 사회변화와 건강가정

PART Ⅱ 건강가정의 이론적 틀

CHAPTER 03 건강가정의 이론적 틀

CHAPTER 04 건강가정의 투입단계: 정신적 측면

PART Ⅲ 건강가정과 자원관리

PART Ⅳ 다양한 형태의 건강가정과 자원관리

PART I

사회변화와 건강가정

가정은 가정이 속한 시대적 배경과 사회변화의 영향을 받으며, 그 변화에 적응해 나가는 과정에서 스스로 변화한다. 가정의 변화는 직접적으로 규모가 축소되거나 핵가족으로 구성된 가정 이외에 다양한 가정이 출현하는 변화로부터 가정구성원들의 가치관과 가정의 기능적 역할의 변화에 이르기까지 광범위하게 진행되고 있다. 특히 우리 나라에서는 사회와 가정의 변화가 매우 빠르게 진전되고 있어 가정의 의미를 진단하고 자원관리가 더욱 요구된다.

1부에서는 최근 우리 나라의 빠른 고령화와 저출산 현상, 그리고 가정에 다양한 혜택과 동시에 과제를 던져주고 있는 정보화를 중심으로 사회와 가정의 변화를 다룬다. 이러한 변화에 대응하고 영향을 주고받는 가운데 변모된 가정의 양상을 구조적, 기능적 측면과 자원 변화의 측면에서 접근한다.

또 사회적, 환경적 여건에 부응하고 기능적 역할을 효과적으로 수행하기 위한 건강가정의 의미와 개념을 규정함으로써 현대사회에서 가정이 추구해야 할 방향을 제시한다. 이는 궁극적으로 자원관리를 통한 가정의 건강성이라는 목표를 달성하고 가정구성원의 만족을 이끌어 내는 출발점이 된다.

CHAPTER

01

사회변화와 가정

CHAPTER 01

사회변화와 가정

1. 사회변화와 가정환경

사회의 변화는 가정을 둘러싼 환경과 가정구성원에 영향을 미친다. 사회의 변화 중에서도 최근 우리 나라에서 급속도로 진행되고 있는 인구구조의 변화와 정보화가 가정에 미치는 영향을 중심으로 살펴본다.

1) 고령화 사회의 가정환경

(1) 고령화의 현상

UN에서 정한 고령화의 기준에 의하면 고령화 사회(Aging Society)는 65세 이상 노인인구의 비중이 7% 이상인 사회를, 고령사회(Aged Society)는 14% 이상인 사회를 말하며, 20% 이상에 달하는 사회는 초고령사회(Super-Aged Society)로 부르기도 한다. 세계적으로 가장 먼저 고령화 사회로 진입한 프랑스는 고령사회로 가는데 115년이 걸렸으며, 지금까지 최장수국이며 고령화가 가장 빠르게 진전되었다고 하는 일본의 경우도 24년이 걸렸다.

통계청에 의하면 우리 나라는 지난 2000년 65세 이상 노인인구의 비율이 7.2%로 이미 고령화 사회로 진입했으며, 2018년에 14.4%에 달해 고령사회로 진입할 것으로 예상된다. 또 고령사회에 들어선 후 8년 뒤인 2026년에 초고령사회로 진입하게 될 것으로 전망하고 있다. 이 전망이 현실로 나타난다면 우리 나라가 고령화 사회에서 고령사회로 진입하는 기간은 19년으로, 반세기 이상에 걸쳐 고령화가 점진적으로 진행된 선진국들과는 비교할 수 없이 가장 빠르다.

이와 같이 빠른 속도의 고령화는 매우 충격적인 영향을 미칠 것으로 예상되고 있다. 2026년에는 65세 이상의 인구가 1,000만 명을 넘어서게 되어, 인구 5명당 1명은 고령인구가 된다는 것이다. 이러한 연령구조를 갖게 된 것은 건강상태의 개선과 의료기술 발전 등으로 인간의 수명이 빠르게 연장되면서 노년층이 두터워진 데 그 원인이 있으나, 동시에 독신자가 증가하고 기혼가정의 출산율이 낮아지면서 청년층이 줄어들기 때문이기도 하다.

(2) 고령화의 영향

고령화 사회에서는 사회경제적으로 생산인구가 감소되어 국가경쟁력을 약화시키고 장기적인 경기침체를 초래할 가능성이 높다. 이러한 영향은 결국 가정환경에도 파급되는데, 생산인구의 감소와 노인인구의 증가로 소비증대 및 저축감소의 악순환이 반복될 것이다. 또 사회에 대한 의존도가 높은 노인인구의 증가는 노인복지 비용과 의료비 부담, 국민연금 재정부담을 불가피하게 증가시킬 것이다.

그러나 고령화 시대의 노인은 과거의 노인과 달리 건강하므로 경제활동에 계속 참여할 의지와 능력이 있으며, 다양한 사회활동과 경험에 대한 욕구를 갖고 있기도 하다. 즉, 노인들은 사회에서 혜택을 받는 수혜자이며 복지의 대상이 아니라 개인적으로는 사회를 구성하는 주체로서 새롭게 부상된 연령집단인 것이다.

이와 같이 우리 나라의 빠른 고령화 속도는 국가경쟁력을 약화시키고, 지속적인 사회경제적 발전에 위협이 되며, 노인부양인구의 재정부담을 증가시켜 사회적으로 세대 간 갈등 요인으로 작용할 수 있다. 한편 길어진 노년기를 새로운 자기발견의 기회로 보고 적극적으로 생활하려는 욕구를 가진 노인집단도 형성된다. 그러므로 노인 구성원의 건강한 생활과 복지를 위해 경제활동과 사회참여를 도와줄 수 있는 사회와 가정의 지원체계가 필요하다.

2) 저출산과 가정환경

(1) 저출산의 현상

우리 나라에서는 저출산 현상이 고령화와 더불어 진행되고 있어 그 파급 영향이 파괴적일 것으로 전망된다. UN 인구기금과 대한가족보건복지협회가 발간한 '2005 세계인구현황' 에 따르면 우리 나라의 2005년 합계출산율은 1.22명으로 전세계 평균인 2.6명의 절반에 훨씬 못 미치며, 선진국의 평균인 1.57명보다 적은 수치이다. 한 나라의 인구가 지속적으로 유지되기 위해서는 여성들이 평생 동안 낳는 자녀 수인 합계출산율이 2.1명은 되어야 하는데, 현재의 출산율은 이 수준의 절반 정도에 그치고 있다.

더 나아가 출산율 하락의 속도가 매우 빠른 것에 문제의 심각성이 있다. 우리 나라의 2002년 출산율은 1970년의 4.53명에 비해 30여 년 사이에 3.5명이 줄어들었다. 같은 기간 동안 일본은 0.8명, 프랑스와 미국은 각각 0.5명, 0.4명이 감소한 것에 비해 하락의 속도가 매우 빠른 것을 알 수 있다.

저출산으로 젊은이가 급격하게 줄어들면 국가의 노동 공급과 생산성이 현격하게 줄어든다. 노동력 감소는 다시 경제성장의 둔화로 연결되고 궁극적으로는 삶의 질을 저하시킨다. 또 젊은이가 고령화 사회에서 증가하는 노인인구를 부양해야 하는 사회적 비용 부담이 커지는 것도 문제이다. 한국일보에 의하면, 급격한 출산율의 하락과 고령화가 맞물려 2040년경에는 생산가능인구(15~64세) 두 명이 노인 한 명을 부양해야 하는 상황에 이를 것으로 예상되고 있다.

저출산으로 소자녀화된 현상은 경제 성장과 더불어 젊은 자녀세대의 소비와 문화생활, 사회생활에서 기존세대와는 다른 양상을 조장하기도 한다. 신세대들은 1318세대(13~18세), N세대(Net 세대), R세대(Red, 월드컵세대) 등으로 일컬어지면서 가상공간을 무대로 자유분방하게 움직이며, 모바일과 게임, 명품 등에 열광하고, 인터넷을 통해 원하는 정보를 소비하면서 생산도 하는 프로슈머로 활동하는 독특한 세대문화를 형성한다. 한편 부모는 적은 자녀에 대해 지나친 기대와 교육열로 아낌없이 투자하기도 한다. 이와 같이 개성적이고 자유로운 삶을 추구하는 자녀세대의 특성은 부모세대와 가치관과 문화의 차이로 인하여 의사소통에 장애가 나타나거나 갈등을 유발시키기도 한다.

(2) 저출산의 원인

2000년 전국 출산력 및 가족보건실태조사 결과에 따르면, 15~44세 여성의 58.1%만이 자녀가 필요하다고 답해 1991년 조사의 90.3%와 현격한 차이를 보여주었으며, 중앙일보의 여론조사에서도 기혼자의 65%, 미혼자의 68%가 자녀출산은 필수가 아닌 선택이라고 응답함으로써, 자녀출산에 대한 가치관의 변화를 여실히 보여주고 있다.

결혼한 부부가 출산을 기피하는 이유로는 초혼 연령 상승, 기혼여성의 경제활동 증가, 보육시설과 보육 프로그램의 미비, 사교육비와 같은 경제적 부담, 자녀에 대한 가치관 변화 등 사회경제적 요인들이 복합적으로 작용한 결과이다. 이와 같이 출산기피의 원인이 복합적이고, 경로가 다양하다는 것은 출산율 하락의 문제가 여성 개인이나 가정이 해결할 수 있는 범위를 벗어나 있다는 것을 말해준다.

이러한 문제는 여성가족부의 가족실태조사(2006) 결과에서도 뒷받침되는데, 우리 나라 20대 여성의 63.5%, 30대 여성의 31.5%가 출산지원 여건만 만족되면 자녀를 더 출산할 계획이 있는 것으로 나타났다. 즉, 자녀를 계획한 만큼 출산하지 않는 것은 출산과 양육을 위한 사회적 여건이 충분하지 않기 때문임을 의미하는 것이다.

저출산의 한 원인인 여성의 경제활동 증가는 개인과 가정의 문제가 아니라 사회적인 의미를 가진다. 여성 인력은 저출산으로 인한 노동 공급의 감소를 해결할 수 있는 대안이기 때문이다. 그러나 우리 나라 여성의 경제활동의 실태를 보면 OECD 국가 중 하위권에 속한다. OECD의 '2002년도 고용전망 보고서' 에 따르면 우리 나라 전체 여성의 경제활동참가율은 2001년 56.3%로 OECD 평균 69%보다 12.7%나 낮다. 더구나 대졸 이상의 고학력 여성의 경제활동참가율은 55%로, OECD 회원국 평균 82.1%에 크게 못 미치는 가장 낮은 수준이다. 경제활동의 질도 낮아서 대졸 여성들의 정규직 비율이 감소하는 추세이며, 대졸 이상 남성의 86.5%가 정규직이지만 여성은 61.9%에 불과하다.

여성들이 원하는 만큼 일자리를 갖지 못하는 것은 노동시장이나 가정에 장애물이 많다는 것을 의미하는데, 여성의 경제활동을 가로막고 있는 최대의 장애요인은 출산과 육아의 부담이다. 통계청의 사회통계조사보고서는 여성 취업의 가장 큰 장애요인으로 육아부담(38.8%)을 보고하고 있다. 사회적 편견이나 차별적 관행 및 제도는 22.8%, 불평등한 근로여건 등은 12.4%인 것에 비해 높은 수치이다.

이와 같이 여성의 경제활동 참가는 저출산 · 고령화 시대에 부족한 노동 공급의 대안이 될 수 있으나, 여성이 경제활동에 지속적으로 참여하는데 출산과 육아의 부담이 장애요인으로 작용한다. 결과적으로 여성이 경제활동에 참여하기 위해서는 결혼과 출산 자체를 꺼리거나 결혼하더라도 출산을 미루거나 적게 낳는 결과로 이어지며, 출산율 저하는 고령화를 가속화시켜 노동 공급을 감소시키는 악순환으로 이어질 우려가 있다.

3) 정보화 사회의 가정환경

정보화란 정보를 물질, 에너지에 이은 제3의 요소로 인식하여 정보의 생성 · 가공 · 전달 · 이용 및 축적을 의식적으로 행하는 활동의 총체를 말한다. 또 정보가 물질이나 에너지 이상으로 중요한 자원이 되어 정보의 가치생산을 중심으로 사회나 경제가 발전해 가는 사회를 정보화 사회라고 한다. 따라서 정보화 사회에서는 일반적으로 사회 및 경제활동의 중심이 재화의 생산으로부터 정보와 지식의 생산으로 옮겨지게 된다. 정보화 사회에서는 가정생활에서도 정보와 관련된 활동의 비중이 커지고, 정보화에 의해 생활양식이 변화될 것이다.

정보화 사회를 맞이하여 정보통신기술의 발달은 우리에게 다양한 정보를 제공하고 예측함으로써 인간의 의식과 행동에 커다란 개혁을 가져다 주고 있다. 가정도 정보화로 인한 주변 환경 변화의 영향을 받으며 생활의 편리와 혜택을 경험하고 있다. 이러한 정보화와 관련하여 가정의 주변 환경 변화에 대해 알아본다.

(1) 경제적 환경의 변화

경제적 환경은 정보화로 인한 변화가 가장 광범위하게 진전되는 분야로서 그만큼 가정과 가정구성원의 생활에 직접적인 영향을 미치게 된다. 디지털정보산업의 고속 성장, 기술의 융합화와 신기술의 확산 등으로 산업사회에서 지식기반산업사회로 이행함에 따라 정보화와 관련된 고부가 가치산업이나 새로운 인터넷 관련 서비스업이 등장하여 고용구조와 직종을 변화시키고 있다. 즉, 3차 산업인 서비스업의 고용이 크게 확대되는데, 서비스 산업이 교육, 건강, 의료 서비스 등의 인적 서비스와 디자인, 정보처리, 정보관리 등의 정보화 전문 서비스로 확대되면서 신생 직종과 유망 직종의 일자리가 증가한다.

정보화는 근무 형태의 다양화를 가져온다. 예를 들어 정보통신기술을 활용한 재택근무가 가능한데, 재택근무를 하게 되면 근로자는 근무 시간과 근무 장소의 융통성을 갖게 되며, 가정생활에도 시간적 여유를 제공함으로써 가사노동 및 자녀양육의 역할을 동시에 수행하는 데 유리하다.

또 정보화로 인해 전자상거래가 활성화되어 가정에서 시간과 장소의 제약 없이 구매가 가능하고, 상품탐색에서 대금 지급까지 하나의 네트워크로 완결되어 편리할 뿐 아니라 많은 상품 정보와 다양한 선택의 기회를 제공함으로써 합리적인 소비환경이 만들어지고 있다.

(2) 기술적 환경의 변화

우리 나라는 정보화 사회로 빠르게 전환하기 위해 정부에서 1999년 3월 'Cyber Korea 21' 을 수립하였다. 이는 기존의 분야별, 사업별 정보화계획에서 탈피하여 정보 인프라 구축, 국가 전반의 생산성 향상, 신산업 육성을 통한 고용 확대로 연계되는 종합적이고 체계적인 정보화 추진 방향을 정립한 것이다. 특히 2005년까지 대용량 초고속정보통신망 구축을 추진함으로써 정보사회의 근간을 이루는 사회간접자본을 형성하였다. 이러한 정책으로 우리 나라의 정보통신 기반시설이 급속히 진전되고, 통신 이용환경 또한 빠른 속도로 개선된 결과 일반 가정에도 초고속통신망이 급속도로 보급되어 국민들이 다양한 정보를 이용할 수 있게 되었다. 실제로 우리 나라의 초고속 인터넷서비스 이용가구는 세계적으로 인구대비 가장 높은 이용률을 나타내고 있다. 인터넷 이용률은 해마다 증가해 2006년 현재 열 가구 중 여덟 가구가 PC를 보유하고 있고, 열 명 중 일곱 명 이상이 인터넷을 이용하고 있다.

초고속 인터넷 보급률 4년째 세계 1위

한국이 초고속 인터넷 보급률에서 4년 연속 세계 1위를 차지했다.

29일 경제협력개발기구(OECD)에 따르면 한국의 지난해 말 기준 초고속 인터넷 보급률은 24.9%로 회원국 중 최고로 지난 2001년부터 4년 연속 1위를 기록했다. 2001년 17.2%로 1위에 오른 한국은 2002년 21.8%, 2003년 23.8% 등 꾸준히 보급률이 증가 추세를 보이면서 1위 자리를 지켜왔다. 이번 조사는 각국의 인구 100명당 초고속 인터넷 가입자 수를 조사한 것으로 전체 인구에서 초고속 인터넷 가입자가 차지하는 비중을 나타낸 것이다.

한국에 이어 네덜란드(19.0%), 덴마크(18.8%), 아이슬란드(18.3%) 등이 2~4위를 차지, 북유럽 국가들의 보급률 성장세가 눈에 띄었다. 반면 2003년 말 한국에 이어 2위를 차지했던 캐나다는 17.8%로 5위로 밀려났다.

한국의 보급률 24.9%는 경제협력개발기구 평균인 10.2%의 두 배가 넘는 수치다. 경제협력개발기구 회원국의 초고속 인터넷 가입률은 2003년 7.3%에서 2004년 10.2%로 2.9%포인트 증가하는 높은 성장세를 보였다. 국가별로는 네덜란드가 가장 크게 성장했고, 스위스, 노르웨이, 룩셈부르크, 덴마크, 핀란드, 영국 등 북서유럽 국가들이 성장률 상위를 독차지했다.

출처: 인터넷 한겨레(www.hani.co.kr) 2005. 5. 29.

이처럼 우리 나라의 정보통신의 기술적 환경은 급속히 변화하고 있으며, 이러한 기술적 환경으로 가정은 더욱 쾌적하고 편리한 생활환경을 조성할 수 있게 되었다. 초고속 인터넷을 통해 홈뱅킹, 홈쇼핑, 원격진료 등 각종 가정생활 업무를 신속하고 편리하게 처리하며, 사이버 대학에서 재택 학습과 평생교육이 가능하므로, 사교육비 및 재교육 비용을 절감할 수 있다. 또한 아파트 단지에 랜(LAN)이 보편화되어 인트라넷을 통해 아파트 단지를 관리, 제어하는 기능을 통합시키고,

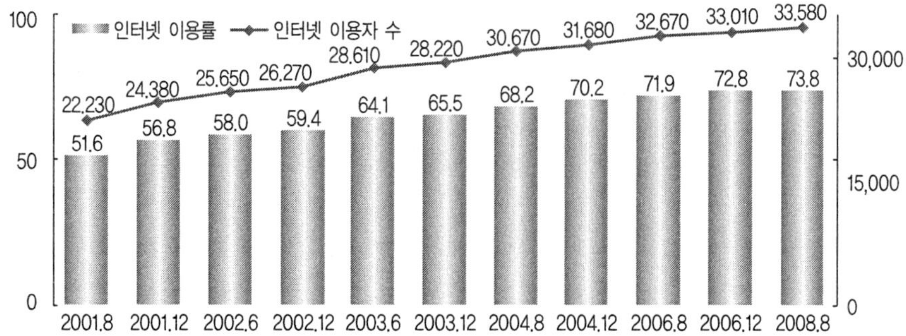

주 1) 2004. 12부터는 이동통신망을 이용한 무선 인터넷 이용자도 인터넷 이용자에 포함.
2) 2004. 12부터는 국내외에서 일반 라인 인터넷 이용자 정의를 대비하여 본 조사의 질의를 '월평균 1회 이상 인터넷 이용자' 에서 '최근 1개월 이내 인터넷 이용자' 로 변경함.

출처: 한국인터넷진흥원(2006), 2006년 상반기 정보화 실태조사.

그림 1-1 인터넷 이용률 및 이용자 수 변화 추이(단위: %, 천 명)

공동구매나 사이버 반상회 등 주민자치를 활성화시킬 수 있다. 재택근무와 SOHO(Small Office Home Office)가 확산되고 게임, 음악, 애니메이션 등 각종 문화 서비스가 인터넷을 통해 가정으로 제공됨으로써 가정구성원의 생활을 대부분 가정에서 해결할 수 있는 가정 중심의 사회가 재도래할 수 있다.

(3) 사회문화적 환경의 변화

정보화가 우리의 사회문화적 환경에 가져온 영향은 매우 다양하다. 작게는 의사소통 방식과 놀이문화에서부터 시작된 변화가 사람들의 의식과 가치관에 영향을 미치며 새로운 인간관계나 문화적 조류를 형성시키기도 한다. 종전에는 같은 장소와 같은 시간에 있어야 가능했던 상호작용의 방식이 컴퓨터 네트워크를 통해 이루어질 수 있으므로 시간적, 공간적 제약을 받지 않고 전세계를 대상으로 가능하게 되었다. 따라서 모르는 사람들 간에도 공통된 가치관과 관심사를 가지고 있다면 온라인에서 얼마든지 의사소통을 할 수 있고, 이것이 지속되면 다양한 공동체를 형성하여 원하는 정보를 주고받을 뿐 아니라 지속적인 정서적 지원을 얻을 수 있는 신 개념의 인간관계를 만들어 낼 수 있다. 또 다수의 사람

'1인 미디어' 미니홈피와 블로그

최근 신세대의 새로운 커뮤니케이션 방식으로 미니홈피나 블로그와 같은 개인미디어 서비스가 각광을 받고 있다. 블로그(Blog)는 말 그대로 인터넷상(Web)에서 하루하루의 일기(Log)를 적는 개념이다. 국내에서는 작년부터 각 포털사이트들이 경쟁적으로 블로그 서비스를 제공하기 시작했는데, 유독 눈에 띄는 곳이 있다. 싸이월드가 그 곳이다.

싸이월드 열풍을 보면 싸이월드는 단순한 유행을 넘어 온라인 문화로 자리잡은 듯하다. 싸이질이라는 유행어가 생기고, 싸이를 하는 사람과 하지 않는 사람이라는 이분법이 생겼을 정도이다. 싸이월드에서 개인은 자신의 정체성을 확인하며 새롭게 만들어 가고 있다. 자신이 사는 이야기를 사진, 음악, 텍스트 등으로 올리면 일촌과 방문자들이 답글을 달아준다. 결국 미니홈피에서 자신의 목소리를 마음껏 내고, 자신의 공간을 갖고 싶어하며, 나의 정체성을 일촌 등에게 인정받고 싶어하는 자기표현의 욕구를 충족시키기 위한 것이라 할 수 있다. 그러므로 이메일, 채팅, 커뮤니티, 휴대폰에 이어 주위 사람들과의 또 다른 연락수단이며, 세상에 나를 알리는 '미디어'로 자리잡고 있다.

싸이월드가 인기를 끌면서 습관적으로 미니홈피에 방문하여 글을 올리는 네티즌이 늘어나고 있다. 이러한 현상으로 인해 싸이월드 중독을 일컫는 싸이홀릭이라는 용어도 생겼다. 자신을 방문한 일촌의 홈피에 지속적으로 방문하여 답글을 남기고 파도타기를 통해 인맥이 넓어지지만 그만큼 적지 않은 시간이 소요된다. 또 미니홈피는 개인이 현재 어떤 상황에 있는지, 무슨 생각을 하고 있는지 등을 나타내 준다. 따라서 누군가의 엿보기 현장이 될 수 있다.

인터넷 시대의 인간관계와 커뮤니케이션 방식은 종전의 방식과 전혀 다르게 진행되고 있으며, 자신을 자유롭게 표현하고 친한 사람들과 다양한 방식으로 의사소통을 할 수 있고, 오랫동안 만나지 못했던 사람들을 보고 싶어 하는 욕구를 충족시켜 준다는 장점이 있다. 그러나 이들의 관계나 인맥은 결국 온라인상에서만 의미를 가지며, 일방적으로 단절될 수 있는, 과거의 끊을래야 끊을 수 없는 끈끈한 친척관계가 아닌 것이다.

출처: 박정현(2005), LG 주간경제, 경영정보(2004. 8. 18.)
김지수(2004), 블러그의 사회문화적 진화와 이슈, 정보통신정책 16권 8호.

들이 동시에 상호작용을 할 수 있으므로 공통된 가치관을 가지고 활동하는 공동체를 만들어 온라인뿐 아니라 오프라인에서도 사회활동이나 문화활동을 같이

하면서 건전한 사회관계와 문화활동을 만들어 가고 있다. 이와 같이 가정의 사회문화적 환경이 변화를 계속하는 과정에서 가정의 문화나 생활양식, 가정구성원의 의식과 의사소통 방식에도 긍정적, 부정적 영향을 미치게 된다.

2. 변화하는 가정

사회의 변화에 따라 가정에 대한 개념과 구조, 기능이 변화되어 왔다. 1960년대부터 시작된 산업화의 영향으로 전통적인 대가족제도가 핵가족화, 소가족화되면서 가정의 구조와 기능에 변화가 감지되어 왔으며, 1990년대 후반부터는 가족 수가 감소하고 이혼율이 증가하면서 가정의 기능이 약화되는 현상이 눈에 띄기도 했다.

현재 우리 나라에서 사회변화의 요인 중 가장 심각한 것으로 지적되고 있는 것은 인구 고령화 현상이다. 인구 고령화 현상이 급속도로 진전되면서 가정의 기능을 약화시킬 것으로 전망되나 이를 대체할 사회적, 제도적 장치의 미비로 인해 가정과 사회의 불안감이 커지고 있는 것도 가정이 해결해 나가야 할 문제이다. 또 정보화는 생활에 많은 편의와 혜택을 주었으나, 동시에 경제적 비용을 가중시키는 문제를 가져오기도 한다. 이와 같이 가정을 둘러싼 사회와 환경의 변화에 따라 가정에서는 어떤 변화가 일어나고 있는지 알아본다.

1) 가정의 구조 변화

우리 나라의 인구구조의 변화는 앞 절에서 설명한 것처럼 고령화, 저출산 등으로 특징지을 수 있는데, 이러한 인구구조의 변화가 가정의 구조에 미치는 영향을 살펴본다.

(1) 가정 규모의 축소

우리 나라 가정의 규모가 지속적으로 감소되는 변화를 보이고 있다. 〈표 1-1〉과 같이 가구원 수가 1985년 4.1명에서 2005년 2.9명으로 지속적으로 감소하는 것으로 나타났다. 또 가구원수별 분포를 보면 3인 이하 가구의 비중은 계속 증가한 반면 5인 이상 가구는 감소하였다. 특히 1인가구의 증가율이 매우 높아 2005년에는 무려 20%에 이르고 있다. 이와 같이 가정이 축소되면 가정구성원이나 친척으로 이루어지는 관계망이 축소되며, 가정의 인적자원을 감소시키게 된다.

표 1-1 가구원수별 가구분포 및 평균 가구원 수(1975~2005년)

연도	가구원수별 가구분포(%)						평균 가구원 수(명)
	1인 가구	2인 가구	3인 가구	4인 가구	5인 가구	6인 가구 이상	
1975	4.2	8.3	12.3	16.1	18.3	40.7	5.0
1980	4.8	10.5	14.5	20.3	20.0	29.8	4.5
1985	6.9	12.3	16.5	25.3	19.5	19.5	4.1
1990	9.0	13.8	19.1	29.5	18.8	9.8	3.7
1995	12.7	16.9	20.3	31.7	12.9	5.5	3.3
2000	15.5	19.1	20.9	31.1	10.1	3.3	3.1
2005	20.0	22.2	20.9	27.0	7.7	2.3	2.9

출처: 통계청. 인구주택총조사. 각년도.

(2) 다양한 가정의 출현

가정의 형태가 다양해지고 있다. 핵가족 이외의 1인 가정이나 한부모가정, 부부로만 구성된 가정 등의 비중이 커지고 있는 것이다. 여성가족부의 전국가족조사(2005) 결과를 보면 부부와 자녀로 구성된 핵가족이 45.7%로 가장 많았으나 1인 가정이 19.0%, 자녀 없이 부부로만 구성된 가정이 17.7%, 한부모가정이 6.8%로, 2003년 조사 결과에서 52.4%이었던 핵가족이 절반에 못 미치는 정도로 감소했으며, 1인 가정 · 부부가정 · 한부모가정은 모두 증가 추세로 나타났다.

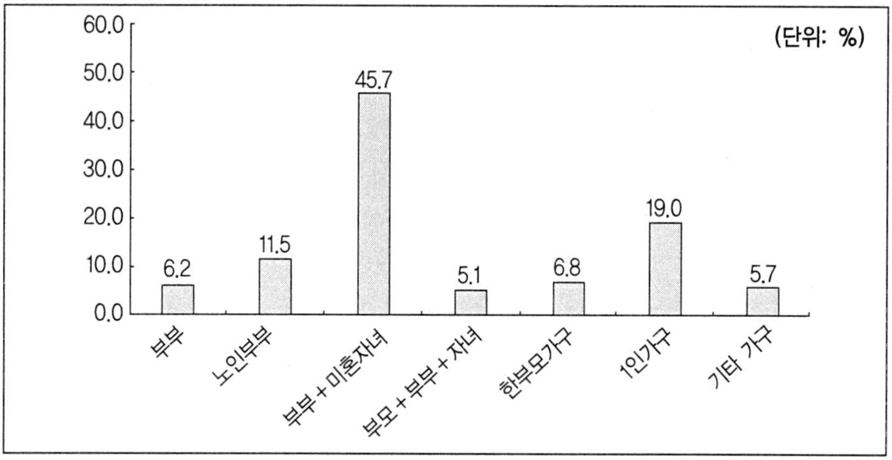

출처: 여성가족부(2005). 가족실태조사. p.82.

그림 1-2 가정의 형태별 분포

1인 가정 중에서는 결혼하지 않은 독신여성이나 노인단독가구도 눈에 띈다. 보건복지부의 '2004년도 전국 노인생활실태 및 복지욕구조사'에 따르면 노인가구(65세 이상 노인이 한 명 이상 거주하는 가구) 중 노인 혼자 살고 있는 노인독신가구는 24.6%, 노인부부가구가 26.6%로 절반 이상이 노인단독가구였다. 또 자녀동거가구는 1994년 이후 감소 추세를 보이는데, 1998년의 53.2%에 비해 2004년에는 43.5%로 무려 9.7%가 감소하였다.

이와 같이 다양한 유형의 가정이 출현하고, 그 비중도 커지는 것을 볼 때 부모와 자녀로 구성된 핵가족뿐 아니라 다양한 가정의 요구와 자원에 부응할 수 있는 가정자원관리의 접근이 필요하다.

2) 가정의 기능 변화

사회와 환경의 변화에 따라 개인과 사회의 인간관계가 변화하고, 사회의 가장 기본적인 단위인 가정 내 구성원 간의 관계와 역할을 중심으로 한 기능적 측면에도 변화를 가져오게 된다.

(1) 가치관의 변화

과거 전통사회의 가정에서는 유교사상을 근간으로 하는 집단적 가치관, 가족주의 가치관이 지배적이었다. 가정구성원 개인보다는 가정 집단의 안정과 번영을 우선시하고, 부모에 대한 효와 장남의 책임의식을 강조하는 서열과 성별, 전통을 중심으로 하는 가치가 가정뿐 아니라 사회를 지배하는 가치였다. 사회변화의 과정에서 우리 사회와 가정은 가정보다는 구성원의 삶과 인격을 우선시하는 개인주의적 가치관으로의 변화를 경험하고 있다.

개인주의적 가치관은 독신주의로 나타나기도 하며 기혼여성의 경제활동참여로 나타나기도 한다. 즉, 결혼에 대한 가치관이 달라지면서 독신과 만혼이 현저하게 증가하며, 결혼과 출산, 여성의 사회 진출이 선택의 문제로 되면서 어느 것도 필수적인 역할이 아니라 개인의 가치관에 따라 선택할 수 있는 대상이 된 것이다.

또 가정구성원의 인간관계도 과거 전통사회에서 가부장적, 수직적 관계의 양상을 보였다면 양성 평등의 수평적 관계, 민주적 관계로 변화되고 있다. 즉, 부부관계가 역할과 권리를 나누어 갖는 동반자적 관계로, 부모와 자녀의 관계도 권위적이고 명령적인 관계가 아닌 민주적이고 친밀한 관계에 더 가치를 두고 있다.

(2) 가정구성원 간의 관계 변화

정보화가 되면 컴퓨터 네트워크를 통해 시간과 공간을 초월하여 사람들과 의사소통을 할 수 있기 때문에 보다 주체적, 개별적인 행동이 가능하다. 그러나 이러한 의사소통으로 감정이나 정서를 전달하는 데 한계가 있으며 수신자의 선택에 따라 언제든지 단절될 수 있기 때문에 인간관계가 일시적이고 단편적으로 흐르기 쉽다.

정보화로 인해 가능해진 재택근무나 재택교육은 타인과의 접촉이나 사회생활의 기회를 감소시키는 문제를 초래한다. 또 가정구성원이 정보화 기기를 공유하기보다는 개인용 PC나 휴대폰 등과 같이 개인화됨에 따라 정보의 홍수 속에서 오히려 가정구성원 간에 공유되는 정보는 매우 제한적이므로 가정 내에서도 정보의 공유를 통한 대화와 응집의 기회를 기대하기 어렵다. 즉, 고도의 정보화 및 정보의 범람 속에서 필요한 정보를 가정 내에서, 또는 주변 사람으로부터 얻기보다는 정보화 기기에 의존하게 되므로 가정구성원의 관계 및 인간관계가 약화되고 그 가운데서 인간소외의 경향이 증가할 수 있다는 우려가 제기되고 있다.

그러나 정보화 사회에서 인터넷을 통한 정보능력이 자녀세대를 중심으로 확산되면서 가정에서 정보를 받아들이는 통로가 변화되었다. 이러한 변화는 가정 내 위계구조를 과거의 부모세대, 특히 아버지를 중심으로 한 구조에서 자녀세대로 이동시킴으로써 평등한 구조를 지향하게 되는 긍정적인 측면도 내포한다.

또 과거 다자녀 가정에서 자녀 중심이었던 가정구성원의 관계가 부부 중심으로 이동하게 된다. 자녀 수가 적고 자녀를 독립시킨 이후 부부 중심으로 생활할 수 있는 기간이 상대적으로 길어지기 때문이다. 그러므로 부부 중심의 가정에서는 부부 상호간 헌신도와 부부관계의 밀도가 높고 보다 대등하게 유지될 가능성이 높다.

(3) 기혼여성의 경제활동 증가

우리 나라 여성의 경제활동참여율은 1980년 42.8%에서 2004년에는 54.1%로 증가하였다. 그 중에서도 특징적인 것은 미혼여성의 경제활동참가율은 낮아진 반면, 기혼여성의 경우 높아진 것이다.

기혼여성이 경제활동에 참여하면서 가정 내에서 여성이 자녀를 키우고 가족원을 부양하는 전통적인 성역할이 축소되었다. 전통적인 가정에서는 남편은 수입원의 역할을, 아내는 출산과 육아, 가사노동을 전담하는 성별분업을 바탕으로 하였으나 현대의 가정에서는 아내 또한 경제활동을 함으로써 과거에 전담하였던 가족부양과 가사노동의 역할에 전념할 수 없게 된 것이다. 이러한 여성의 역할 변화는 전통사회에서 여성을 중심으로 수행되었던 가정의 기능을 축소 또는 변화시키게 된다.

(4) 기능적 위기와 기회

저출산의 경향이나 독신가구의 증가 등 인구구조의 변화는 가정 내 인적자원을 감소시키며, 장기적으로는 노인부양인구의 수도 감소시킬 것으로 예상된다. 이러한 가정의 인적자원의 감소는 전통적으로 가정 내에서 인적자원을 통해 이루어졌던 출산과 육아, 노인부양, 가사노동, 생활문화의 전달 등 가정의 여러 가지 기능을 약화시킬 것으로 보인다.

예를 들어 독신가정의 기능 수행은 종전의 가정에서 이루어졌던 것과 큰 차이를 보인다. 즉, 가정의 기본적 기능인 자녀 출산의 기능이 수행되지 않게 됨에 따라 가정의 인적자원이 대폭 감소된다. 또 독신가정은 가정의 행사나 확대가정구성원으로서의 공동의사결정이 필요한 일에 가정의 일원으로서의 기능을 수행하기 어렵거나 가정구성원에 대한 유대감과 책임의식이 희박할 우려가 있다.

반면 정보화는 생활의 편리함이나 가사노동 감소에 기여함으로써 그동안 가사노동의 사회화 경향으로 가정 외부에서 수행되었던 여러 가지 기능을 다시 가정 내로 끌어들일 수 있다. 즉, 가사노동이나 에너지 관리에 필요한 시간과 노동력을 절약시킬 수 있고, 인터넷 쇼핑이나 홈뱅킹 등을 이용하게 되면 직접 나가야 되는 번거로움과 시공간적 제약을 뛰어넘을 수 있다. 특히 건강상태가 좋지 않거나 교통수단에 제약이 있는 고령자나 독신자의 가사노동의 부담을 줄여주고 시간과 장소의 제약을 해소시켜 주므로 매우 유용하다. 이밖에도 가정 내에서 교육, 문화활동 등이 가능하므로 가정이 다시 생활의 중심이 되어 가정의 기능이 강화되고 나아가 가정의 안정성에 긍정적인 효과를 줄 수 있다.

이처럼 가정을 둘러싼 사회의 변화에 따라 가정의 구조와 기능에도 많은 변화가 초래되고 있다. 이러한 변화 중에는 정보화와 같이 가정에 많은 편익을 제공하는 긍정적인 영향도 있으나, 인적자원의 감소나 가정구성원의 관계를 감소시킴으로써 가정의 안정성과 응집력을 약화시킬 수 있는 문제점이 지적되고 있다.

따라서 앞으로 건강가정이 가정으로서의 안정성을 유지하고 기능을 다하기 위해서는 가정의 인적자원을 효과적으로 사용하고 가정구성원의 관계를 강화시키는 관리가 필요하다.

3) 가정자원의 변화

사회의 변화는 가정의 인적자원과 물적자원에 영향을 미치게 된다. 이 절에서는 가정의 물적자원에 미치는 영향과 변화로 국한시키며, 그 중에서도 대표적 물적자원인 경제적 자원과 주거환경자원을 중심으로 알아본다.[1)]

(1) 경제적 자원의 변화

세계보건기구(WHO)는 고령화를 '조용하게, 거의 눈에 뜨지 않게 진행되지만 점차 속도가 붙어 앞으로 25년이 지나면 그 윤곽이 분명해질 사회혁명' 으로 정의했다. 고령화가 '혁명' 에 비유될 만큼 중요한 문제가 되는 이유로는 고령화의 영향이 개인의 일상생활뿐 아니라 가족, 고용정책, 의료보험, 연금제도, 재정, 산업 등 경제 사회 전 분야에 영향을 미칠 것이라는 이유를 제시하였다.

고령화로 인한 경제적 위협은 외환위기 이후 직장인의 종신고용이나 정년이 보장되지 않는 상황에서 가정경제에 더 큰 불안감으로 작용하게 되었다. 즉, 퇴직연령은 낮아지는 상황에서 수명연장에 따라 길어진 은퇴 이후의 시기 동안 생활을 유지하기 위한 노후자금은 더 많아지고 있으나 이에 대한 준비는 미흡한 상황이다. 한국보건사회연구원에서 조사한 전국 노인생활실태 자료에 의하면 비노인가구의 경제적 노후준비율은 66.1%이며, 가장 선호되는 노후준비의 방법으로는 공적 연금이 89.2%에 달했다. 그러나 1/4 정도는 이러한 노후준비가 도움이 되지 않을 것으로 생각하고 있어, 경제적 노후준비를 한 사람들조차도 노후준

1) 사회의 변화가 인적자원에 미치는 영향과 변화의 양상은 '2) 가정의 기능 변화' 에서 대부분 언급하였다. 또 물적자원 중 경제적 자원은 11장에서 상세히 다루게 되므로 여기서는 사회변화에 따른 경제적 자원관리의 필요성을 제시하는 정도로 소개한다.

비의 수준이나 준비방법에 불안감을 가지고 있음을 나타내 준다.

과거와 달리 자녀의 부양을 기대하지 않고 노후에 경제적으로 독립적인 생활을 하기 위해서는 은퇴설계를 해야 한다. 과거에는 은퇴설계란 은퇴를 앞둔 장년층에게 요구되었으나 최근에는 취업과 동시에 시작하여 전 가정생활주기에 걸쳐 지속적으로 수행되어야 하는 것으로 인식되고 있다.

1988년 국민연금제도가 도입될 당시 많은 사람들은 노후를 국가가 보장해 줄 것으로 기대하였다. 그러나 최근 정부에서 5년 주기의 재정 재계산제도에 기초하여 연금급부를 낮추고 연금 보험료를 높이려는 국민연금정책을 추진하면서 노후소득보장제도에 대한 근본적 의문을 갖게 되었다. 또 국민건강보험제도의 재정적자가 심각해지자 정부에서 국고를 지원하면서 2003년에 경영수지가 크게 개선되었으나 잠재적으로 재정적자의 확대가능성이 내재해 있다. 이렇듯 노후보장의 양대 축인 연금제도와 건강보험제도가 불안감에 쌓이게 되었다.

직장인은 은퇴할 때 퇴직금을 받게 되며 그동안 축적해 놓은 금융 및 비금융자산을 보유하고 있지만 이자율의 변동, 주가의 등락, 경기 불황, 인플레이션 등의 변수로 인해 경제의 불확실성이 커짐에 따라 자산을 관리하고 은퇴 후 장기간에 걸쳐 지출수준을 고르게 유지하기 위해 은퇴설계가 필요하다.

건강가정이 가정 외부와 내부의 경제적 환경 변화에 대처하기 위해서는 국민연금, 퇴직금 또는 퇴직연금, 개인연금을 기본적으로 활용함은 물론 각종 예 · 적금 및 투자형 금융상품, 역모기론과 같은 부동산 등을 활용하는 경제적 은퇴설계를 체계적으로 준비할 필요가 있다.

(2) 주거환경자원의 변화

주거환경은 정보화로 인한 변화가 가장 많이 진전된 부분으로, 앞으로도 주택의 첨단화가 계속되면서 가정구성원에게 생활의 편의와 안락함을 제공할 수 있을 것이다. 한편 인구의 고령화에 따라 신혼기 가정의 신규 주거 수요보다는 노부부로 구성된 노년기 가정의 주거 수요가 더 커지는 주거문화의 변화가 예상된다. 이 절에서는 현재까지 주거환경의 정보화가 가장 진전된 형태인 유비쿼터스 주거와 앞으로 인구구조에서 비중이 커질 노년기 가정이 필요로 하는 주거를 중심으로 변화의 양상을 살펴본다.

① 주택의 정보화 - 유비쿼터스 주거

토플러는 《제3의 물결》에서 전자주택(Electronic Cottage)의 등장을 예고한 바 있는데, 이러한 전자주택의 꿈이 실현단계에 와 있다. 초기에는 PC와 TV 등을 중심으로 형성되었던 가정 내 네트워크에 가전과 설비를 제어하는 홈오토메이션과 사무자동화가 결합되면서 주택의 전자화를 실현하고 있는 것이다.

더 나아가 유비쿼터스 환경하에서는 사용자가 시간과 장소에 상관없이 네트워크에 접속하여 집 밖에서도 냉난방기기를 최적의 상태로 조절하고 취사를 원격조정할 수 있으며, 집 안에서도 업무를 처리하고 교육, 쇼핑, 취미생활 등이 가능하므로 가정생활에 많은 편의와 효율을 제공할 것으로 보인다. 또 가정구성원의 건강상태를 확인하고 독거노인이나 장애인의 움직임과 응급상황을 센서로 감지하고 요청하는 시스템과 같이 건강관리나 안전관리에 이르는 다양한 기능이 일상화될 수 있다. 이와 같이 유비쿼터스 환경에서 주거 내 가전과 설비를 자동으로 제어할 뿐 아니라 근무와 교육, 쇼핑, 취미활동, 건강관리 등 가정구성원의 주요 업무와 일상생활을 지원하는 시스템화된 주거를 유비쿼터스 주거(ubiquitous housing)라고 한다. 유비쿼터스 주거는 휴식과 노동력 재생산의 기능뿐 아니라 업무나 교육 등의 기능을 수행하는 공간으로 확대될 수 있다.

똑~ 소리나는 아파트

2007년 8월. 회사원 이지능 씨는 퇴근길에 단지 내 상가에서 저녁 식사를 위해 삼계탕 재료를 샀다. 계산대에 선 그는 지갑 대신 RFID 칩(무선으로 데이터를 송수신할 수 있도록 한 장치)이 들어 있는 팔찌로 결제를 대신했다. 결제 대금은 이달 말 아파트 관리비에 자동 청구된다. 장바구니를 들고 아파트 출입구 앞에 선 그가 터치패드에 얼굴과 팔찌를 대자 문이 스르르 열렸다. 이 씨의 아파트에서는 RFID 칩에 입주자들의 모든 정보와 취향을 담아 이를 팔찌로 만들었다. 로비의 게시판이나 엘리베이터 모두 이 씨의 RFID 칩을 인식하여 저절로 움직인다. 집에 도착한 이 씨는 거실 벽에 달린 모니터로 딸의 위치를 확인해 봤다. 딸은 단지 내 학원에서 공부를 하고 있는 중이다. 요리에 능숙하지 않은 그는 '아파트 e-라이브러리(도서관)'에서 유명한 요리책 하나를 빌리면 끝이다. 주방 LCD(액정화면) 모니터로 전자화된 책을 보며 그는 삼계탕을 완성했다.

저녁 식사 후 이 씨는 TV를 켰다. 거실 한쪽에서 딸은 컴퓨터로 숙제를 하고 있지만, 딸은 TV 소리가 들리지 않는다. 이 씨의 머리 위에 이 씨에게만 TV 소리가 들릴 수 있도록 음파의 확산을 막고 특정 부위만 들리도록 제작한 첨단 제품인 지향성 스피커가 설치되어 있다. 잘 시간이 되자 이 씨는 리모컨의 버튼을 누른다. 천장에 매달려 있던 TV는 천장의 홈으로 사라진다. 욕실로 간 이 씨가 자신의 이름이 입력된 버튼을 누르자 욕조가 알아서 수온과 물높이를 조절해 준다.

이런 얘기는 영화 속 가상 현실에서나 가능한 것이 아니다. 이르면 내년 하반기부터 이런 아파트가 실제로 등장할 전망이다. 지난 80년대 말 홈오토메이션(home automation)이 처음 등장한 뒤 이른바 '지능형 아파트' 시대가 열리기 시작했고, 시간이 갈수록 첨단 IT기술이 접목되면서 아파트는 갈수록 똑똑해지고 있다. 초기 단계의 지능형 아파트는 비디오폰이나 리모컨으로 조명을 조절하는 수준에서 벗어나지 못했다. 하지만, 1990년대 말 인터넷망이 깔리면서 아파트 단지 안팎의 각종 정보를 담아 입주자에게 제공하는 사이버 아파트가 등장했다.

최근엔 아파트 시장에 '언제 어디서나 가능하다'는 개념의 유비쿼터스 열풍이 불고 있다. 기존 사이버 아파트에 첨단 무선 통신과 각종 센서 기술이 결합되면서 아파트 내부와 외부의 각종 시설을 자동으로 제어할 수 있게 된 것이다. 예컨대, 싱크대와 세면대의 높이는 앞에 선 사람의 키에 맞게 자동으로 조절된다. 거실 테이블(e테이블)은 가족들이 둘러앉아 이야기를 나누는 '가구'가 아닌 정보를 나누는 '친구'가 될 수도 있다. 이 테이블은 기상과 교통 등 실생활에 유용한 정보를 제공하기도 하고, 휴대폰을 올려놓기만 해도 그 안에 저장된 사진과 동영상을 자동으로 다운로드해 영상으로 보여준다.

출처: 조선일보(2006. 8. 23.)

② 노년기의 주거환경

노년기에는 신체적 능력이 저하되고 생활 요구가 달라지므로 청장년기와는 다른 주거환경이 필요하다. 이들에게 요구되는 주거환경의 변화를 어디에서, 누구와, 어떻게 살 것인가의 측면에서 고려하여 주거환경에 대한 욕구를 충족시키고 노년기에 가장 큰 경제적 자원인 주거자원을 최적의 상태로 관리할 필요가 있다.

노년기 가정이 주거를 선택할 때 우선적으로 고려해야 할 사항은 노인의 신체적 쇠퇴와 건강상태를 감안한 편리성이다. 즉, 일상적인 생활시설과 의료기관이 가깝고, 교통이 편리한 거주의 편리성이 자산가치보다 우선시되어야 한다. 편리성을 고려한 주거대안으로는 현재 주택의 리모델링과 은퇴촌(retirement community)[2)]을 고려할 수 있다.

노인은 자신이 생활해 온 주택에서 계속 살기를 원하고, 익숙한 생활에서 심리적인 안정감을 얻는다. 따라서 노후 주거지로 새로운 지역을 찾거나 이주하기보다는 현재의 주거가 더 적절할 것으로 생각할 수 있다.

일본의 경우 최근까지 10년 이상 계속되는 장기 불황에도 불구하고 노인 관련 재화 및 서비스 산업은 연평균 9% 이상의 높은 성장세를 보여 왔는데, 그중에서도 노인을 위한 주택 리모델링이 각광을 받고 있다. 즉, 노년기에는 신체적인 능력이 악화될 때를 대비해 휠체어를 타고서도 집 안에서 활동할 수 있도록 문과 문턱을 조절하고 욕실설비를 교체하는 등 유니버설 디자인의 개념을 도입한 리모델링을 선택할 수 있다.

은퇴촌이란 노인들이 거주하는데 필요한 주거공간뿐 아니라 의료시설, 레저스포츠시설 등 각종 편의시설을 갖추고 의식주를 해결하는 생활 서비스를 지원하는 복합시설단지를 말한다. 우리 나라에서는 아직 은퇴촌이 활성화되지 않은 상황이지만, 최근에는 고령화에 따라 건강과 경제력을 갖춘 노년층이 자녀와 동거하지 않고 독립적인 주거를 선호하는 현상을 반영하듯 주목받고 있다.

---

2) 우리 나라에서는 실버타운이라는 용어로 통칭되고 있으나, 이 유형의 노인주거단지가 시작되고 활성화된 서구에서는 은퇴촌이라는 용어를 사용하고 있다.

자녀와 같이 살기를 원하는 노인의 비중이 줄어들고 있으나, 노후에 자녀와 동거하는 것은 자녀와의 유대를 지속적으로 강화시킬 수 있고 정서적 안정감을 가질 수 있다는 점에서 긍정적인 점이 많다. 3세대 동거형 아파트는 주거환경을 노부모와 자녀, 손자녀 세대의 생활에 맞추어 한 주거공간에 살면서 세대 간에 개인생활 공간을 분리하여 독립적인 생활을 어느 정도 유지할 수 있도록 고려한 유형이다. 또 세대별 공간을 층으로 분리한 복층형 아파트나 인접한 층의 개별 주호에 사는 방법이 있다.

코하우징(cohousing)은 주민들이 공동으로 사용하는 공용공간의 점유율을 크게 하고, 개인공간은 최소한의 필요공간으로 축소시켜 주민 간에 공동체의식을 강화시키고 자발적으로 공동체 활동에 참여하며 생활하는 공동주택단지이다. 비교적 일찍부터 다양한 유형의 가정이 나타나고, 노인인구의 비율이 높으며, 기혼여성의 취업률이 높았던 북유럽에서는 취업여성의 가사노동과 육아부담을 줄여주고, 혼자 사는 노인들의 고독감을 해소시켜 주기 위한 새로운 주거대안으로 생겨난 것이 코하우징이다(최정신, 1999).

이와 같이 주거환경은 주거를 필요로 하는 가정 유형의 변화와 정보화 사회의 진전에 따라 다양하게 변화된 유형으로 나타나고 있다. 앞으로 독신가정, 무자녀 가정 등 가정의 유형이 더욱 다양화되고 구성원 수가 감소하게 되면 이들의 변화된 요구에 적합한 규모와 설비를 갖춘 다양한 주거환경에 대한 요구가 더욱 커질 것이다. 각 가정에서는 가정의 기능 수행을 지원해 주고 보유한 자원에 적합한 주거환경을 선택해야 할 것이다.

이 장에서는 사회의 변화에 따라 가정과 가정을 둘러싼 환경에 많은 변화 양상이 나타나는 것을 확인하였다. 정보화 사회가 진전되면서 가정의 물적환경이 개선되고, 가정의 기능이 강화되는 긍정적인 변화를 가져온 동시에 가정의 구성원이 빠른 사회변화에 적응하지 못하고, 다양한 정보를 선별하고 이용하는데 많은 가정의 인적 · 물적자원을 투입해야 되는 새로운 문제가 부각된다. 또 저출산, 고령화 사회에서 가정의 인적자원이 감소됨으로써 가정구조가 변화되거나 가정 구성원의 관계가 약화되는 문제를 경험하기도 한다.

결과적으로 사회의 변화로 인해 가정은 위기와 변화의 기회를 동시에 경험할 수 있다. 위기를 극복하고 기회를 극대화시키기 위해서는 가정의 기능과 역할에 대한 점검이 필요하다. 즉, 건강가정의 기능 및 역할과 이를 수행하기 위한 자원관리방안에 대한 논의가 필요하다.

생각해볼 문제

1. 정보화로 인해 나와 우리 가정이 누리고 있는 경제적 측면에서의 혜택을 예로 들어보자.
2. 미니홈피와 블러그가 청소년 자녀와 부모의 관계에 미치는 부정적인 영향을 각자의 입장에서 찾아보자.
3. 우리 가정의 인적자원이 감소함으로써 생길 수 있는 가정의 기능수행의 문제점을 예로 들어보자.
4. 노후에 살고 싶은 주거환경의 조건을 생각해 보자.
5. 정보화로 인해 우리 가정의 자원관리에 도움이 되었던 경험을 이야기해 보자.

참/고/문/헌

김기옥 · 김난도 · 이승신(2004). 디지털사회의 소비자정보론. 서울: 시그마프레스.

김두섭(2001). 사회구조의 변화와 노년기의 가족관계. 한양대학교 출판부.

김두섭 편(2001). 변화하는 노인의 삶과 노인복지. 한양대학교 출판부.

김승권(2006). 고령사회 한국의 사회정책 방향. 보건복지포럼, 2006. 3.

김지수(2004). 블러그의 사회문화적 진화와 이슈. 정보통신정책 16권 8호.

박정현(2005). LG 주간경제 경영정보.

신경주(2005). 신개념 주거학. 서울: 기문당.

여성가족부(2005). 가족실태조사.

이현승(2006). 우리 사회의 가족 어디로 가고 있나. 보건복지포럼, 2006. 5.

정경희 외 공저(2005). 2004년도 전국 노인생활실태 및 복지욕구조사. 한국보건사회연구원 정책보고서.

조성남(2001). 노인의 건강과 가족. 김두섭 편(2001). 변화하는 노인의 삶과 노인복지. 한양대학교 출판부.

차성란 · 문숙재 · 정영금 · 정지영 공저(2003). 정보사회에서의 가족과 생활정보. 서울: 시그마프레스.

채옥희 · 이은희(2005). 건강가정을 위한 가정학 변화와 실천. 파주: 교문사.

채옥희 · 홍달아기 · 송순 · 정은미 공저(2004). 현대사회와 가정복지. 서울: 신정.

한국문화관광정책연구원(2006). 2006 여가백서. 문화관광부 한국문화관광정책연구원.

인터넷 한겨레(www.hani.co.kr/) 2005. 5. 29.

조선일보(2006. 8. 23.)

주간조선(2006. 9. 18. 1922호)

중앙일보(2004. 9. 15.)

한국일보(2003. 2. 18.)

CHAPTER

02

건강가정과 자원관리

1. 건강가정의 등장 배경
2. 건강가정의 의미
3. 건강가정을 위한 가정자원관리

CHAPTER 02

건강가정과 자원관리

우리의 일상생활에서 '건강'에 대한 관심과 건강한 삶을 위한 실천은 매우 일반적인 현상이다. 요즈음에는 한걸음 더 나아가 웰빙을 추구하는 다양한 행태들이 유행처럼 번지고 있다. 인간은 누구나 행복하게 살고 싶어 하고 건강은 행복의 첫 번째 요건이라고 할 만큼 중요하다. 이러한 트렌드가 우리의 가정생활에도 적용되는 것일까?

이 장에서는 우리 사회에 건강가정이라는 개념이 주목받게 된 배경과 건강가정의 개념을 소개하고, 건강가정을 위한 가정자원관리란 무엇인지를 생각해 보고자 한다.

1. 건강가정의 등장 배경

1) 가정에 대한 인식 변화

우리 사회의 전통적인 대가족은 산업화와 함께 근대적인 일부일처의 핵가족으로 변화하였다. 급속한 산업화는 가정과 일터를 분리시켰고, 남성 가장과 여성 전업주부의 핵가족이 일반적인 가정의 형태로 자리 잡았다. 과거에는 이러한 역할 분담 속에서 모두가 열심히 그 역할을 수행하며 가정을 유지하는 것을 행복으로 여겼다. 그러나 사회구조의 변화와 발전, 전반적인 경제 수준 향상에 따른 개별 가정의 경제 수준 향상 등은 우리가 지향하는 행복한 가정의 모습에 대한 생각을 변화시켰다. 소득이 늘고 사회가 다양화되면서 행복의 기준이 높아지고 조건도 다양해진 것이다. 특히 여성의 지위변화와 경제활동참가율의 증가는 가정생활에 매우 크고 다양한 영향을 미쳤다. 가정에서 담당하던 부양활동의 많은 부분이 사회로 이전되었고, 전업주부였던 여성들의 취업으로 가정은 공동화되었다.

그러나 가정생활과 부양활동에 대한 기대 수준은 낮아지지 않았으며, 오히려 과거에는 없었던 새로운 부양활동 영역에 대한 기대가 생겨나고 있다. 동시에 어린이, 노인, 환자 등에 대한 부양은 여전히 가정의 몫으로 남아 있다. 즉, 사람들의 가정생활에 대한 기대는 과거와 크게 변함이 없으나 현실에서 제공되는 부양활동은 그 기대에 미치지 못하게 줄어들었다. 이러한 기대와 현실의 차이는 우리에게 '가정은 큰 노력 없이도 생활의 안식처가 되어 준다'는 믿음이 더이상 유효하지 않음을 인식시켰다. 더불어 가정이 안식처로 기능하기 위해서는 가정의 구성원 모두 가정생활에 관심을 가지고 행복을 위해 노력하는 것이 중요하다는 인식과 이를 실천하고자 하는 사회 분위기가 확산되고 있다.

최근 저출산, 고이혼율, 과도한 가계부채로 인한 가정파탄, 노인학대, 아동학대, 가정폭력 등이 사회문제로 부각되고 있다. 과거에는 사적인 가정의 문제로 여겨지던 일들이 공적인 영역으로 다루어지게 된 것이다. 이는 가정문제의 특성상 그 문제를 겪고 있는 개별 가정의 구성원뿐 아니라 사회 전반에 심각한 영향을 미치기 때문이다.

가정은 사회가 안정적으로 유지되기 위한 기반이므로 가정의 행복과 건강을 위한 사회의 지원은 필수적이다. 사회와 가정의 변화로 인해 나타나는 새로운 현상들을 가정구성원들이 적절히 받아들이고 관리할 수 있도록 도와준다면 부적응으로 인한 가정문제 발생을 예방할 수 있을 것이다. 따라서 행복한 가정의 모습은 가정의 잠재력을 개발하고 기능을 강화하여 스스로 문제에 대처할 수 있는 능력을 기초로 이루어 낼 수 있기 때문이다.

2) 웰빙시대

건강한 삶은 인간 본연의 욕구이다. 그러나 생존 자체가 문제가 되는 사회에서는 생존 이상의 건강을 챙길 여유가 없다. 건강증진활동은 생존이라고 하는 한계상황에서 벗어나 기본적인 의식주가 어느 정도 해결된 사회에서 나타나는 현상이다.

우리 사회의 소득수준 향상에 따라 웰빙, 건강에 대한 관심이 사회적으로 일반화되고 있다. 개인의 건강에 대한 관심이 곧바로 가정의 건강으로 연결되고 확대되어, 개인적 삶의 웰빙뿐 아니라 가정생활의 웰빙과 건강도 중요하게 인식되고 있다. 개인의 삶과 가정생활은 밀접한 상호작용을 하므로 개인의 웰빙을 위해서는 건강한 가정생활이 뒷받침되어야 하며, 행복한 가정생활을 위해서는 개인의 건강이 필수요소임은 자명하다. 웰빙을 추구하는 사회문화적 트렌드는 개인적 차원뿐 아니라 가정생활의 건강성과 웰빙의 중요성을 인식하게 하였고, 가정의 건강성을 증진시킴으로써 개개인의 행복한 삶을 보장받고자 요구를 확산시켰다.

3) 건강한 가정을 보장받을 권리

근래에 저출산 고령사회 대책이 심각한 사회문제로 제기되고 초미의 정책과제로 부각되고 있다. 서구보다 훨씬 심각한 인구감소 추세는 국가라고 하는 공동체의 유지와 관련하여 매우 깊고 넓은 사회적 논의를 요청하고 있다. 이런 상황에서 결혼과 출산을 장려해야 할 사회적 필요가 대두되었고, 이 필요를 충족시키기 위해 가정에서의 양성평등과 육아 및 자녀교육 보장 등 현안의 과제들이 '건강한 가정' 의 주요 영역으로 부상하고 있다. 그 바탕에는 국가 또는 사회라고 하는 공동체의 유지가 그 구성원의 의무라는 의식과 이 의무를 이행하는 가정은 국가와 사회로부터 '건강한 가정' 의 행복을 보장받을 권리가 있다는 의식이 결합되어 있다. 그만큼 건강가정은 개인과 개별 가정의 목적일 뿐 아니라 사회와 국가를 유지시키는 공동체이므로, 건강가정을 유지시키고 보장받을 수 있는 권리와 의무를 상호적으로 이행함으로써 가정과 사회가 지속되고 발전한다고 하겠다.

2. 건강가정의 의미

'가정이 건강하다'는 의미는 무엇일까? '사람이 건강하다'는 이야기는 들어 보았지만, '가정이 건강하다'는 말은 생소하게 느껴질 것이다. 가정의 구성원이 신체적으로 질병 없이 튼튼한 상태라면 '건강한 가정'이라고 말할 수 있을까? '건강한 가정'의 의미를 이해하기 위하여 '건강' '가정' 그리고 '건강한 가정'의 개념을 소개하고자 한다.

1) 건강

건강 개념의 정의는 학자마다 다르며, 그들이 전공하는 학문의 시각에 따라 여러 측면에서 논의되어 왔다. 보건의료계에서 일반적으로 사용되는 건강의 정의는 '질병이 없는 상태'로 의학적 이론을 근거로 한 것이며, 여기에 몇 가지의 개념을 추가한 세계보건기구의 정의는 "건강은 질병이 없을 뿐 아니라 신체적, 정신적, 사회적 안녕 상태"이다. 그러나 사회가 변화 · 발전하면서 세계보건기구의 정의로도 인간의 건강을 설명하기에는 부족함을 느끼게 되었다.

이에 보건의료계의 각 학문 분야에서는 그들이 추구하는 건강의 개념을 연구 개발하기에 이르렀다. 예를 들면, 정신적 안녕 상태를 더 세분화하여 정서적, 지적, 영적 안녕 상태로 구분하고, 인간의 건강 영역을 신체적, 정서적, 정신적, 지적, 영적, 사회적 안녕 상태를 포괄하는 개념으로 건강을 확대하여 정의하기도 하였다. 최근에는 인간의 건강 영역을 하나로 통합하여 건강을 개념화해야 한다는 주장도 있다. 이와 같이 건강을 보는 시각이 다양해지면서 건강을 상태로 보기보다는 환경에 대한 적응으로 이해하거나 인간의 자기 관리능력으로 이해해야 한다는 견해도 있다.

(1) 건강 개념의 변화 과정

건강에 대한 정의를 시대적 흐름과 학문 영역의 확대에 기초를 두어 분류하면 다음의 네 가지로 구분된다.

① 해부구조와 생리기능

인간의 해부구조와 생리기능이 정상 범위에 있는 상태를 건강이라 하고, 이 범위를 벗어난 것을 질병이라고 하였다. 이는 생의학적 이론을 기초로 정의된 것이며, 병원에서 질병을 치료하는 과정에서 흔히 사용되고 있다. 이러한 관점에서는 질병이 없는 상태를 건강이라고 한다. 이러한 정의에 의해서 건강을 지키려면 인간이 가지고 있는 해부구조를 머리에서부터 발끝까지 정상으로 유지해야 하며 생리기능에 문제가 없도록 관리해야 한다. 예를 들면, 눈은 두 개이고 손가락은 열 개, 다리는 두 개가 있어야 하며, 눈은 볼 수 있는 기능과 손가락과 다리는 각각의 기능이 정상적이어야 한다. 이것이 건강이다.

반면에 소화기능을 담당한 위가 소화기능을 하지 못한다면 이는 질병이라고 한다. 이때 위의 생리기능을 정상으로 회복시키기 위해 투여되는 행동을 치료라 하고, 해부구조나 생리기능이 정상이 아닌 사람을 환자라고 한다.

② 신체 · 정신 · 사회적 안녕

질병이 없을 뿐 아니라 신체적, 정신적, 사회적으로 안녕한 상태를 건강이라고 하였다. 해부구조나 생리기능은 정상이라 하더라도 정신적으로 사회적으로 불편하면 건강하다고 할 수 없다는 것이다. 주위에서 이러한 경우는 흔히 볼 수 있다. 신체적으로는 건강하지만 정신적으로 항상 고민이 많고 불안과 초조 속에서 살며 사회적으로 적응을 못하여 괴로움을 겪는 사람들이 있다. 이들은 건강하다고 할 수 없다. 그러므로 건강은 신체적 질병이 없는 것은 물론 신체적, 정신적, 사회적으로 편안한 상태를 의미한다. 신체적, 정신적, 사회적인 영역이 서로 깊이 관련되어 최상의 안녕 상태를 유지해야 한다는 것이다.

③ 환경에 대한 적응 정도

인간이 신체적, 정신적, 사회적으로 환경에 적응하여 최적의 편안함을 유지하는 상태를 건강이라고 하였다. 이는 환경에 대한 인간의 적응 정도로 건강 상태를 측정하는 것이다. 인간이 최상의 안녕 상태를 유지하려면 환경과의 끊임없는 상호작용이 긍정적인 방향으로 이루어져야 한다. 따라서 건강을 환경과의 적응이라는 관점으로 이해하는 것이다.

첫 번째와 두 번째 정의에서 인간을 정적이고 구조적으로 이해한 것에 비하여, 세 번째의 정의는 인간을 동적이고 환경과 무한히 상호작용하는 존재로서 이해하여 환경과 잘 적응하는 상태를 건강이라고 하였다. 인간은 병원균을 비롯한 각종 유해 요인들과 상호작용을 하며, 병원균에 대해 약해질 때 질병이 발생하게 된다는 것이다. 이러한 논리는 생태학적 논리와 적응이론을 기초로 하고 있다.

④ 잠재력의 개발

인간이 자신의 신체적, 정서적, 정신적, 사회적, 영적 안녕 상태를 유지하기 위해 최대의 잠재력을 발휘한 상태를 건강이라고 하였다. 인간은 스스로 자신의 건강을 관리할 수 있는 능력을 가지고 있으며, 이 능력의 개발 정도에 따라 건강의 정도가 달라진다는 논리이다. 이는 인간을 능동적이고 건강관리에 잠재력을 지닌 존재로 규명하고 있다.

(2) 건강의 개념

이상 건강의 개념에 대한 논의를 살펴본 결과, 건강을 단순히 질병이 있고 없음의 이분법적인 논리로 정의하기 어렵다는 것을 알 수 있다. 이 책에서는 일반적으로 많이 인용되는 세계보건기구의 건강에 대한 정의를 중심으로 건강의 개념을 논의하고자 한다.

① 완전한 안녕 상태

세계보건기구가 정의하는 건강의 개념은 '건강이란 단순히 질병이 없거나 허약하지 않은 상태만이 아니라 신체적 · 정신적 및 사회적 안녕의 완전한 상태' 이다. 즉 '건강하다' 는 것은 '완전한 상태' 를 의미한다. 인간이 살아가면서 신체적, 정신적, 사회적으로 완전한 안녕(well-being) 상태에 도달할 수 있을까? 지금 이 순간 내가 신체적, 정신적, 사회적으로 완전히 안녕한 상태라고 가정하자. 그러나 이러한 완벽한 상태가 얼마나 오랫동안 지속될 수 있을까? 지금 이 순간의

'건강한 상태' 를 지속시키기 위하여 여러 가지 노력, 즉 자신의 능동적인 행동이 필요할 것이다. 예를 들면 신체적으로는 꾸준한 운동하기, 아침밥 꼭 먹기, 정신적 측면을 위하여 명상의 시간 갖기, 사회적으로 동호회 활동을 통한 대인관계 원만히 하기 등의 '건강한 상태' 를 지속시키기 위한 구체적인 노력이 필요하다.

② 도달하고자 하는 목표

건강은 인간이 추구하고 도달하고자 하는 목표가 되는 상태이다. 우리가 건강이라는 '완전한 안녕(well-being)' 상태를 경험할 수도 있고 없을 수도 있다. 그러나 우리의 목표하는 바, '완전한 안녕(well-being) 상태' 를 추구하는 과정은 개개인이 처한 다른 상황에서 조금씩 완전한 상태를 향해 나아가는 모습이다. 이러한 과정에서 안녕 상태에 도달하기 위해 스스로 최대한 잠재력을 발휘하는 것을 건강 행동이라 할 수 있다.

③ 연속성의 개념

건강은 건강/비건강의 이분법적으로 단절된 개념이 아니라 연속성을 갖는 개념이다. 건강화살표를 생각해 보면 쉽게 이해할 수 있다. 화살표상에 무수히 많은 점들이 존재하듯이 건강화살표상에 무수한 개개인이 존재한다고 생각해 보자. 다음 그림의 오른쪽 끝 화살표 머리는 완전한 웰빙의 상태를 지향하는 것이다. 화살표의 머리에 가까울수록 완전한 안녕 상태에 근접한 것이다. 나는 어디쯤 위치하고 있을까? 다음의 그림을 나의 위치가 어디쯤 될 것인지 마음속으로 생각해 보자. 지금의 위치에서 오른쪽으로 이동하기 위하여 나는 어떤 노력을 해야 하는지 생각해 보자.

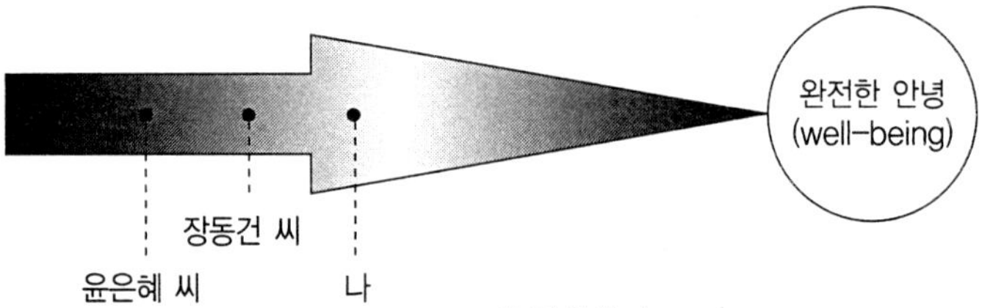

〈건강화살표〉

건강은 우리의 생활 속에서 우리가 도달하고자 하는 목표이고 이상이다. 우리에게 중요한 것은 이러한 목표를 이루려고 스스로 능동적인 노력을 하는 것, 자신의 잠재력을 최대한 발현시키는 것이다. 이것이 건강한 행동이고, 건강한 행동이 우리의 삶 속에서 끊임없이 지속적으로 이루어질 때 건강한 생활을 영위할 수 있을 것이다.

2) 가정

가정이라는 용어는 가정의 구성원은 물론 가정의 구성원이 영위하는 생활을 포함한다. 가족은 가족구성원, 즉 가족을 이루는 사람과 사람 간의 관계에 초점을 두는 개념이다. 가정살림, 가정주부, 가정의례, 가족관계, 가족수당, 가족여행 등 우리가 흔히 사용하는 낱말들을 떠올려 보면 그 의미가 어느 정도 구분된다.

이 절에서는 송혜림 외(2005)의 연구에서 정리한 가정과 가족에 대한 여러 학자들의 개념 정의를 소개하여 두 개념을 구분하고자 한다.

(1) 가족의 개념

가족이라는 개념은 같이 사는 사람들 , 즉 식구를 지칭하는 것으로 해석된다. 또는 같이 사는 사람들의 관계나 그들의 삶을 규정하는 제도로 해석된다. 김규원은 시기적으로 비교적 근래에 이르기까지 우리 사회에서 가족이란 용어는 순수한 학술 용어에 지나지 않았고, 실제로는 식구 또는 식솔이라는 용어가 더 많은 사람들에게 일상적 의미를 지녀왔다고 주장했다. 가족은 서양 학문에 기초하여 공동 거주와 경제적 협력, 대 사회적 기능을 담당하는 사회적 집단을 포괄적으로 지칭하는 측면이 강하다고 보았다.

인류학자들이나 사회학자들의 가족의 정의를 살펴보면 가족은 사회제도적인 측면, 그 중에서도 구성원들 사이의 관계적인 측면을 강조하는 개념이다. 예를 들면 인류학자인 머덕(Murdock, 1949)은 '가족이란 부부와 그들의 자녀로 구성되고, 주거와 경제적인 협력을 같이 하며, 또한 자녀의 출산을 특징으로 하는 집단'

이라고 본다. 사회구성주의적 관점에서 가족은 사람들이 생각하는 하나의 사고방식이며 사람들이 살아가는 현실에서 끊임없이 구성되고 해체되며 다시 재구성된다고 본다. 예를 들면 변화순은 기든스와 스칸조니 등의 정의에 기반하여 '상호간 정서적이고 물질적인 지지를 기대하는 두 사람 또는 그 이상의 사람들의 구성' 이라고 정의하고 있다.

2005년 3월 31일에 개정된 우리 나라 민법(제799조)에서 가족은 "배우자, 직계혈족 및 형제자매, 직계혈족의 배우자, 배우자의 직계혈족 및 배우자의 형제자매인데, 그 중 직계혈족의 배우자, 배우자의 직계혈족 및 배우자의 형제자매의 경우에는 생계를 같이하는 경우에 한한다." 라고 규정되어 있다. 개정된 민법의 규정은 혈연 중심에서 벗어나 생계를 같이하는 공동체의 개념을 포함하고 있으며, 가족의 제도적인 구성을 넘어 기능을 강조하고 있음을 알 수 있다.

(2) 가정의 개념

가족은 구조나 관계를 중심으로 개념이 정의되어 온 반면, 가정은 일상생활에서 자주 사용되는 용어로 생활의 측면이 강조되는 개념이다. 즉 가족을 구성하는 인간, 가족의 생활, 그리고 이를 둘러싼 환경까지 포함하는 개념이다. 장명욱은 가정이란 '인간이 임하는 최초의 사회적 환경으로 인간에게 가장 친밀한 혈연집단인 가족이 동거, 동재하면서 생존과 생활을 영위하는 본거지' 라고 정의했다. 김혜선은 '가족이 함께 생활하는 공동체를 말하는 것으로, 가정생활이 이루어지는 공간적인 장소' 로 가정을 정의했다. 두 학자의 정의 모두 '생활의 영위,' '생활공동체' 를 강조하고 있음을 알 수 있다.

가족 구조가 빠르게 변화하여 매우 다양한 형태의 가족들이 나타나고 있다. 일일이 새로운 형태의 가족을 명명하기 전에 이미 그들은 가정생활을 함께 영위하게 된다. 가정은 현재 우리 사회의 변화하고 있는 다양한 가족 형태를 담아낼 수 있는 포괄적인 개념인 것이다. 가족의 개념과 비교하여 가정의 개념을 살펴보면, 가정은 가족원의 일상생활이 영위되는 장소이고 생활의 물적 · 인적 토대가 되는 근원으로 가족보다 더 큰 개념이라고 할 수 있다. 이해를 돕기 위해 단순화한 예를 생각해 보면, 가족과 가정은 국민과 국가의 관계와 유사하다.

3) 건강가정

건강과 가정을 연결시킨 건강가정에 대한 학문적 관심은 건강하고 행복하고 성공적인 개인을 위해 가정은 어떠해야 하는가에 대한 관심에서 시작되었다. 유영주는 건강가정을 외부의 자극이나 변화에 긍정적으로 대처해 나가는 가정, 서로 협동하고, 인내하며 타협해서 공동체로서의 유대감을 다져가는 가정, 가족원의 인격을 서로 존중하고 가족원의 상호작용이 잘 이루어지는 체계로서의 균형을 잘 유지하고 있는 가정으로 정의하였다. 올슨과 디프레인(Olson & DeFrain, 2003; 조희금 외 2005에서 재인용)은 가정의 건강성은 모든 가정이 잠재적인 성장 영역을 가지고 있다는 의미에서 건강성을 가지고 있으며 가정의 건강성은 가정의 구조나 형태를 말하는 것이 아니라 그 기능을 말하는 것이라 정의하였다. 따라서 세상에는 가족 구조와 관계없이 무수히 많은 건강한 가족이 있고, 마찬가지로 세상 모든 유형의 가족 구조에는 건강하지 않은 많은 가족들이 있다.

조희금 외는 건강가정을 포괄적이고 다원적인 개념으로 다음과 같이 정의하였다. "건강가정이란 기본적으로 물적 토대인 가정의 경제적인 안정과 안정적인 의식주 생활을 바탕으로 하고, 가족 간에는 민주적이고 양성평등한 관계를 가지며, 열린 대화가 가능하고 휴식과 여가를 공유할 수 있을 때, 가정 내적으로는 자녀의 성장발달을 지원하고, 합리적인 자원관리가 이루어지며 가족 역할을 공유할 때, 그리고 사회적으로는 일과 가정을 조화시키면서 건강한 시민의식과 자원봉사활동 참여 등을 통해 지역사회와 연결될 때, 나아가 건강한 가정생활문화를 유지하고 창조할 때, 우리는 그 가정이 건강성을 가지고 있다고 말할 수 있다."

법률에서 제시하는 건강한 가정의 개념을 살펴보면 다음과 같다. 건강가정기본법에서 지향하는 건강한 가정은 가족의 모든 욕구가 충족되고 인간다운 삶이 보장되는 가정(건강가정기본법 제3조)이다. 모든 국민은 가정의 구성원으로서 안정되고 인간다운 삶을 유지할 수 있는 가정생활을 영위할 권리(건강가정기본법 제

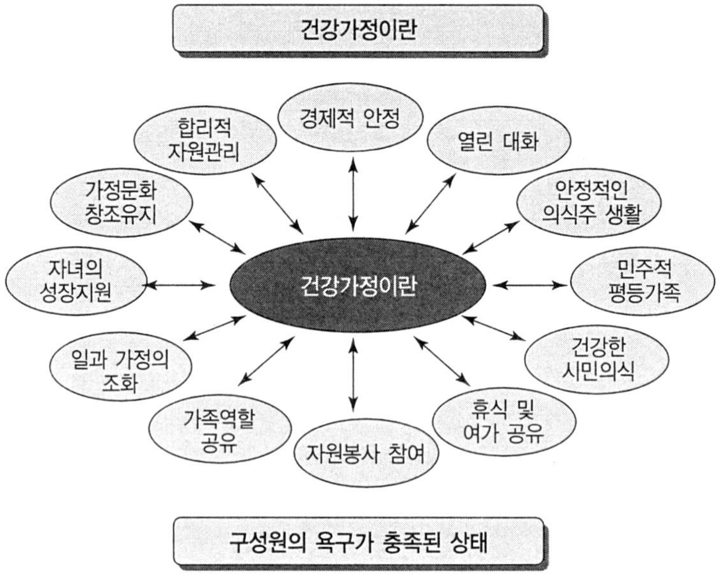

출처: 조희금 외(2005).

그림 2-1 건강가정의 구성요소

4조)를 가진다고 규정하고 있다.

건강가정에 대한 학문적 정의 및 법률적 정의를 정리하면 다음과 같다.

① 가정의 건강성

건강한 가정은 가족의 구조나 가정의 형태에 따라 건강한 가정과 건강하지 못한 가정을 구분할 수 있는 것이 아니다. 올슨과 디프레인이 정의했듯이 가정의 건강성은 가정의 형태나 구조가 결정하는 것이 아니라 가정의 기능에 있다는 것이다. 예를 들면 양부모가정인가 한부모가정인가로 구분하는 것이 아니라 그 가정이 얼마나 외부 환경의 변화에 긍정적으로 잘 대처해 나가는지가 건강한 가정에 더 중요한 요인이 된다.

② 가정의 노력과 권리의 보장

건강한 가정은 주어지는 것이 아니라 노력에 의해 만들어지는 것이다. 건강한 가정은 가정구성원의 협동, 인내, 타협, 존중, 상호작용, 균형 유지, 공유, 지원,

관리, 조화, 참여, 창조 등의 노력이 있어야 가능하며, 건강한 가정의 영위는 국가와 사회가 보장해 주어야 할 권리인 동시에 개별 가정의 노력으로 찾아야 할 권리이다.

③ 다차원적 개념

건강한 가정은 하나의 차원으로 설명될 수 없는 다차원적인 개념이다. 가정생활이란 다양성과 복합성을 반영하는 개념으로 개별 가정 안에서의 다양한 생활영역과 각각의 가정구성원들의 관계, 나아가 가정과 사회와의 상호작용에서의 가정의 역할에 대한 방향성을 제시한다.

④ 순기능의 극대화

이 세상에는 완벽한 형태의 가정이란 있을 수 없다. 핵가족가정이 다수를 이루고 있어도 완벽한 것은 아니고, 순기능과 역기능을 함께 가지기 마련이다. '건강한 가정' 의 정의에서는 우리 사회의 개별 가정에 사회적으로 주목해야 할 수준의 변화가 나타났음을 인지하고, 각각의 순기능을 잘 살리고 역기능을 최대한 억제하는 노력을 강조한다. 이는 사회공동체의 입장에서도 매우 바람직하고 효율적인 과업이라는 인식과 기대를 그 바탕에 깔고 있다고 볼 수 있다.

3. 건강가정을 위한 가정자원관리

오늘 저녁은 무엇을 먹을까?

오늘은 엄마가 늦게 들어오시려나… 전화를 한번 걸어볼까?

이번 주말부터 장마가 시작된다는데 아이 우산을 하나 살까? 어디에서 살까? 어떤 것을 살까?

다음달에 펀드가 만기가 되는데, 어디에 투자해야 하나?

아버지께서 내년에 은퇴를 하시는데 집을 다른 곳으로 옮겨야 하나? 어디로 옮겨야 하나?

우리의 가정생활은 수많은 질문과 답의 연속이다. 우리는 무의식 속에서 스스로에게 질문을 던지고, 아주 짧은 시간 안에 답을 내리고 행동으로 옮긴다. 때때로 중요한 일들에 대해서는 많은 고민과 오랜 시간을 들여 답을 구하려 한다.

수없이 많은 물음들은 우리에게 수많은 선택을 요구한다. 어떤 것을 선택한다는 의미는 다른 것들을 버린다(선택하지 않는다)는 의미이다. 예를 들면 오늘 저녁식사를 위해서 식당에 간다고 가정하자. 어느 식당을 갈까? 어떤 음식을 먹을까? 한참을 고민하다가, 나는 '계단분식에서 칼국수'를 먹기로 결정했다. 나는 왜 '계단분식 칼국수'를 선택했을까? 이유는 '계단분식'이 학교와 가까이 있고, 나는 따뜻한 국물이 있는 음식을 먹고 싶고, 내 수중에 4000원의 돈이 있기 때문이다. 선택은 내가 하고자 하는 것(음식을 먹는다)을 내가 가지고 있는 것(자원-돈)과 내가 알고 있는 방법(과정-선택)의 범위 안에서 행동한 결과이다.

가정자원관리는 가정생활에서 우리가 필요로 하는 것을 얻고, 원하는 것을 충족시키고, 목표로 하는 것을 달성하기 위해 최상의 선택을 할 수 있도록 자원을 활용하는 방법, 과정을 의미한다. 건강한 가정과 가정자원관리는 어떤 연관성을 가지고 있을까? 우리 가정의 최상위 목표는 가정의 건강성을 최대한 발현하여 완전한 안녕(well-being) 상태에 도달하는 것이라고 할 수 있다. 최상위 목표를 달성하기 위하여 가정의 구성원들은 많은 노력과 행동을 해야 할 것이다. 무엇을 가지고 어떻게 노력하고 어떻게 행동할 것인가? 이 부분에 대한 답을 알려주는 것이 가정자원관리이다.

가정자원관리는 가정과 가정구성원의 목표 달성을 위하여 가정이 가지고 있는 자원을 발굴하고, 자원을 활용할 수 있는 합리적인 방법을 제시하는 과정이다. 이를 위해서 우리 가정에서 가장 긴급히 해결해야 할 과제는 무엇인지, 가정구성원들이 가장 원하는 바가 무엇인지 등의 파악과 분석이 필요하다. 왜냐하면 우리가 가진 자원은 유한하고 한정되어 있기 때문이다. 한정된 자원을 가지고 우리가 원하는 것을 얻고 우리의 목표를 달성하려면, 원하는 목표의 실체를 명확히 파악하는 것이 중요하다. 가정자원관리를 통해 우리 가정이 처해있는 상황, 가지고 있는 조건하에서 우리 가정이 원하고, 필요로 하며, 목표로 하는 것을 얻기 위해서 어떤 자원을 어떻게 활용하는 것이 가장 효율적이고 합리적인 방법인가를 찾아 실천할 수 있게 된다.

자원을 발굴하고 창조하는 일도 가정자원관리의 몫이다. 우리가 가지고 있으나 활용하고 있지 않은 자원들이 곳곳에 있다. 설날 어린 아이들이 받는 세뱃돈을 생각해 보자. 한두 살 꼬마들도 세뱃돈을 받고 좋아한다. 다른 언니, 형들이 받는 것을 자기도 받았기 때문에 좋아한다. 받은 돈을 손에 쥐고 다니다가 다른 관심 있는 것이 생기면 돈을 바닥에 버린다. 돈이 손에 있어 다른 물건을 잡을 수 없기 때문에 귀찮아서 돈을 던져 버리는 것이다. 아기들에게 돈은 손에 쥐고 가지고 노는 장난감 이상의 의미는 없다. 가정자원관리는 이처럼 우리가 소유하고 있으나, 인식하지 못하여 가정생활에서 자원으로 활용하지 못하고 있는 것들, 지금은 활용할 필요가 없지만 다른 상황에서는 유용한 자원이 되는 것들을 발굴 활용하는 길을 안내한다. 가정자원관리 기술을 습득하는 것 또한 활용가능한 자원의 발굴이다.

건강한 가정을 구현하기 위하여 개별 가정의 건강성을 최대한 발현할 수 있는 합리적이고 효율적으로 자원을 활용하는 길을 안내하는 것이 가정자원관리의 역할이다. 가정자원관리의 원리와 기술에 대한 학습, 다양한 자원에 대한 이해와 관리 기술의 습득은 우리가 합리적이고 효율적으로 자원을 활용하여 건강한 가정을 구현하는데 매우 중요하고 필수적인 자원이라 할 수 있다.

생각해볼 문제

1. '건강가정' 하면 떠오르는 이미지를 그림으로 표현해 보자.

2. 가족과 가정의 개념 차이를 비교하고, 일상생활에서 사용하는 다음 용어들의 적절한 사용법에 대해 생각해 보자(가정살림/가족살림, 가족법, 가정경제/가족경제, 가정문제/가족문제).

3. 우리 가정의 건강성을 증진하기 위한 방안을 그림 2-1과 건강가정의 개념을 참고하여 세 가지 생각해 보자.

참/고/문/헌

건강가정기본법.

김규원(1995). 가족개념의 인식과 가치관. 가족학논집, 7, 213-255.

송혜림 외(2005). 건강가정 개념에 대한 논의. 한국가정관리학회지, 23(6), 179-190.

유영주(1999). 건전가정과 건강가족의 개념 설정에 대한 논의. 한국가정관리학회지, 17(3), 93-102.

임정빈 외(2002). 가정관리학. 서울: 신정.

장명욱(1995). 가정학원론. 파주: 교문사.

조희금 외(2005). 건강가정론. 서울: 신정.

PART II

건강가정의 이론적 틀

건강가정이라는 가정의 목표 달성은 필연적으로 자원의 이용과 관련되어 있어, 가정의 자원을 어떻게 관리할 것인가가 핵심 주제가 된다. 2부에서는 가정을 환경과 상호작용하는 하나의 살아 있는 유기체로 인식하는 생태학적 접근과 함께 체계이론을 이용하여 가정자원관리를 이해한다. 생태학적 접근은 가정을 환경에 대한 영향을 받는 수동적인 존재가 아니라 가정 외부의 환경에 대해 반응함으로써 환경의 변화를 초래하는 능동적 존재로 인식하게 해준다. 한편 체계이론은 가정학뿐 아니라 다양한 학문 분야에서 연구하려는 대상을 파악하기 위해 적용하고 있는 이론이다. 체계이론은 연구대상을 체계로 구체화함과 동시에 그 체계의 행동을 투입, 과정, 산출 및 평가라는 단계로 구분하여 제시함으로써 명료화해진다. 이러한 체계이론에 의한 가정자원관리는 가정의 구성원이 주어진 조건을 인식하고, 계획적으로 목표를 향해 나아가며, 그에 따라 결과를 성취하고 평가하는 전체 과정을 이해하는 데 유용한 도구이다. 체계이론의 주요한 용어와 개념은 건강가정을 위한 가정자원관리의 이론적 틀을 이해하기 위한 기초적인 지식이 된다.

CHAPTER

03

건강가정의 이론적 틀

1. 체계이론에서 본 건강가정
2. 건강가정과 환경
3. 건강가정을 위한 관리행동

CHAPTER 03

건강가정의 이론적 틀

1. 체계이론에서 본 건강가정

건강가정은 앞장에서 살펴보았듯이 단순히 신체적 건강만을 의미하지 않는 복합적인 개념이다. 또한 건강가정은 가정의 구성원이 추구하고 도달하고자 하는 목표 상태로, 가정은 주어진 가정의 조건과 상황 속에서 환경과의 상호작용을 통해 최대한 이를 추구하게 된다. 왜냐하면 가정은 사회구조에 적응하는 하나의 경영단위(managerial unit)로서, 변화하는 환경에 따라 영향을 주고받는 유기적 구조를 갖는 일종의 생태계(ecosystem)이기 때문이다. 이와 같이 가정을 환경과 상호작용하는 과정을 통해 궁극적인 목표를 향해 나아가는 일종의 살아 있는 유기적 단위로 인식하는 것이 체계이론(system theory)이다. 이 체계이론의 중심 개념은 건강가정을 이해하기 위한 기초 지식으로 매우 유용하다.

1) 가정생태계의 구성요소

생태계로서의 가정은 다음과 같은 기본적인 구성요소를 갖고 있다.

① 구성원(members)
일체감을 갖고 함께 일하며, 상호작용 및 상호 의존하는 사람들

② 환경(environments)
구성원들 외부에 있는 것으로 구성원들에게 영향을 미칠 수 있는 모든 조건

및 상황으로 자원의 원천(source) 제공

③ 조직(organization)

구성원들의 역할 유형 및 관계 구조로 구성되며, 공동의 목표를 달성하기 위해 정보를 이용하고 활동을 조정하는 경영체

생태계로서 가정이 갖고 있는 기본 구성요소는 개별적으로 존재한다는 데 의미가 있기보다는 전체로서 기능하는 상호작용이 중요시된다. 즉 가정이 건강가정을 이루기 위해서는 이러한 구성요소들을 개별적, 부분적으로 파악하기보다는 그러한 구성요소들을 모두 함께, 그리고 구성요소 간의 상호작용을 포함하여 전체적으로 인식해야 할 필요가 있다. 핵가족 사회 속에서 '아이돌보미 서비스'와 같은 새로운 상품과 서비스의 출현은 이러한 가정과 환경 간의 상호작용에 대

서울시, 아이돌보미 서비스 전체 자치구로 확대

서울시는 올 상반기에 아이돌보미 서비스를 위한 시 통합센터 설립 계획을 확정한 뒤 오는 10월쯤 센터를 열고 내년에는 서울 시내 전 자치구가 아이돌보미 서비스를 실시할 수 있도록 지원할 계획이라고 밝혔다. 아이돌보미 서비스란 갑작스런 외출이나 야근, 질병 등으로 자녀를 돌볼 수 없게 된 부모를 위해 전문 교육을 받은 돌보미들이 아이들을 대신 봐주는 복지 서비스다.

아이돌보미는 생후 3개월 ~12세 자녀를 둔 가정이면 연중 24시간 언제나 이용할 수 있다. 이용료는 자녀 1인 1시간에 5천 원, 저소득층 가정은 1시간에 1천 원이다. 장시간 돌보미 사용은 한 달에 80시간까지 가능하다. 올 하반기부터 실시되는 아이돌보미 서비스는 건강가정지원센터에서 지원되는데, 건강가정지원센터는 원활한 가족관계 유지, 효율적인 육아, 사고 시 대처방법 등에 대해 40시간 교육과정을 거쳐 돌보미를 양성한다.

출처: 우먼스타임스(2007. 6. 7), http://blog.naver.com/womantimes/80038869627

한 예를 보여준다.

2) 체계이론

체계이론은 가정의 기본적인 구성요소들 간의 관계와 상호작용을 파악하는데 적합하다. 체계이론은 물리학과 공학 분야에서 먼저 적용되어 공학적 정의와 물리학적 모델이 발달되었는데, 현재는 사회학, 교육학, 심리학 등 여러 사회과학 분야에서도 폭넓게 적용하고 있다. 가정학 분야에서는 1970년대에 들어서 가족 및 가정자원관리 분야에서 보편적인 접근법으로 확립되었다.

가정학 분야에서 적용하고 있는 체계이론의 주요 내용은 다음과 같다.

① 연구하려는 대상 및 조직은 하나의 체계이다.

체계(system)란 어떤 목적을 실현하기 위해 그를 구성하는 요소들이 긴밀한 상호관계를 맺고 있는 부분들의 집합을 의미한다. 이러한 체계 내에는 위계(hierachy)로 구성된 하위체계(subsystem)가 존재할 수 있다. 예를 들어 가정은 하나의 가정체계인데, 그 가정구성원인 개인은 가정에 대한 하나의 하위체계이며, 개인들이 이루는 부부, 부모-자녀, 형제자매들 역시 또 다른 하위체계를 구성하고 있다. 또한 가정체계는 지역사회체계의 하위체계이며, 지역사회체계는 한 국가의 하위체계이다. 하위체계 중 더이상 나눌 수 없는 최소 단위, 예를 들어 가정 내 개인은 체계의 요소(element)가 된다.

② 가정체계는 기능적으로 두 개의 하위체계를 갖고 있다.

가정체계는 기능적으로 크게 심리사회적 혹은 인적 하위체계(psycho-social, personal subsystem)와 관리적 하위체계(managerial subsystem) 두 가지로 구성되어 있다. 심리사회적 혹은 인적 하위체계는 구성원의 가치와 목표를 발달시키는 것과 함께 정서적 욕구충족, 자녀의 사회화, 정서적 · 대면적 관계의 유지 등 표현적 기능(expressive function)과 관계가 있다. 또 다른 하위체계인 관리적 하위체계는 목표를 명료화하여 이를 달성하기 위해 자원을 조직, 분배, 소비하는 것과 같은 주로 도구적 기능(instrumental function)을 한다. 이 두 하위체계는 상호작용하며 가정체계의 유지 및 발전이라는 목표를 달성하게 된다.

③ 각 체계는 다른 체계와 상호작용하며 서로 영향을 준다.

개인 및 구성원은 조직의 구성과 기능으로부터 역할, 일, 책임 등을 갖게 되며, 이를 통해 사회적 관계를 유지한다. 이때 어떤 개인의 취업, 예를 들어 전업주부가 취업을 하게 되는 체계 내 요소의 변화는 주부 자신뿐 아니라 가족원의 역할, 일, 책임, 자원 등에서 변화를 요구함으로써 다른 요소의 변화를 초래하게 될 것이다. 이처럼 어떤 체계 내의 한 요소의 변화는 다른 요소의 변화를 야기하는 것과 같이 다른 체계에 영향을 주게 된다.

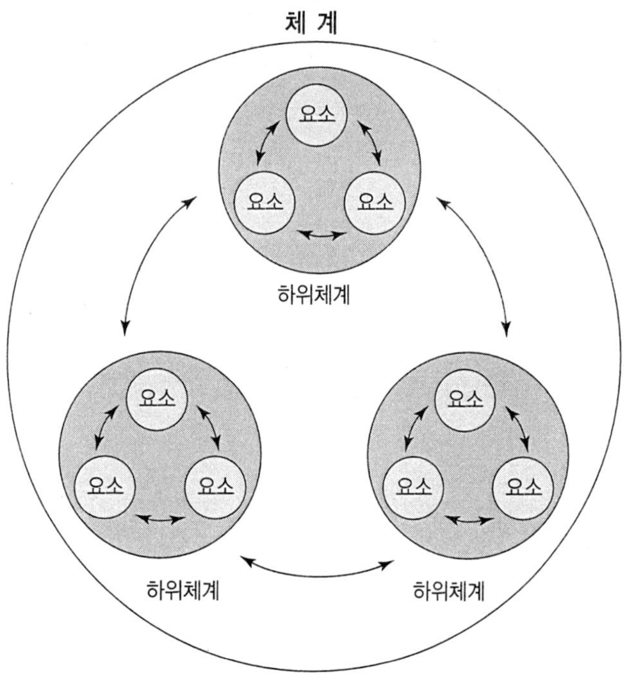

그림 3-1 체계와 체계 간의 상호작용

④ 체계는 공통의 목표를 추구한다.

체계의 구성원이 개인의 발전을 도모하고, 다른 사람들의 권리를 보호하며,

체계 외부의 환경과 상호작용한다면 그 체계는 기능적 전체(a functioning whole)가 될 수 있다. 따라서 가정체계가 어떤 사람들로 구성되었는가는 그다지 중요하지 않다. 즉 혼자 생활하는 개인이라도 다른 외부의 사람들과 상호작용하므로 환경과 상호작용하는 하나의 생태계를 이룰 수 있으며, 반드시 혈연을 기초로 구성원이 이루어져야 할 필요도 없다. 그래서 흔히 가족으로 표현될 수 있는 가정구성원은 누구라도 될 수 있으며, 개인 자신뿐 아니라 가정공동의 목표를 추구하려는 공동체의식을 갖고 상호작용을 한다면 기능적일 수 있다.

2. 건강가정과 환경

가정을 살아 있는 유기체로 간주하는 생태학적 접근(ecological perspective)이나 체계와 체계의 상호작용에 초점을 두는 체계이론 모두 가정이 속하게 되는 환경의 중요성을 강조한다. 왜냐하면 환경(environment)은 가정의 구성원의 외부에 존재하면서 영향을 주는 모든 것이며, 사회가 발전하면서 가정에 대한 환경의 의미와 영향력이 더욱 중요해지고 있기 때문이다. '배아은행의 등장' 과 같이 가정 외부의 사회문화적, 법적, 기술적 환경의 변화는 오늘날 의사결정과 선택이 더욱 어려워진 현실을 잘 보여준다.

1) 환경의 분류

체계이론을 가정학 분야에 적용한 학자들은 구성원에 대한 물리적 근접성의 정도, 상호작용 빈도, 그리고 환경에 대한 통제의 정도에 따라 환경을 가정환경, 근접환경 및 광역환경으로 분류하였다.

배아은행의 등장

미국 텍사스 주 샌 안토니오에 있는 '에이브러햄 생명센터' 라는 회사는 세계 최초로 남성의 정자와 여성의 난자를 기증받아 이를 배아로 만든 뒤, 임신을 원하는 고객들에게 판매하고 있다. 이 회사는 애리조나 주의 한 백인 여대생으로부터 기증받은 난자와 정자은행에서 구한 백인 남성 변호사의 정자로 22개의 배아를 만들어 이를 주문한 두 명의 여성에게 각각 배아 두 개씩 임신 시술을 마쳤다. 또 유타 주의 한 항공사 여 승무원 난자와 뉴욕 주 의사 남성의 정자로 만든 배아를 곧 주문 여성에게 시술할 예정이다. 배아 주문자들은 난자 및 정자 제공자들의 학력, 외모, 성격, 건강 등 자세한 신상정보를 미리 설명듣고 구입 여부를 결정할 수 있으며, 앞으로 태어날 아기의 모습과 성인이 됐을 때의 컴퓨터 사진까지도 볼 수 있다고 회사 측은 설명했다. 이와 같이 만들어진 배아의 가격은 2,500달러, 임신 시술까지 합쳐 아기를 갖는 데 드는 비용이 총 1만 달러 미만으로 가격이 저렴하다는 게 장점이라고 회사 측은 설명했다. 그러나 이러한 '배아은행' 의 등장은 '아기가 상품이냐' 는 논란을 제기하고 있다

출처: 매일 경제신문(2007. 1. 8. A9)

(1) 가정환경

가정환경(household environment)은 가정구성원에게 있어서 일차적이며, 상호작용이 빈번하게 그리고 장기간에 걸쳐 이루어지는 환경이다. 이러한 가정환경은 구성원의 연령, 성별, 건강 상태와 같은 인적 요소뿐 아니라 가구, 설비, 주택, 자동차 등 가정생활을 위한 물리적 조건, 개인용품 및 재화와 용역을 조달할 수 있는 경제적 측면 등으로 구성된다.

(2) 근접환경

근접환경(near environment)은 가정의 구성원이 생활하고 활동하는 지역사회를 말한다. 이 지역사회에는 직업, 교육, 의료, 종교, 정치, 행정, 여가활동을 위한 시설 및 서비스와 함께 자연적 특성이 포함되어 있다. 또한 이러한 근접환경에서 가정의 구성원은 일하고, 공부하며, 즐기는 등의 활동을 통해 친척, 친구, 동

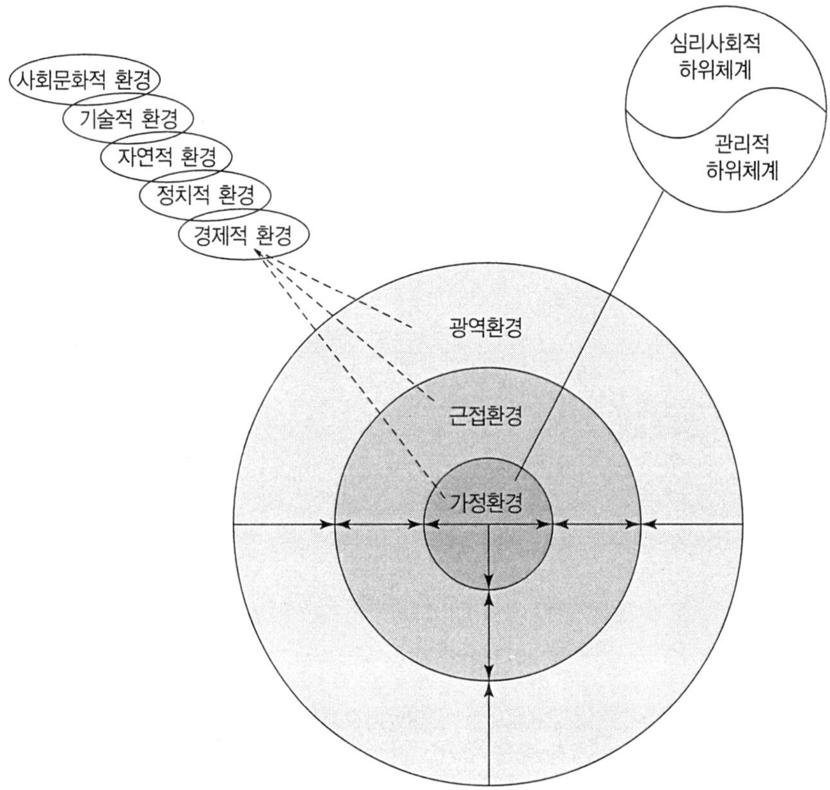

출처: Deacon, R.E. et al.(1988). Family Resource Management Principles and Application, p.8, Gross, I.H. et al.(1980). Management for Modern Families, p.25.

그림 3-2 체계이론에서 본 건강가정과 환경

료 및 회원 등과 상호작용을 하게 되므로 사회적 측면도 포함할 수 있다. 근접환경의 특징은 가정의 구성원이 사는 국가, 지역 및 도시 등에 따라 달라진다. 따라서 가정의 구성원이 지역사회에서 획득, 이용할 수 있는 자원뿐 아니라 가정의 구성원이 지역사회에 제공하게 되는 자원의 양과 질에는 차이가 있다.

(3) 광역환경

광역환경(larger environment)은 가정의 구성원을 둘러싸고 있는 광역사회 또는 문화로 근접환경에서부터 접촉할 수 있는 데까지 확대된다. 사람에 따라 광역환경은 시, 도, 국가, 동양, 세계, 우주까지 다양하다. 광역환경은 흔히 인식되지 않은 상태에서 가정구성원이 생활하는 데 포괄적인 영향력을 미치게 된다. 가정구성원이 먹는 음식은 광역환경의 자연적 조건에서 제공되며, 먹는 방식은 문화적 관습에서 기인할 수 있다. 또한 음식의 조리는 가정구성원이 살고 있는 사회의 경제적 수준과 함께, 생산해 낼 수 있는 조리기구의 기술적 수준에 따라 달라질 수 있다. 광역사회는 법과 제도를 통해 가정의 구성원을 보호하지만, 한편 가정의 구성원은 제약을 받을 수도 있고, 이를 감수해야 할 경우도 생긴다. 이처럼 광역환경의 조건과 특성은 가정의 구성원이 통제하기가 매우 힘들다. 따라서 가정의 구성원이 광역환경의 조건을 파악하고 그것을 어떻게 적용하느냐가 중요하다.

2) 환경의 특징별 분류

가정의 구성원이 상호작용을 하는 가정환경, 근접환경 및 광역환경은 그 특징에 따라 각각 경제적, 정치적, 자연적, 기술적, 그리고 사회문화적 환경을 포함하고 있다. 이들은 일상생활에 의미와 특징을 부여하며, 자원에 대한 요구, 사람들의 가치에 영향을 주는 특성이 있다. 이러한 환경들은 가정의 생활문제에 있어서 복잡하게 상호 관련되어 있는 경우가 많아 그 의사결정과 선택을 어렵게 만들며, 나아가 법률적, 도덕적 및 사회문화적 수용의 문제까지도 초래하기도 한다.

(1) 경제적 환경

경제적 환경(economic environment)은 재화와 서비스를 생산, 분배, 소비함으로써 초래되는 경제적 수준과 관련되어 있다. 가정의 구성원은 재화와 서비스를 생산할 수 있도록 노동력을 제공하며, 임금을 지출하여 욕구를 충족하고, 풍요로운 생활을 추구한다.

(2) 정치적 환경

정치적 환경(political environment)은 생활에 있어서의 윤리와 질서를 위해 확립된 것으로, 법률, 규제, 보호 및 기타 서비스를 통해 가정의 구성원에 영향을 준다. 가정의 구성원은 가정의 목표를 달성하기 위해 각자의 책임을 다하며, 문제와 갈등이 있을 경우 대화를 통해 해결을 모색할 수 있다. 이때 가정구성원 개인의 역할, 지위, 통솔력, 능력 등에 따라 가정의 규칙과 의사소통 방식 등에 영향을 미치게 된다.

(3) 자연적 환경

자연적 환경(natural environment)은 우리의 환경에 있어서 자연적 요소인 공기, 물, 공간, 햇빛 등과 함께 식물, 동물 등의 생태적 특성을 포함하고 있다.

자연적 환경은 가정구성원의 거주지역이나 주거환경에 직접적인 영향을 미치며 전반적인 생활양식을 결정하기도 한다.

(4) 기술적 환경

한 사회에 생산되는 상품과 서비스는 그 사회의 기술적 수준에 의해 결정되며, 이는 가정의 구성원에게 영향을 주는 기술적 환경으로 존재한다. 기존의 것과 완전히 다른 기술에 의해 생산된 가전제품은 가정의 구성원이 구매하고 싶은 신제품이며, 이는 궁극적으로 가정의 구성원이 제품 사용을 위한 새로운 지식, 새로운 관리방식을 습득해야 하는 변화를 초래한다.

(5) 사회문화적 환경

가정의 구성원은 장기간에 걸쳐 가정 및 사회의 문화적 가치와 규범을 내면화하며, 이를 기초로 행동하게 된다. 일반적으로 남성과 여성의 역할을 구분하여 생각하는 것은 대표적인 사회문화적 환경(socio-cultural environment)의 영향이다.

이상과 같은 여러 환경들은 상호작용하면서 다른 환경에 영향을 준다. 예를 들어 IMF(외환위기)와 같은 국가의 경제적 위기가 닥쳤을 때, 가정의 구성원 중 한 명이 실직할 수 있으며, 이로 인하여 가정의 경제적 상태가 악화될 수 있다. 만일 그 구성원이 미비한 회사의 내규로 인해 부당하게 해고되었다고 소송을 제기할 경우 그 과정은 기업 내지 국가의 법률적 보완을 초래할 수도 있을 것이다. 이러한 환경 간의 상호작용과 그로 인한 변화는 결국 가정의 건강성을 향상시키기 위한 관리의 중요성을 증가시킨다. 가정이 상호작용하는 환경의 종류와 특징에 따라 환경을 구분하여 그 예를 들어보면 〈표 3-1〉과 같다.

표 3-1 건강가정과 관련된 환경의 예

환경의 종류	경제적 환경	정치적 환경	자연적 환경	기술적 환경	사회문화적 환경
가정환경	주택, 자동차, 소득	의사소통 방식, 역할분담	주거의 일조권, 환기, 소음 상태	가전제품, 기구	가풍, 가치관, 대인관계, 역할
근접환경	지역산업	자치법, 규범	지역의 공원	지역시설의 정보화 정도	지역사회의 규범적 통제 정도
광역환경	국가 경제수준	법률, 규제, 보호	국가의 자연 생태	국가에서 생산되는 재화 및 서비스	유교적 가치관, 민족주의

3. 건강가정을 위한 관리행동

가정의 건강성을 증진시키고, 건강한 상태를 달성하기 위해서는 이러한 목적을 달성하기 위한 의도적이고 계획적이며 장기적인 관리행동이 필요하다. 체계이론에서는 관리행동을 크게 투입, 과정, 산출 및 피드백의 단계로 설명하고 있다.

1) 투입

임대주택에서 전세로 살고 있는 어떤 가정에서 주택자금을 좋은 조건으로 대출해 준다는 정보를 접했다면 이는 가정체계에 투입되어 집을 구매하려는 관리행동을 유발할 수 있다. 이때 가정의 구성원은 내집 마련의 열망, 저축 액수, 구성원의 직장 및 학교 소재지 등의 여러 요인들을 복합적으로 고려하여 의사결정을 하려 할 것이다. 이와 같은 가정의 주어진 조건 및 상황이 투입(input)으로, 투입은 관리행동을 유발하는 동기 단계이다. 관리행동을 위한 동기적 요소에는 철학 및 가치, 목표, 표준과 같은 정신적 측면과 함께, 이들을 달성하기 위한 수단으로서의 자원과 같은 조건적 측면이 포함된다.

2) 과정

과정(throughput)은 관리의 핵심으로 물질, 에너지, 정보 등의 투입을 산출로 변형시키는 것이다. 집을 구매하려는 가정의 결정은 실제로 어떻게 집을 구매할 것인지와 관련된 구체적인 과정을 거치게 된다. 이는 가정의 자원을 이용하여 원하는 집을 구매하려는 목표를 성취하기 위한 계획과 수행의 두 측면으로 구분된다. 계획은 어떤 집을 원하는지와 같은 표준을 설정하는 단계와, 표준을 달성하는 행동을 하는 것에 대한 행동의 순서화 단계의 과정이 포함된다. 또한 수행은 실제로 구매를 위한 행동을 실현하는 과정으로, 행동의 실행과 함께 실행과정에서 원래 원하는 바와의 일치를 확인, 점검하는 통제과정을 포함하고 있다.

3) 산출 및 평가

가정체계에 투입되었던 동기요소는 자원이 변화되고 정신적 요소, 즉 목표와 요구 등이 충족된 결과로 산출(output)되어 나타난다. 이러한 산출은 가정마다 다양하게 나타날 수 있으며, 궁극적으로는 생활유형 내지 생활의 질로 구현된다. 한편 평가(feedback)는 미래의 가정체계가 행해야 할 미래의 행동을 위해 재투입되는 산출의 부분을 의미한다. 즉 평가는 목표를 향해 이루어지는 미래의 행동을 통제하기 위해 반응을 수정하고 정교화하며 목표까지도 변화시킬 수 있는 체계의 능력과 관계가 있다.

4) 의사소통과 의사결정

가정체계가 건강가정의 목표를 달성하기 위해서는 관리행동을 해야 하며, 이러한 관리행동은 연속적인 결정으로 구성된다. 오늘 청소를 할 것인지, 이사를 위한 대청소와 정리정돈을 어떻게 할 것인지와 같은 사소한 것에서 복잡한 것에 이르는 결정과 쇼핑 품목 정하기, 친척집 방문하기, 운동시간 등과 같이 다양하고 별개인 결정이 상황에 따라 이루어지고 실행된다. 즉 관리행동의 모든 과정, 구체적으로 투입, 과정, 산출 및 평가의 각 단계에서 가정체계는 목표인 건강가정을 이루기 위해 순간마다 최선의 것이라고 생각하는 것을 선택하는 의사결정

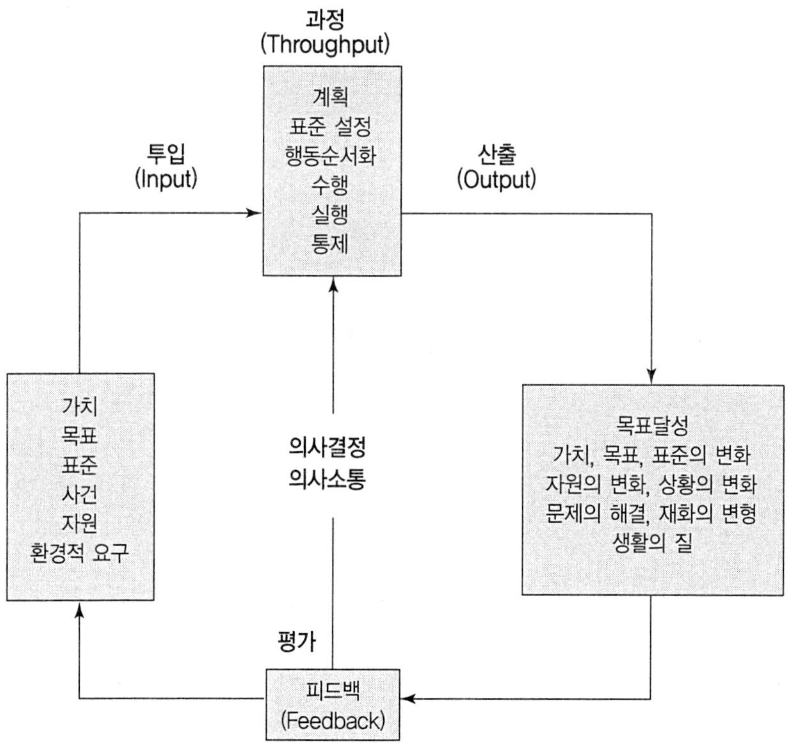

출처: Rice, A.S. et al., 문숙재 외 역(1990). 가정자원관리. p.12.

그림 3-3 건강가정을 위한 관리행동

(decision-making)을 하게 되는 것이다. 따라서 관리행동의 모든 단계에서 의사결정이 중요하지만, 특히 과정(throughput)단계는 목표를 실행하는 과정(process)에 있으므로 의사결정이 중요한 기능을 발휘한다. 이러한 의사결정에는 필수적으로 의사소통(communication)이 원활하게 이루어져야 할 필요가 있다. 왜냐하면 가정의 구성원 간의 요구와 상호관계를 조정하고, 이를 자원과 절충해서 결과를 도출하는 것이 건강가정의 목표이자 특징이며, 이러한 과정은 결코 쉽지 않기 때문이다.

생각해볼 문제

1. 건강가정을 이루기 위해서는 구성요소가 갖는 개별적 의미보다 전체를 위한 상호작용적 의미가 중요하다. 그 이유는 무엇인지 생각해 보자.
2. 한 가정체계와 또 다른 가정체계가 상호작용하는 경우를 생각해 보자.
3. 가정체계 내에서 요소의 변화가 또 다른 요소의 변화를 초래하는 예를 찾아 보자.
4. 나에게 영향을 주는 혹은 상호작용하는 가정환경, 근접환경, 광역환경의 예를 들어보자.
5. 우리 가정에서 이루어지는 관리행동을 투입, 과정, 산출 및 평가로 나누어 설명해 보자.

참 / 고 / 문 / 헌

김명자 외(1986). 가족과 환경. 서울: 가족 · 환경연구회.

김외숙 외(1991). 가정자원관리. 서울: 한국방송통신대학교 출판부.

김외숙 외(1992). 가정관리학. 서울: 한국방송통신대학 출판부.

문숙재 외(2001). 현대사회와 가정. 파주: 교문사.

서병숙 외(1982). 가정관리학. 서울: 동명사.

윤종희(2005). 건강가정지원서비스에서 가족-중심 개입모형연구 : 생태학적 접근. 대한가정학회지. 44(3), 115-126.

이길표 외(1997). 가정경영과 자원관리. 서울: 정일출판사.

임정빈 외(1994). 가정관리학. 서울: 학지사.

임희규 외(1998). 변화하는 사회의 가정경영. 파주: 양서원.

장명욱(1976). 가정관리학. 파주: 교문사.

Bronfenbrenner, U.(1986). *Ecology of the family as a context for human development : Research perspectives*. Developmental Psychology. 22, 723-742.

Bronfenbrenner, U. et al.(1984). H. Parker(ed.). *Review of child development research*. 251-278. Chicago : University of Chicago Press. Families and communities.

Burr, W.R. et al.(1979). Contemporary Theories About The Family. Vol.2., NY : Free Press.

Deacon, R.E. et al.(1981)(1988). *Family Resource Management Principles and Application*. Boston : Allyn And Bacon.

Feldman, S.D. et al.(1972). *Life Styles : Diversity in America Society*. Boston : Little/Brown.

Gross, I.H. et al.(1980). *Management for Modern Families*. 4th ed., NY : Prentice Hall Inc.

Miller. J.G.(1978). *Living Systems*. NY : McGraw-Hill.

Tucker, S.M.(1979). *Decision Making-Personal and Family*. Colorado : Colorado State University.

Rice, A.S. et al., 문숙재 외 역(1990). 가정자원관리. 서울: 동명사.
매일경제신문(2007. 1. 8. A9.). '아기 심어드려요', 미국 '배아은행' 논란.

CHAPTER

04

건강가정의 투입단계: 정신적 측면

1. 철학과 가치
2. 목표
3. 표준

CHAPTER 04

건강가정의 투입단계: 정신적 측면

건강가정에 있어서 첫 단계인 투입(input)은 건강가정을 추구하는 동기와 관련되어 있는데, 크게 정신적 측면과 조건적 측면으로 구분된다. 우선 가정의 정신적 측면은 철학 및 가치, 목표 그리고 표준으로 나누어 생각할 수 있다.

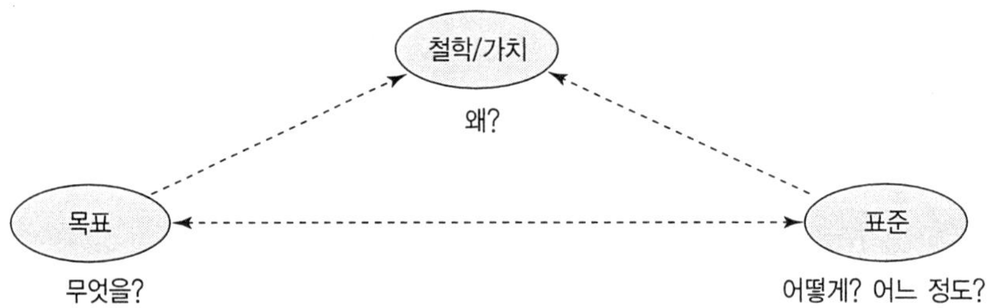

출처: Rice, A.S. et al., 문숙재 외 역(1990). 가정자원관리. p.98.

그림 4-1 철학/가치, 목표, 표준의 개념

1. 철학과 가치

가정의 구성원이 건강가정을 이상적인 가정으로 생각한다면 그것은 구성원이 갖고 있는 철학(philosophy)과 가치(value)를 기초로 한 것이다. 왜냐하면 우리가 어떤 일을 할 때, 철학과 가치관에 의해 '왜(why)' 해야 하는가라는 질문을 하게 되기 때문이다.

인간은 남녀노소 등 매우 다양하며 신체적, 정신적 등 여러 측면에서 불완전하므로 서로의 장점을 살리고, 단점은 보완해 주며 살아갈 수 있는 집단 속에서 생활하기를 희망한다. 이러한 인간의 욕망은 흔히 공동체를 이룸으로써 해결되어 왔는데, 그 공동체가 어떤 형태를 갖고 있다고 해도 궁극적인 이상은 흔히 '가정' 내지 '가족'으로 표현될 수 있는 것이다. 즉 '집 같은 집', '가족 같은' 등으로 진술되는 이상적인 공동체 생활을 영위하고 싶은 것이다. 가정 혹은 가족에서 인간이 추구하고 있는 것은 애정, 안정, 고향, 희망 등 신뢰할 수 있고 애정이 깃든 안정적인 생활이다. 이는 바로 인간 및 가정의 존재 의미를 확인하는 철학적 문제라 할 수 있다.

1) 철학

가정과 개인이 갖고 있는 철학은 다음과 같은 사항을 고려함으로써 파악될 수 있다.

■ 특별히 중요하다고 생각하는 가치
예) 사랑, 화목, 성취 등

■ 인간관
예) 태어날 때부터 악한 사람은 없다.
인간은 교육을 통해 무한하게 발전할 수 있다.

■ 세계관
예) 우리가 활동할 수 있는 세상은 넓다.
이 세상의 중심은 우리/나이다.

■ 예상하는 가정/개인의 미래 모습
예) 구성원이 조화를 이루어 화목한 것
개인의 독립적인 삶

■ 거부하거나 하지 말아야 할 것

예) 성차별적 행동
개인의 요구사항만을 주장하기

■ 중요한 원칙
예) 한 사람이 일하면 모두 일한다.
갈등 상황이 생기면 편을 들지 않는다.

■ 철학을 실천하기 위한 것들
예) 구성원의 교육지원
한 달에 한 번은 구성원이 함께 등산하기

2) 가치

가치는 철학보다는 구체적으로 인간의 생활은 어떠한 것이어야 한다는 것과 같이 보다 강한 기대와 감정을 내포하고 있다. 가치는 몇 가지의 특징을 갖고 있다.

(1) 바람직한 것과 그렇지 않은 것

가치는 그 가치를 갖고 있는 사람에게 긍정적이거나 진정한 의미를 갖고 있어서 바람직한 것과 그렇지 않은 것을 구별하게 한다. 바람직한 것의 내용에는 이념, 관심 대상 및 행동 등 정신적인 것과 행동 모두를 포함하고 있다.

(2) 명백한 것과 암묵적인 것

가치는 의식 수준이나 무의식 수준 어디에서나 존재할 수 있는데, 때로는 말로 표현될 수도 있지만, 행동을 통해 간접적으로 알 수 있는 경우도 있다. 즉 가치는 명백한(explicit) 가치가 있는 반면, 암묵적인(implicit) 가치도 있다. 따라서 말과 행동 간에 모순이 일어날 수 있는데, 이러한 문제를 해결하기 위해 의식적인 인식의 과정을 거쳐 가치를 명료화(clarification of values)하는 작업이 필요하다.

(3) 변화와 안정

가치는 인간의 관심과 욕망으로부터 생기며, 타인 및 주변환경과의 상호작용을 통해 발달하고 변화된다. 그러나 가치는 비교적 안정적이다.

(4) 개인, 가정, 사회의 수준

가치는 개인, 가정, 사회의 각 수준에서 보유될 수 있다. 개인과 가정, 개인과 사회, 가정과 사회의 구성원 간에 가치가 공유될 수 있다면 이는 목표에 대한 일체감을 줌으로써 갈등을 최소화할 수 있다. 왜냐하면 가치는 사고 및 행동에 대한 가치판단을 수반하므로 자신과 다른 가치를 갖고 있다면, 그것을 다른 것으로 인식하는 것이 아니라 틀린 것으로 판단하기 때문이다.

(5) 지향

가치는 지향될 수 있다(value orientation). 한 예로 사회에는 사람들이 추구하는 생활철학과 관련된 사회적 가치(social value)가 있다. 미국인의 사회적 가치는 건강한(healthy) 국민이라고 할 수 있다. 몸도 마음도 건강한 상태를 지향한다는 것이다. 일본인은 깨끗한(clean) 국민을 지향한다. 자신의 주변을 깔끔히 정리하며, 남에게 폐를 끼치지 않는 일본인의 사회적 가치는 흔히 발견된다. 한편 한국인은 조금 다르게 잘사는(wealthy) 국민이 사회적 가치라고 할 수 있다. 최근에는 웰빙(well-being)의 개념이 추가되고 있지만, 얼마전까지만 해도 잘먹고 잘사는 것은 우리 국민의 궁극적 삶의 목표였다.

철학과 가치는 가정의 구성원이 갖고 있는 정신적 측면으로서 건강가정을 추구하는 행동에 일관성과 방향을 부여한다. 즉 가정의 구성원이 돈과 시간을 소비하는 방식은 일회적이고 충동적인 측면도 있겠지만 대체로 의식 수준에서 중요하다고 생각하는 철학과 가치관이 반영되어 나타난 것이다.

3) 철학과 가치의 확인

이러한 철학과 가치는 가정이라면 가훈, 공동체라면 조직이념과 강령 등에서 찾을 수 있다. 만일 철학과 가치를 확인하고 싶다면 다음과 같은 질문들이 유용하다(그림 4-2 참조).

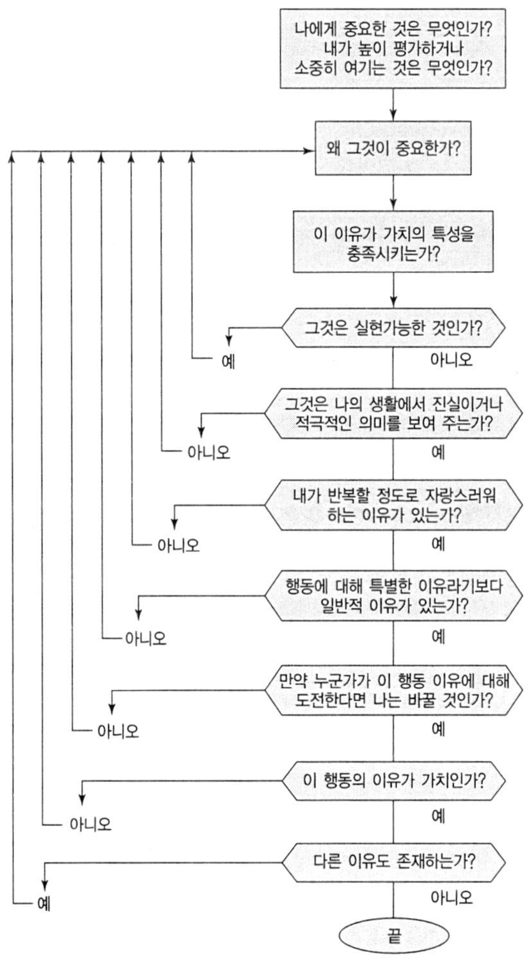

출처: Rice, A.S. et al., 문숙재 외 역(1990). 가정자원관리. p.95.

그림 4-2 개인적 가치의 확인

예를 들어 어떤 개인과 가정에 있어서 여행, 저축 등의 행동이 일상생활에서 중요한 부분을 차지하고 있다면 그 이유를 분석함으로써 철학과 가치를 명확히 할 수 있다. 즉 생활 속에 나타난 행동들에 대한 질문을 하며, 그에 대해 답을 하는 과정을 통해 철학과 가치를 실현시키는 데 필요한 태도, 목표, 표준 등을 분명히 하게 된다. 이는 궁극적으로 앞으로의 생활의 방향을 설정하는 데 도움을 주게 된다.

철학과 가치에도 시대적 변화가 반영된다

철학과 가치는 가정의 가훈, 학교의 교훈 및 급훈, 그리고 기업의 사훈 등에 잘 나타나 있다.

가훈은 사자성어, 중요한 도덕적 가치나 덕목, 성인의 말씀 등에서 압축적인 문구로 가정의 철학과 가치를 나타내는 경우가 많다. 사랑(愛), 인내(忍), 혹은 가화만사성(家和萬事成) 등이 그 좋은 예이다. 교훈은 학교의 교육이념을 몇 개의 단어로 나열함으로써 표현하는데, 사랑, 희망, 봉사, 정직 등이 많이 사용된다. 교훈도 학급의 교육정신을 나타내기 위해 이러한 단어들을 사용하는 경우도 많지만, 밝고, 명랑하게 등 서술적인 표현도 있다. 기업, 조직, 단체에서도 조직의 가치를 나타내기 위한 사훈이나 조직강령이 있다. 여기에서도 중요한 가치를 단어나 서술형으로 제시하는 경우가 많은데, 한 예로 '기본에 충실, 분야의 최고, 나보다 우리'라는 사훈은 개인과 조직이 지향해야 할 가치를 잘 보여주고 있다.

한편 최근에는 젊은 학생들의 유연한 사고와 재치를 바탕으로 급훈이 규범적이고 형식적이었던 것에서 창의적이고 개성적으로 변화하고 있다. 한 인터넷 검색 사이트에서 제시하고 있는 엽기 급훈에는 다음과 같은 것들이 있다. '10분 더 공부하면 마누라가 바뀐다', '엄마가 보고 있다', '대학가서 미팅할래, 공장가서 미싱할래'.

출처: www.naver.com

2. 목표

철학과 가치의 정신적 측면이 건강가정을 '왜' 달성해야 하는가에 대한 하나의 지침을 제공한다면, 목표(goal)는 '무엇을(what)' 해야 하는가와 관련된 측면이다. 목표란 철학과 가치관을 기초로 설정되지만, 그 실현은 가정에서 이용할 수 있는 수단인 자원과 밀접한 관련을 갖고 있으므로 현실적인 접근이 필요하다. 즉 목표는 보다 실체적인 목적 대상물, 결과, 목적으로 가치보다 명확하고 구체적이다.

2장에서 제시된 바 있는 조희금(2003)의 건강가정 개념은 건강가정을 달성하기 위해 설정할 수 있는 목표라고도 할 수 있다. 이 건강가정의 개념을 보다 구체적인 목표로 진술해 보면 다음과 같다.

1. 합리적인 소비생활 및 가계수지 균형을 통한 안정적인 가계경제 운영
2. 가정자원을 합리적으로 사용하는 가정경영 능력
3. 쾌적한 주거환경을 마련하고 안정적인 주거를 유지함
4. 균형적 식생활 관리를 통해 가정구성원의 건강을 유지하고 증진시킴
5. 가정구성원 간의 원활한 의사소통
6. 자녀의 성장을 지원하고 부모-자녀 간 서로 존중함
7. 가정구성원이 함께 질 높은 시간을 공유함
8. 가정구성원의 역할을 융통성 있게 분담하고 책임감 있게 실행
9. 가정구성원 간 단합과 상호협조를 중시함
10. 가정구성원 개인의 자립능력을 전제로 개성을 인정하며 서로 신뢰함
11. 가정의례를 존중하고 가정문화를 창조해 나감
12. 사회봉사를 중요시하고 책임감 있는 시민의식을 공유함

가정의 건강성을 증진시키고 싶다는 생각은 누구나 할 수 있지만, 그것을 달성하는 방법에는 개인과 가정마다 다소 차이가 있을 수 있다. 특히 가정은 가정의 구성원이 함께 달성해야 할 목표도 있지만, 구성원 개인이 각자 달성해야 할

개인의 목표도 존재한다. 이러한 가정 공동의 목표와 개인의 목표는 조화를 이루어야 하며, 그렇지 않을 경우 갈등을 초래할 수도 있다.

1) 목표의 우선순위

목표는 한 가지가 아니라 여러 가지가 있을 수 있으며, 때로는 목표 간에 상충이 있을 수 있다. 따라서 목표를 설정하고 실행해 나가는 데 있어서 목표의 중요도에 따른 우선순위(priority)를 정하는 것은 목표달성의 가능성을 높여줄 수 있다. 목표의 우선순위는 스티븐 코비나 하이럼 스미스와 같은 시간관리 강사들이 유용하게 사용하는 개념이다. 현실에서는 우선순위가 비슷한 목표들이 동시에 존재할 수 있으며, 목표의 우선순위가 구성원의 연령이나 생활주기 단계에 따라 변화할 수 있다. 따라서 목표의 설정과 확립은 연속적인 과정으로 관리의 대상이 된다.

2) 목표의 달성기간

목표를 관리하는 또 다른 방법은 목표를 달성하는 데 요구되는 시간의 양을 고려하는 것이다. 즉 목표는 성취하는 데 필요한 시간에 따라 장기목표 또는 궁극적인 목표, 중간목표 및 단기목표로 구별된다.

장기목표 또는 궁극적인 목표는 오랜 시간에 걸쳐 추구되는 것이므로 항상 현재의 목표에 포함될 수 있다. 개인이나 가정에서 세운 장기목표는 첫 번째로 세워지는 목표라 해도 달성 순서는 가장 나중이기가 쉽다. 그만큼 장기간에 걸쳐 노력을 해야 하며 달성되기가 어려운 것이다. 그래서 이러한 장기목표를 달성하기 위한 중간단계로 중간목표를 설정할 수 있다. 중간목표는 1년 내지 5년 정도의 기간 안에 성취될 수 있는 목표로 장기목표보다 좀더 한정적이다. 단기목표는 하루, 일주일, 혹은 한달 등 6개월 이하 정도의 기간이 걸리는 목표를 말한다. 목표달성을 위한 기간이 짧은 만큼 명확한 활동과 의사결정이 이루어지기가 쉽다.

어떤 사람이 건강한 노후를 보내겠다는 장기목표가 있다고 생각해 보자. 그 사람은 일주일에 적어도 두세 번 정도의 꾸준한 운동을 하겠다는 단기목표를 설정하고, 실행하는 자세가 필요하다. 또한 그는 매달 일정액의 금액을 납부하는 개인보험에 가입할 수도 있다. 중간목표로는 1년에 한 번 신체 정기검진을 받으며, 나이가 들어가면서 3~5년 정도의 주기로 대장암, 유방암 등의 특별한 암검진을 받는 것을 생각할 수 있다.

3) 목표의 설정

목표는 현재 상태와의 계획된 갈등이다. 즉 목표에 이른다는 것은 뭔가 새로운 것을 하는 것, 편한 상태라는 편안하고 익숙한 영역에서 나와 새로운 미개척지를 탐색하는 것을 의미한다. 그래서 때로 위험하고, 고통스럽고, 회피하고 싶은 힘든 과정을 수반한다. 목표는 그동안 하지 않아도 되는 새로운 행동을 취하게 만드므로 많은 사람들이 목표를 세우지 않고 생활하게 된다. 따라서 목표를 정할 때에는 그것들이 과연 효과적인지 확인할 필요가 있다. 효과적인 목표란 다음과 같은 특징을 갖는다.

(1) 구체성

글로 옮겨놓지 않은 목표는 단지 희망사항이라는 말이 있다. 목표를 글로 쓰다 보면 그 목표는 구체적(specific)이 된다. 목표가 구체적이지 않으면 그것을 과연 달성했는지의 여부조차 인식할 수 없다.

(2) 측정가능성

측정가능한(measurable) 목표일 때 목표는 달성되기 쉽다. 쉽게 비교, 판단할 수 없는 목표, 예를 들어 '더욱 정직하게 산다'는 목표는 그 성과를 측정할 수 없다.

(3) 행동지향성

목표는 품성보다는 행동에 초점을 두어야 한다(action-oriented). '아이들에게 좀더 부드럽게 대한다' 는 목표보다는 구체적인 행동을 목표로 '아이들에게 큰 소리를 치지 않는다' 라든가 '2주에 한 번 30분씩 공놀이를 한다' 는 것이 구체적이고, 행동지향적인 목표이다.

(4) 현실성

목표는 현실적(realistic)이어야 하지만, 높게 설정하는 것이 좋다. 그렇다고 너무 높게 목표를 잡으면 힘만 빠지고 성취하기 어려울 수 있다. '올해 1억을 벌겠다' 는 많은 사람들의 경우 별로 현실적이지 않다. 그렇다고 '올해 10만 원을 저축하겠다' 는 것도 좋은 목표가 아니다. 너무 쉬운 목표도, 능력과 너무 거리가 있는 목표도 모두 좋지 않다.

(5) 적시성

객관적으로 볼 때 지금 당장 할 수 없는 목표를 세워서는 안 된다. 또 너무 많은 시간이 할애되어야 하는 목표도 피해야 한다. '2040년 12월 31일까지 변호사 자격을 따겠다' 는 목표는 구체적이고, 측정가능하며, 행동지향적이고 현실적이다. 그러나 지금 현재의 나이가 45세라면 시의적절(timely)하지 못한 목표일 뿐이다.

목표의 우선순위

베들레헴 철강회사의 찰스 슈워브 사장은 경영컨설턴트인 아이비 리와 이야기를 나누다가 이런 문제를 제기했다. "내가 주어진 시간 안에 더 많이 일할 수 있는 방법을 알려주시오. 그러면 타당한 한도 내에서 얼마든지 상담료를 드리리다." 아이비 리가 빈 종이 한 장을 내밀면서 이렇게 말했다. "자, 사장님이 내일 해야 하는 가장 중요한 일들을 적어 보십시오. 그리고 거기에 중요성의 순서를 매기십시오. 내일 아침 출근한 다음에 1번 일을 시작하되 그 일을 끝낼 때까지는 다른 일에 손도 대지 마시고, 일단 1번 일을 다 끝내고 나면 우선순위를 재검토한 다음에 두 번째 일을 시작하십시오. 필요하다면 하루 종일 그 일에만 매달려야 합니다. 그게 가장 중요한 일일 경우에 그렇다는 것입니다. 일을 전부 다 하지 못해도 좋습니다. 어차피 다른 방법을 동원해도 일을 다 처리한다는 것은 불가능한 게 현실 아닙니까? 물론 과연 무엇이 제일 중요한가를 결정하는 시스템 같은 것은 있어야 할 겁니다. 어쨌든 매일 그렇게 일하는 습관을 몸에 붙이십시오. 그게 효과가 있을 때에는 경영진한테도 그렇게 하라고 하십시오. 어떻습니까? 마음에 든다면 한 번 그렇게 해보십시오. 그리고 사장님이 가치가 있다고 생각하는 만큼 수표를 보내 주십시오." 그로부터 몇 주가 지났다. 그동안 슈워브 사장은 그 아이디어를 실험해 보았고, 효과가 있다는 사실을 발견했다. 그리고 아이비 리에게 수표를 보냈는데, 그 액수가 2만 5,000달러였다. 1930년대로서는 엄청난 액수였다.

출처: 하이럼 스미스, 김경섭 역(2006). 성공하는 시간관리와 인생관리를 위한 10가지 자연법칙. pp.165-166.

3. 표준

표준(standard)은 목표 달성의 정도를 판단하는 척도로 목표 중 자원을 할당하는 의사결정과 관련되어 있다. 즉, 표준은 목표를 달성하는 데 있어서 '어떻게(how)', 어느 정도로 할 것인가에 대한 것이다. 만일 손님접대를 집에서 하기로 했다면 식사준비를 누가, 얼마 정도의 시간과 돈을 들여 할 것이며, 그래서 몇 가지의 음식을 어떤 그릇에 담아 어떤 손님상을 준비하겠다는 기준이 있을 수 있는데 바로 그 기준이 표준이 된다.

그러나 실제로 개인과 가정은 그 생각했던 표준의 손님상을 차려내지 못할 수도 있다. 왜냐하면 금전적, 시간적 여유, 공간과 시설의 미비 등으로 현실과 타협할 수밖에 없는 경우가 있기 때문이다. 그래서 개인과 가정은 현재의 상태인 생활수준에서 자원의 효율적인 사용과 관리를 통해 도달하려는 상태인 생활표준을 갖게 된다. 즉, 생활표준은 생활의 질적인 향상, 바람직한 수준에 대한 소망을 나타낸다.

1) 표준의 분류

표준은 기준에 따라 여러 가지로 구분될 수 있다.

(1) 양적 표준과 질적 표준

표준은 객관적인 표준인 양적 표준과 주관적 표준인 질적 표준으로 나누어질 수 있다. 양적 표준은 숫자로 표현될 수 있는 과학적으로 확립된 척도를 의미하는 것으로 여러 가지 도량, 무게, 양, 길이, 면적을 나타내는 kg, 개, cm, mm^2 등을 예로 들 수 있다. 질적 표준은 주관적으로 어떤 것이 어때야 한다고 마음속으로 그려보는 것이므로 측정하거나 규정하기가 어렵다. 말하자면 '맛있는' 음식이라고 할 때 맛있다는 기준은 개인마다 다를 수 있으며, 그것을 명확하게 객관적으로 척도화해서 나타낼 수 없다. 이러한 예로는 '깨끗하다', '좋다', '바람직하다', '건강하다', '재미있다' 등이 있다.

(2) 전통적 표준과 비전통적 표준

표준의 원천이 되는 가치에 초점을 둘 경우 표준은 전통적인 것과 비전통적인 것으로 구분될 수 있다. 전통적 표준은 사회에서 전통적으로 받아들여지고 있는 것으로 과거에 이미 정착된 것이기 쉽다. 제사를 지낼 때 차리게 되는 제사상의 음식과 제사 지내는 절차는 흔히 전통적 표준을 따르게 된다. 반면 전통적 표준에 대한 가치를 다르게 둘 경우 상황에 적합하도록 전통적 표준을 변경하려는 유연한 비전통적 표준이 나타날 수 있다. 즉 사회적으로 승인된 것은 아니지만 제사를 지내는 방식을 간소화하고, 모이는 사람들의 편의를 위해 음식의 양과 내용 종류를 현대적으로 바꾸는 것은 비전통적 표준에 따른 것이다.

(3) 관습적 표준과 과학적 표준

관습은 과거에 사람들의 행동을 규제하기 위해 실행되었던 것이 유래된 것이 많으며 규칙이나 법의 형태로 제도화되기도 한다. 우리가 밥상을 차릴 때 수저와 젓가락, 밥과 국의 위치를 각각 왼쪽과 오른쪽에 두거나, 일정 지역에만 주차를 허용하는 것은 관습에서 기인한 것이다. 이러한 예에서 보듯이 관습적 표준은 질서, 안락함과 편리함과 같은 가치를 반영하기 위해 발달된 것이다. 한편 과학적 표준은 과학적 사실과 지식에 근거를 둔 것이다. 건강을 위한 성인의 하루 필요 열량이라든가 식단, 주택 구조물의 안전 표준 등이 이에 속한다.

(4) 개인적 표준과 사회적 표준

표준은 유래된 배경에 따라 개인의 것과 사회의 것이 존재할 수 있다. 개인 자신이 갖고 있는 표준이 다소 다른 것이라 할지라도 가정의 화목과 일체감을 위해 가정구성원 공통의 표준을 받아들일 수 있으며, 사회구성원으로서 사회의 표준을 따를 수 있다. 또한 각 개인은 자신만의 독특한 표준을 보유하거나 발달시킬 수 있으나, 사회가 허용하는 표준의 범위를 크게 벗어날 수 없다. 그래서 자신의 개성을 잘 나타내기 위해 빨간색을 선호하는 표준을 갖고 있는 개인이라 할지라도 조문을 가야 한다면 검은 옷을 갖춰 입게 된다.

이상과 같이 표준에는 여러 가지가 있을 수 있어서 어떠한 표준을 선택할 것인가에 따라 건강가정을 위한 가정자원관리의 방향이 달라질 수 있다.

2) 철학/가치, 목표 및 표준의 관계

표준은 철학/가치와 목표로부터 연유되지만, 개인 및 가정이 처해있는 조건적 측면인 자원과 환경이 선택에 영향을 미치게 된다. 즉 표준은 개인 및 가정의 주관적 기준과 함께 객관적 기준을 동시에 만족시키는 구체적인 어떤 대상을 의미한다.

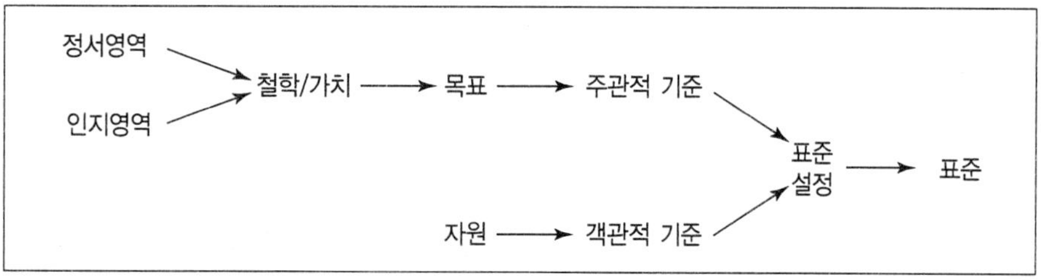

출처: Deacon, R.E. et al.(1981). Family Resource Management Principles and Application. p.43.

그림 4-3 철학, 가치, 목표 및 표준체계

가정의 정신적 측면은 건강가정의 토대를 이루는 중요한 투입 단계이지만, 그 특성상 명확하게 인식되지 않을 수 있다. 따라서 철학, 가치, 목표, 표준을 구체적으로 설정하는 것이 가정의 건강성을 증진하는 데 유용하다. 참고로 사회생활을 이제 시작한 20대 후반 남성의 예를 제시하면 〈표 4-1〉과 같다.

〈표 4-1〉에서 제시된 바와 같이 생활에 있어서 추구하려는 것을 상세하게 표로 작성해 놓으면 자신의 행동과 생활태도를 평가하는 자료로 활용될 수 있다. 또한 다른 개인, 가정과 비교할 수 있는 근거자료가 되어 앞으로의 생활을 위한 지침이 될 수도 있다.

표 4-1 사회생활을 시작한 남성의 철학, 가치, 목표 및 표준의 예

철학	가치	목표		표준
건강	건강한 신체	장기	노후까지 건강유지	표준 몸무게 유지와 꾸준한 유산소운동
		중기	건강진단	40대 이후부터는 정기적인 건강진단
		단기	규칙적 식사 및 운동	과일, 채소 위주의 식단과 1주일에 2번 1시간 정도 산책
사랑	화목한 가정	장기	신뢰와 애정의 가정	구성원 각자 서로에게 관심과 애정 갖기
		중기	구성원의 존중	개인의 개성을 인정
		단기	많은 대화시간	일요일에는 구성원이 간단한 나들이 같이 하기
조화	원만한 대인관계	장기	노후까지 사회적 네트워크 형성	다섯 개 이상의 사회적 모임에 소속/유지
		중기	사회적 관계에 대한 관심	다양한 사회적 관계의 탐색과 함께 시간투자를 통한 관계의 유지
		단기	대인관계 유지를 위한 노력	친구에게 일주일에 한 번 정도 전화하기
자존감	직업적 성취	장기	65세까지 직장생활 유지	재취업을 위한 정보수집
		중기	전문적 지식을 지속적으로 향상시키기	연수를 통한 재교육
		단기	취업을 위한 능력 갖추기	자격증 획득
안전	재정적 안전감	장기	여유있는 노후생활	노후생활을 대비한 투자 및 연금 가입
		중기	30대에 내집 마련	맞벌이와 재테크(청약저축 등)를 통한 자산형성
		단기	절약 및 저축하는 생활	초년기에는 소득의 50% 이상 저축하기

생각해볼 문제

1. 내가 생각하는 특별히 중요하다고 생각하는 가치, 인간관, 세계관, 예상하는 가정/개인의 미래 모습, 거부하거나 하지 말아야 할 것, 중요한 원칙, 철학을 실천하기 위한 것들을 정리해 보자.
2. 나의 철학/가치가 가정의 철학/가치와 일치하는가?
3. 건강가정을 달성하기 위해 설정할 수 있는 목표는 무엇이라고 생각하는가?
4. 내 생활 목표를 제시하고 단기, 중기, 장기로 구분하여 실천목표를 생각해 보자.
5. 나(우리 가정)는 어떤 종류의 표준을 일반적으로 따르고 있다고 생각하는가?
6. 내가 특별히 중요하다고 생각하는 철학/가치를 중심으로 그에 따른 목표 및 표준을 제시해 보자.

참/고/문/헌

가정관리학연구회(1991). 가족자원관리. 서울: 한울출판사.

김외숙 외(1991). 가정자원관리. 서울: 한국방송통신대학교 출판부.

김외숙 외(1992). 가정관리학. 서울: 한국방송통신대학교 출판부.

문숙재 외(1996). 새로 보는 가정경영. 서울: 신정.

유성은(1990). 시간관리와 자아실현. 서울: 숭문출판사.

임정빈 외(1994). 가정관리학. 서울: 신정.

윤종희(2006). 건강가정지원 서비스에서 가족-중심 개입 프로그램의 개발 및 실시 : 통합 장애아 가족의 능력강화를 위한 생태학적 접근. 대한가정학회지. 44(4), 191-205.

윤종희 외(2006). 건강가정지원 서비스에서 가족-중심 개입프로그램 개발을 위한 요구도 조사 : 통합 장애아 가족을 대상으로 한 생태학적 접근. 인간발달연구. 13(1). 15-33.

장명욱(1976). 가정관리학. 파주: 교문사.

조희금(2003). 가족자원경영 측면에서 본 건강가정육성. 제8차 추계학술대회 건강가정 육성을 위한 가족자원경영전략. 한국가족자원경영학회.

하이럼스미스, 김경섭 외 역(2006). 성공하는 시간관리와 인생관리를 위한 10가지 자연법칙. 서울: 김영사.

Bronfenbrenner, U.(1994). Ecological models of human development. T. Husen et al.(eds.). *International Encyclopedia of Education*. NY : Elsevier.

Burr, W.R. et al.(1979). Contemporary Theories About The Family Vol.2. NY : Free Press.

Deacon, R.E. et al.(1981, 1988). *Family Resource Management Principles and Application*. Boston : Allyn And Bacon.

Gross, I.H. et al.(1980). Management for Modern Families. 4th ed., NY : Prentice Hall Inc.

Olson, D.(1986). Circumplex model VII : Validation Studies and FACES III. Family process. 25, 337-351.

Rice, A.S. et al., 문숙재 외 역(1990). 가정자원관리. 서울: 동명사.

CHAPTER

05

건강가정의 투입단계: 조건적 측면

1. 가정자원의 특징
2. 가정자원의 분류

CHAPTER 05

건강가정의 투입단계: 조건적 측면

가정에서 관리행동을 유발하는 투입단계 중 또 다른 측면은 가정의 조건(condition)이다. 가정의 조건이란 정신적 측면에서 요구된 관리행동을 실제로 충족시켜 줄 수 있는 잠재력을 갖고 있다고 인정되는 모든 수단을 말한다. 이러한 수단을 자원(resource)이라고 한다.

건강가정을 위한 자원관리는 가정의 구성원이 갖고 있는 욕구의 인식과 목표의 확인 등 정신적 측면과 함께 이를 충족시킬 수 있는 수단인 자원이라는 조건적 측면을 동시에 고려하지 않으면 안 된다. 다시 말하자면 가정이 놓여진 조건, 즉 소유하고 있고, 제공받을 수 있으며, 확장할 수 있는 자원의 양과 종류를 인식하는 것은 가정이 선택한 목표 달성 및 생활양식을 이룰 수 있게 하는 실제적 측면이다.

1. 가정자원의 특징

1) 효용

효용(utility)은 어떤 대상이 자원이 되기 위해서 갖고 있어야 할 당연한 특성으로, 목표에 대해 가치를 갖고 있고, 적용될 수 있으며, 생산성이 있는 것을 말한다. 그러나 자원의 효용은 어떤 특별한 목적을 위해 자원을 사용할 때 결정된다. 해변에 뒹구는 돌은 아무 가치도 없어 보이지만, 수석 수집가에게 발견되어 소장

할 수석으로 꾸며지면 그 효용이 달라진다. 또한 직접 빵을 만들거나 야채를 손수 길러 먹는다면 그 결과물도 그렇지만, 그 과정 자체가 만족을 줌으로써 독특한 효용을 부여하게 된다. 이처럼 자원의 효용은 자원을 사용하는 개인 자체의 개성, 가치관, 지식, 기술 등 사람에 따라, 자원이 소비되는 시간과 공간에 따라 달라진다. 그래서 가정이 건강성을 이루기 위해 사용하려는 자원과 그 효용에 대한 인식은 가정마다 다를 수 있다.

2) 접근성

자원이 자원으로서의 효용을 갖기 위해서는 접근 가능해야 한다(accessibility). 접근 가능하다는 것은 현재 소유하고 있거나 사용할 수 있게 준비할 수 있다는 것이다. 지중해 연안 국가에서 유명한 고등어샌드위치가 아무리 맛이 있다고 하더라도 우리 나라에서는 접근 가능한 자원이 아니다. 왜냐하면 그런 샌드위치를 파는 곳이 아직 없기 때문이다. 실제로 자원은 다양한 양과 질로 존재하며, 그에 따라 접근하는 데 차이가 있다. 지식은 다른 어떤 자원보다 개발하고, 축적하는 데 오랜 시간이 걸리는 자원이며, 건강은 선천적인 요소가 강하게 작용하지만, 후천적인 생활습관과 지속적인 유지관리를 통해 향상이 가능한 자원이다.

3) 상호대체성

목표를 달성하기 위해 자원은 꼭 필요하지만, 특정 자원이 없다고 해서 목표가 반드시 이루어질 수 없는 것은 아니다. 왜냐하면 자원은 상호 관련되어 있는 경우가 많으며, 이전(transfer), 교환(exchange), 대체(substitute)와 같은 상호대체성(interchangeability)의 특성을 갖고 있기 때문이다.

(1) 자원의 이전

국가 간의 원조, 사회보장제도를 통한 사회복지 수혜, 그리고 부모의 도움은 자원의 이전(transfer)의 형태로 가정의 목표 달성을 도울 수 있다. 저개발국가는 선진국으로부터의 물자를 원조받음으로써 자국 내의 부족한 자원의 분량을 채울 수 있으며, 사회복지체계로부터 전달된 저소득층의 생활보조금, 실업자 가정의 실업수당 등은 가정에 없는 경제적 자원을 제공해 줌으로써 생활유지를 위한 중요한 자원이 된다. 또한 부모는 자녀에 대한 지속적인 자원의 제공자인데, 이는 흔히 호혜적(reciprocal) 자원 이전의 성격을 갖는 것으로 인식된다. 왜냐하면 부모는 자원의 제공에 따른 즉각적이고, 그에 상응하는 정도의 보상을 바라지 않으며, 자녀의 성장과 독립을 위해 자신이 갖고 있는 자원을 헌신적으로 제공함으로써 교환적 관계와는 구별되기 때문이다.

(2) 자원의 교환

교환(exchange)은 등가(equal value)의 가치를 갖고 있지 않은 경우에는 성립되지 않는 자원의 거래방식이다. 과거에 화폐가 존재하지 않았던 시대에 사람들은 목표를 달성하기 위해, 현재 필요하지만 갖고 있지 않은 자원이 있다면 그 자원을 갖고 있는 사람에게 등가의 물건을 주고(교환해서) 그 자원을 얻은 후 문제를 해결하였다. 오늘날에도 우리가 어떤 문제를 해결해 달라고 요청했을 때 상대방에게 흔히 듣는 말은 그 대가로 대신 무엇을 해주겠는가 혹은 얼마를 주겠는가일 것이다. 이는 자원의 교환에 의한 목표 달성의 대표적인 예가 된다.

(3) 자원의 대체

어린 자녀를 둔 주부가 취업을 하게 되었다면 자녀를 돌보는 사람을 구하지 않으면 안 된다. 주부의 입장에서 보면 이전에는 자녀를 돌보기 위해 자신의 시간을 소비했다면, 이제 돌보는 사람의 시간을 돈을 주고 구매하게 된 것이다. 즉 그 가정은 주부와 가정구성원의 시간자원 대신 타인의 시간을 돈이라는 경제적 자원으로 대체(substitute)하여 자녀를 돌보는 문제를 해결한 것이다. 또한 과거에는 가정에서 필요한 자원, 예를 들어 음식, 침구, 간병 등을 가정 내에서 구성원들이 해결하는 경우가 많았지만, 현대사회에서는 높아진 생활수준, 발달된 시장제품 및 외식산업, 생활의식의 변화 등 여러 요인이 작용하면서 가정 외부의 제품과 서비스를 이용하는 경향이 증가하고 있다. 이는 가정구성원의 자원이 아닌 가정 외부의 자원으로 대체하여 가정의 목표를 달성하고 있는 추세를 보여준다.

4) 대안적 사용

자원들은 거의 대부분 하나의 목적만을 위해 사용되는 단일 사용의 특성을 갖고 있지 않다. 쌀은 가정구성원의 생존과 건강을 위해 밥이라는 목표 달성을 위해 사용되는 자원이지만, 실제로 쌀가루로도 쓰일 수 있으며, 밥도 여러 종류의 밥(볶음밥, 비빔밥 등)을 만들 수 있다. 또한 24시간은 누구에게나 주어진 자원이지만, 그 시간의 사용은 사람마다 다를 수 있고, 그에 따라 궁극적인 목표 달성에 차이가 있게 된다. 이처럼 자원에 대해 하나의 사용목적만을 고집하지 않고, 다양한 대안적 사용(alternative use)을 인식하는 것이 건강가정을 위한 자원관리의 기초가 된다.

5) 관리가능성

모든 자원은 어느 정도까지 관리가 가능하다(manageability). 자원에 있어서 중요한 것은 무엇을 갖고 있는가가 아니라 그 유용한 자원으로 무엇을 하는가이다. 이때 자원의 양, 질, 수명은 관리의 정도에 따라 달라지게 된다. 바쁜 생활을 해야 하는 사람이 시간 사용에 대한 계획을 짜고 그를 실천한다면 그의 시간은 관리되는 것이다. 사람의 건강상태는 건강관리를 하는 사람과 그렇지 않은 사람 간에 차이가 있을 수 있으며, 그에 따라 수명도 좌우될 수 있다. 또한 자원은 완전히 관리할 수는 없지만, 제한된 정도로 통제할 수는 있으며, 이에 따라 자원사용의 결과를 예측할 수도 있다. 현재의 기술 수준에서 바람, 기온, 비, 강설 등을 완전히 통제할 수는 없지만, 어느 정도 예측할 수 있게 되어 자연재해에 따른 피해를 줄일 수 있게 된 것은 그러한 좋은 예이다.

2. 가정자원의 분류

가정자원은 가정구성원의 목표와 욕구를 만족시켜 주기 위한 수단으로 그 종류가 매우 많다. 따라서 학자들마다 서로 다른 분류를 제시해 왔다. 자원이 존재하는 소재지를 중심으로 가정 내 자원과 가정 외 자원으로 구분하여 가정자원의 종류를 제시해 보면 다음과 같다.

1) 가정 내 자원

(1) 인적자원과 비인적자원

인적자원(human resources) 대 비인적자원(nonhuman resources)의 분류는 자칫 관리자가 간과하기 쉬운 자원의 인간적 측면을 중심으로 구분한 것이다.

인적자원은 가정구성원이 소유하고 있는 특성 및 능력을 포함하고 있는 고유한 것이고, 비인적자원은 가정구성원이 조절하고 사용하며 소유하고는 있으나 개인에게 속해 있지 않은 것을 의미한다.

그러나 시간자원과 같이 비인적자원이라 하더라도 인간이 자원을 소유하고 사용하며 조절하여 생활의 질적 향상을 도모하였을 때 인적자원으로서의 기능을 발휘한다는 견해도 있다. 특히 이러한 관점을 지지하는 학자는 인적자원이라 해도 자원의 효용을 인식하지 못하고 사용하지 않음으로써 생활향상에 도움을 주지 못한다면 인적자원의 분류에는 속해 있다 하더라도 자원 본래의 역할을 다하지 못하는 것이라고 하였다.

한 개인이 갖고 있는 인적자원들은 서로 관계가 있으며, 상호의존적인데 이러한 인적자원의 총합을 인적자본(human capital)이라고 한다. 이러한 인적자본은 궁극적으로 개인의 노동력의 생산성과 사회적 지위 및 보상 등에 영향을 주게 된다.

표 5-1 인적자원과 비인적자원

인적자원	예	비인적자원	예
시 간	개인이 활동하는 데 소요되는 시간	물 건	식품 집 자동차, 옷, 종이, 클립
에너지	층계를 오르는데 필요한 에너지		
흥 미	정원을 꾸미는 일, 고전음악 혹은 조리에 대한 흥미		
지 성	사건의 인과관계를 통찰함	금 전	저축 임금 외부로부터의 수입 투자
능력 또는 기술	계획하는 능력, 재봉기술, 리더십		
지 식	선택이 필요한 정보에 관해서 원리를 이해하는 것		
태 도	변화를 기꺼이 받아들임 낙천주의	공 간	많은 사람을 접대할 수 있는 큰 방 수납장소 어린이가 놀 수 있는 놀이터
창조성	식탁 중앙에 과일, 야채, 조각 등을 장식하는 것		
주의력	시장에서 새로운 상품을 발견하는 것 문제에 대해 민감한 것	동 력	전기 연료
계획 수립	가계부 작성과 예산 수립		

(2) 개인적 자원과 대인적 자원

인적자원을 세분화하면 개인적 자원(personal resources)과 대인적 자원(interpersonal resources)으로 구분될 수 있는데, 이는 개인(individual) 간의 상호작용 유무를 기준으로 한 것이다. 개인적 자원이란 개인에게 속하는 지식, 태도, 능력, 인식력과 같이 타인과의 상호작용과는 관계없이 각 개인에게 속하는 자원이다. 이러한 자원은 그 특성에 따라 신체적, 정서적, 인지적, 시간적 요소로 구분될 수 있다.

대인적 자원이란 협동, 사랑, 충성, 의사소통능력, 리더십과 같이 두 사람 이상의 긍정적 상호작용에 의해 생기는 인적자원을 뜻한다. 대인적 자원도 개인적 자원이나 비인적자원과 같이 이용 여부에 따라 효율적인 자원이 되거나 비효율적인 자원이 된다.

가정구성원 간에는 철학, 가치관 및 목표 등이 서로 일치하지 않는 경우가 있으며, 이는 자원관리를 어렵게 만드는 요인이 된다. 따라서 가정구성원 간의 상호작용 과정에서 의사소통이 필수적으로 일어나게 되며, 이때 의사소통이 효율적으로 이루어지는 것은 가정의 중요한 자원으로 기능하게 된다.

한편 시간자원은 학자들 간에 어느 자원에 포함시킬 것인가에 대해 다소 논란이 있었다. 시간은 실제로 물리적 시간(몇 시 몇 분 몇 초와 같은)을 뜻하며, 인간 외부에 존재하므로 비인적자원의 특징이 강하다. 그러나 이러한 물리적 시간의 의미보다는 개인이 목표나 계획에 따라 어떤 활동을 위해 시간을 소비하게 된다는 인간의 지적 측면이 강조되어 인적자원 내지 개인적 자원으로 분류되는 경향을 보이고 있다.

표 5-2 개인적 자원과 대인적 자원

개인적 자원		대인적 자원
신체적 요소	에너지 자 세 동 작	협 동 효율적 의사소통 친밀도 충성심
정서적 요소	감 정 태 도	
인지적 요소	지 식 상상력 판단력 기 능	
시간적 요소	시 간	

(3) 경제적 자원과 비경제적 자원

경제적 자원(economic resources)과 비경제적 자원(noneconomic resources)의 구분은 흔히 측정가능하고, 교환가능한 가치를 갖고 있는가의 여부가 기초가 된다. 경제적 자원에는 모든 형태의 재산, 재화 및 서비스 등이 포함되는 반면, 비경제적 자원은 개인에게는 특별한 가치를 갖고 있을 수 있지만, 다른 목적을 위해 쉽게 사용될 수 없을 뿐 아니라 측정, 구매, 교환 그리고 다른 재화로 전환될 수 없는 것이다. 특히 경제적 자원은 흔히 생산 및 분배와 관련되어 있는 반면, 비경제적 자원은 소비활동과 연관되어 있다.

이러한 가정의 경제적 자원은 총량적으로 부(wealth)를 형성함으로써 가정의 안정과 함께 생활의 질을 향상시키는 자원으로 기능하게 된다. 또한 가정의 비경제적 자원 역시 직접적인 경제적 가치를 지니지는 않지만, 경제적 자원과 상호 관련되어 있으며, 궁극적으로 건강가정이라는 가정의 목표 달성을 용이하게 해주는 자원의 역할을 하게 된다.

표 5-3 경제적 자원과 비경제적 자원

경제적 자원	예	비경제적 자원	예
금전	소득 고용자 혜택 소비자신용	역사적이거나 정서적인 가치를 갖는 재화	동전 수집 어린이가 안고 자는 장난감
재화	보석, 자동차, 도자기	소비에 사용된 시간 · 에너지	음악 감상 여가를 위한 수영
생산에 사용된 시간 · 에너지 생산적 기술	제과 제빵 기술 컴퓨터 조립	사회성	손님을 편안하게 해줌
		능률적인 일상생활	다른 사람보다 효율적으로 일상생활을 해나갈 수 있는 능력
가사노동시간	음식 만들기 청소, 세탁	흥미	음악과 어린이에 대한 흥미
지식	증권투자에 필요한 지식	인식력	미(美), 타인에 대한 감정의 인식
		프라이버시	자신만의 사적 공간을 가짐
교육을 받은 사람의 인적자본	직업에서의 전문적 능력	사랑	모든 사람에 대한 사랑
		자부심	전문 분야에 대한 자부심
공간	집	충성심	브랜드에 대한 충성심

2) 가정 외 자원

자원이 속한 영역을 중심으로 보면 가정의 구성원이 목표 달성을 위해 이용할 수 있는 자원은 가정 내 자원에서부터 가정 외 자원으로 그 범위가 확대될 수 있다. 인적자원과 비인적자원, 개인적 자원과 대인적 자원, 그리고 경제적 자원과 비경제적 자원 모두 가정 내에 있기도 하지만, 가정 외의 개인, 집단, 조직 및 단체 등에 존재하고 있다. 따라서 가정의 건강성을 위해서는 가정 내 자원뿐 아니라 가정 외 자원을 인식, 개발 및 이용할 필요가 있다.

한편 사회적 연결접근법(social linkage approach)에서는 자원이 속하는 사회조직을 강조하여 자원을 개인자원, 가정자원, 동료자원, 지역사회자원, 국가자원 및 세계자원으로 분류하고 있는데, 이는 자원의 인식에 매우 유용하다. 이 분류에 따르면 개인 및 가정자원은 가정 내 자원에 속하나 그밖의 자원은 가정 외 자원에 속하게 된다.

이러한 가정 외 자원은 가정의 기능을 유지, 보완, 대체하는 역할을 해줌으로써 가정의 목표 달성을 용이하게 해줄 뿐 아니라, 최근에는 가정이 속한 사회나 국가의 복지체계 및 서비스 제공의 측면에서도 그 중요성이 높아지고 있다.

가정 외 자원의 중요성 증가

일본 지바현 우라야스 시는 일본 전체적으로 가장 젊은 도시다. 2004년 기준으로 전체 인구 중 65세 이상 노인의 비중(고령화율)이 9%로 일본 전국 평균(19.5%)의 절반에도 못미친다. 그만큼 젊은 부부들과 아이들이 많다. 보육시설도 다른 곳보다 많은 편이어서 보육원과 유치원을 합해 120개 정도가 운영되고 있다. 이 중 '만남의 광장'이 각국의 관심 대상이 되고 있다. 외양만큼이나 색다른 점은 이곳의 운영 주체가 자원봉사단체라는 것이다. 50대 이상 퇴직자들의 모임인 '닛폰 액티브라이프 클럽(Nippon Active life Club)'이 운영 주체다. NAC의 현재 회원 수는 지난 해 말 현재 2만 명 정도. 이 단체는 회원들로부터 걷은 회비로 장애인이나 거동이 어려운 노인들을 돕는 자원봉사활동을 벌이고 있다. 이들이 출산 · 보육 지원까지 생각하게 된 것은 2000년 이후부터. 만남의 광장 이용자 중 80%는 돌 이전의 아이들 둔 엄마들이다. 하루 평균 30명의 엄마들이 아이를 데리고 와서 서로 얘기도 나누고 육아

정보도 교환한다. 시설에서는 이들을 위해 가끔 영양식을 만들기나 아이 건강지킴 등 보육에 관한 강의 프로그램도 진행하고 있다. 매일 2명의 자원봉사자가 돌아가면서 부모와 아이들에게 필요한 서비스를 연중 무휴로 제공하고 있다. 이런 서비스는 모두 무료다. 시설 운영비는 연간 700만 엔 정도. 이를 중앙 정부와 지바현, 우라야스 시가 균등 부담하고 있다. 운영비의 대부분은 자원봉사자들에 대한 약간의 보수와 프로그램 진행비, 비품 구매에 쓰여지고 있다. 마사코 씨는 "퇴직자들이 계속 활동한다는 의미도 있고 엄마들끼리 매일 만나다 보니 어려운 일이 있을 때 서로 돕는 풍토가 자연스럽게 형성되고 있다."고 말했다.

출처: 한국경제(2007. 1. 11.)

(1) 동료자원

동료(colleague)자원이란 가정의 구성원이 맺고 있는 사회적 관계망, 예를 들어 친구, 친척, 이웃 및 동료 등으로부터 얻을 수 있는 자원으로 가정의 구성원을 둘러싼 주변 사람들과의 상호작용에 초점을 둔 것이다. 가정의 구성원이 사회적 관계망으로부터 얻을 수 있는 자원은 흔히 사회적 지지(social support)를 일컫게 된다. 이러한 지지는 그 내용에 따라 몇 가지 유형으로 분류될 수 있다.

표 5-4 사회적 관계망으로부터의 지지

사회적 지지의 종류	예
감정적 지지	존경, 애정, 신뢰 및 경청하기
평가적 지지	확신, 피드백 및 사회적 비교 제공
정보적 지지	충고, 제안, 지시 및 정보의 제공
도구적 지지	친절, 돈, 노동, 시간, 서비스 제공

출처: 김혜연(1997). "제주도 주부의 사회관계망 분석을 위한 예비적 고찰", 박지원(1985). "사회적 지지 척도 개발을 위한 일 연구"를 기초로 재구성.

이와 같은 사회적 지지를 얻을 수 있을 경우 가정의 구성원은 자신이 갖고 있는 자원의 부족이 완충되어 문제 상황을 해결할 수 있는 실질적인 도움을 받을 수 있다.

(2) 지역사회 및 국가 자원

가정을 둘러싼 사회 및 국가는 가정에서 사용할 수 있는 자원을 보조 및 대체해 줄 수 있는 또 다른 자원의 원천이다. 국가는 지역사회의 시설 및 기관을 통해 공공재의 특징으로 자원을 제공해 줄 수 있다. 반면 민간 및 기업 등은 이윤 추구를 목적으로 한 경제활동을 통해 재화, 상품 및 서비스 등을 생산, 분배하게 되는데, 가정의 구성원은 이러한 시장재 자원들을 구매, 소비함으로써 가정의 목표를 달성할 수 있다.

표 5-5 공공재 자원과 시장재 자원

공공재 자원	시장재 자원
지역사회에 제공되어 있는 정보화 시스템	독서실
보건소	PC방
국가 및 자치단체 복지시설	병원
자원봉사원의 도움	유료 노인복지시설
경찰서, 소방서, 관공서 등의 서비스	은행, 금융

(3) 세계적 자원

최근 국가 간의 상호작용과 교류의 급증, 매스컴과 인터넷의 발달 등으로 인해 가정의 구성원이 갖게 된 목표의 수준과 이를 달성하기 위해 사용될 수 있는 자원의 범위는 다국적, 세계화의 경향을 갖게 되었다. 현재 우리의 식탁에 오르고 있는 음식만 해도 서구화되어 가고 있으며, 우리 음식이라 해도 그 원료가 국산이 아닌 경우가 허다하다. 또한 우리의 생활에서 자동차가 필수가 되었지만, 산유국의 독단적인 결정과 그에 따른 국제유가에 따라 가정의 교통비가 좌우되므로 가정 외 자원이 갖는 영향력이 커지고 있다고 하겠다. 말하자면 세계화, 국제화의 추세는 우리 나라 경제 및 가계 경제에 기회인 동시에 위험을 제공할 가능성이 높아지고 있는 것이다. 따라서 이러한 국제적 동향을 파악하고 전망하는 일이 중요해지고 있다.

전세계 비즈니스의 새로운 시장, 중국

중국 비즈니스의 화두로 '포스트 80' 세대가 떠오르고 있다. 포스트 80세대는 성년이 된 '소황제 1세대'로 17~26세 사이의 대학생이나 대학원생 혹은 직장생활 2~3년차의 젊은이를 일컫는다. 2억 8,000만 명으로 추산되는 포스트 80세대가 주목받는 이유는 이들의 폭발적인 소비력 때문이다. BNP 파리바 은행은 중국의 음악 인터넷 디지털 제품 시장은 포스트 80세대가 소비를 주도하고 있다며 앞으로 이들이 중국 경제에 미치는 영향은 점점 더 커질 것이라고 내다봤다. 코카콜라는 젊은이들이 즐기는 인터넷 게임인 워크래프트의 인물로 광고를 제작했다. 스위스의 유명 손목시계 회사인 스와치 그룹은 중국 젊은이들에게 폭발적인 인기를 얻고 있는 가수 리위춘을 중국 지역의 이미지 홍보대사로 선정해 젊은이들을 파고 들고 있다. 중국 전자업체인 레노버는 화려하고 세련됐다는 의미의 인터넷 용어에서 유래된 펀스상(紛時尙) 시리즈 휴대폰을 내놓았다. 휴대폰이 비즈니스나 생활용품으로 사용된다는 개념에서 탈피, 하나의 액세서리면서 인터넷 오락을 할 수 있다는 점이 마케팅의 포인트다.

출처: 한국경제(2007. 2. 7. A2.)

생각해볼 문제

1. 현대사회에서 가정 외의 자원이 점차 중요해지고 있는 배경이 무엇인지 생각해 보자.

2. 건강가정을 이루기 위해 중요한 자원은 무엇이라고 생각하는가?

3. 나(우리 가정)의 인적자원 및 경제적 자원을 파악해 보자.

4. 중요한 사회적 관계망을 중심으로 내가 어떤 자원을 서로 주고받고 있는지를 생각해 보자.

5. 내(우리 가정)가 공공재 자원을 이용하여 문제해결을 했던 예를 생각해 보고 시장재 자원을 이용하는 것과의 차이점을 생각해 보자.

참/고/문/헌

김경원(1989). 친족관계망 유대특성에 관한 연구. 서울대학교 대학원 석사학위논문.

김외숙 외(1991). 가정자원관리. 서울: 한국방송통신대학교 출판부.

김외숙 외(1992). 가정관리학. 서울: 한국방송통신대학교 출판부.

김혜연(1997). 제주도 주부의 사회관계망 분석을 위한 예비적 고찰. 사회발전연구. 13, 99-119. 제주대학교 지역사회발전연구소.

문숙재 외(1996). 새로 보는 가정경영. 서울: 신정.

문숙재 외(2001). 현대사회와 가정. 파주: 교문사.

박지원(1985). 사회적 지지 척도 개발을 위한 일 연구. 연세대학교 대학원 박사학위논문.

이경희(1988). 가정생활주기에 따른 주부의 사회관계망에 관한 연구. 서울대학교 대학원 석사학위논문.

이서석 외(1987). 현대사회와 가정문화. 서울: 수학사.

임희규 외(1998). 변화하는 사회의 가정경영. 파주: 양서원.

장명욱(1976). 가정관리학. 파주: 교문사.

장윤옥 외(1997). 가정자원적정도 지각과 통제 소재가 주부의 가정자원관리스트레스에 미치는 영향. 한국가정관리학회지, 15(2), 141-153.

조영희(1991). 자원적정지각 척도개발에 관한 연구. 한국가정관리학회지, 9(2), 242-243.

Danes, S.M.(1991). Locus of control, gap between standard and level of living, and satisfaction : A path model. Home Economics Research Journal. 19, 282-291.

Manuel, F. et al.(2002). Social support and locus of control as predictors of psychological well-being in Moroccan and Peruvian immigrant women in Spain. International Journal of Intercultural Relations. 26(3), 287-310.

Rice, A.S. et al., 문숙재 외 역(1990). 가정자원관리. 서울: 동명사.

Sumarwan, U. et al.(1993). The effect of perceived locus of control and perceived income adequacy on satisfaction with financial status of rural households. *Journal of Family and Economic Issues*. 14(4), 343-364.

한국경제(2007. 1. 11.). 퇴직자들이 모임 만들어 보육지원, 비용은 정부. 지자체 균등 분담.

한국경제(2007. 2. 7.). 中 '포스트 80세대 잡아라.

CHAPTER

06

건강가정의 과정단계: 행동적 측면

1. 계 획
2. 수 행

CHAPTER 06

건강가정의 과정단계: 행동적 측면

가정의 자원을 이용하여 목표를 성취하기 위해서는 계획과 수행이라는 구체적인 과정단계가 필요하다. 이 단계는 정신적 측면(철학 및 가치, 목표, 표준)과 조건적 측면(자원)의 투입요소를 산출로 변형시키는 구체적인 과정(process)으로 관리의 핵심이라 할 수 있다. 계획은 표준을 달성하고 행동을 순서화하는 과정을 포함하며, 수행은 행동의 실행과 함께 실행과정에서 원래 원하는 바와 일치를 확인하고 점검하는 통제과정을 포함한다.

건강가정을 위한 자원관리는 각 가정이 목표 달성을 위해 끊임없이 계획을 수립하고 이를 실행하는 행동적 측면을 통해 구체화된다. 계획과 수행과정은 이전 단계의 정신적 측면(철학 및 가치, 목표, 표준)과 조건적 측면(자원)의 투입단계에 의해 구체적인 계획안이나 수행 내용이 결정되며, 실행과정에서 건강한 가정에 대한 철학과 가치, 그리고 가정이 지향하는 건강성 표준이나 목표 등이 변경되거나 수정된다.

1. 계획

계획이란 인지적인 기술을 사용하여 어떤 일을 할 것인가를 상상하는 과정이다. 즉, 의도적이고 미래지향적인 의사결정을 하려는 시도를 의미한다. 과정단계에서 계획은 목표추구를 위하여 행동을 설계하는 것이다. 따라서 계획은 목표를 달성하기 위한 초점과 방향을 제시한다. 서양 격언 중에 "계획에 실패하면 실패를 계획하는 것이다."라고 하여 계획의 중요성을 강조하고 있다.

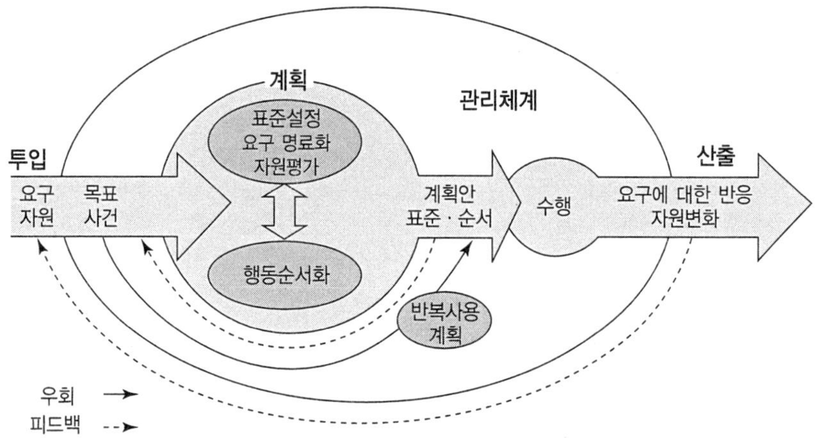

출처: Deacon & Firebaugh, 가정관리학연구회 역(1991). 가족자원관리: 원리와 적용. p.129.

그림 6-1 과정단계의 계획

1) 표준설정

가정에 대한 철학이나 가치와 가정자원을 조화시키는 과정이 표준설정의 단계이다. 그 결과로 나온 표준은 조작적인 기준을 나타낸다.

표준(standards)이란 목표 달성을 측정하는 척도로서 표준은 우리가 어떻게 목표에 도달할 것인지를 규정하고 달성된 목표에서도 예상되는 결과를 나타내는 척도가 된다. 표준이 적절하게 설정되어야만 실행과정에서도 무리가 없고 수행의 결과에서도 그 표준에 도달됨으로써 만족도가 커질 수 있다. 표준을 설정하기 위해서는 목표와 사건이 명확하게 정의되어야 하며, 사용가능한 자원을 정확하게 평가해야 한다. 이처럼 표준설정은 활용할 수 있는 자원과 요구를 조화시키는 것이다. 이때 개인 및 가정구성원이 갖고 있는 가치는 표준설정에 중요하게 작용한다.

목표 달성(철학과 가치에 근거)을 위해 사용되는 자원의 능력에 따라 양적 · 질적 표준의 성격이 결정된다. 일단 양적 · 질적 표준이 설정되면 그것은 행동을 위한 기준이 된다. 그리고 표준은 특별한 상황을 위해 개발되며 상황에 따라 구체화된다. 그러나 일상생활에서 반복되는 상황에서는 한번 설정된 표준이 반복적으로 적용되어 별도의 표준설정 단계를 거치지 않아도 된다.

개인마다 또는 상황에 따라 건강가정에 대한 표준은 매우 다르다. 결혼을 앞둔 예비부부들이 계획하고 목표로 삼는 건강가정의 표준은 막연하게 '행복한 가정' 으로 설정될 수 있으며, 30~40년을 함께 생활한 부부가 생각하는 건강가정의 표준은 '배우자와 함께 건강하게 살다가 같이 죽는 것' 으로 설정될 수 있을 것이다. 또한 결혼을 앞둔 예비부부가 각자 생각하는 건강가정에 대한 행복수준은 각기 다를 것이다. 이와 같이 경험이나 지식 등 개인의 인적자원이나 상황에 따라 표준은 매우 다르게 설정된다.

(1) 요구의 명료화

표준을 설정하려면 요구인 목표와 사건이 명료화되고 자원이 평가되어야 한다. 요구의 명료화는 가치와 일치하도록 목표를 정교하게 하는 것으로, 왜 해야만 하는가에 대한 답을 구하고, 그 방향을 고려함으로써 목표가 확실하게 규정되는 과정이다. 때로는 잘못 세워진 목표와 그로 인해 잘못 세워진 계획이 방향을 잘못 제시해 줄 수도 있고 또 그러한 목표나 계획을 통해서는 목표가 달성될 수 없다. 목표가 분명하고 조작적인 표준이 보다 명백하다면 목표 달성은 더욱 분명해질 것이다.

목표의 명료화는 자원이 평가되기 전에 이루어지는 경우도 있고, 자원평가와 동시에 명료화될 수도 있다. 자원이 없어서 구체적인 실행으로 옮기는 것이 불가능할 경우가 있으므로 자원평가는 동시적일 때 목표의 명료화를 더 확실하게 할 수도 있다.

목표와 마찬가지로, 어떤 경우에는 사건도 평가되고 명료화되어야 한다. 이때 사건이란 단지 기대하지 못했던 일의 발생일 뿐이다. 가정관리행동의 과정단계에서는 사건의 요구를 충족시키기 위해 우선적으로 자원을 평가한다.

(2) 자원의 평가

자원의 평가는 요구를 충족시킬 가능성이 있는 수단을 검토하는 것이다. 표준설정은 자원을 평가하여 요구에 맞추어 줌으로써 행동의 근거를 형성한다. 자원의 평가는 이용가능한 자원을 인식하는 것으로부터 시작되며, 필요하다면 자원을 증가시키는 방법을 고려하는 것이다. 예를 들어 10년 후에 집 장만을 하려고 할 때 가계는 보유한 자산과 소득이나 부채 등을 고려하여 재정자원을 평가해야 한다. 만일 예상되는 자원으로 10년 동안 모아서 집 장만을 하지 못할 것으로 평가된다면 기간을 더 늘리거나 추가자금을 얻기 위해 잠재 가능한 소득원을 모두 알아볼 수 있다. 집을 구매하기 위해 돈을 빌리는 경우에는 상환능력을 감안하여 그 부채의 총량을 결정해야 한다.

또한 재정적인 자원을 고려하는 것뿐 아니라 노력, 지식, 기술, 시간과 같은 인적자원을 평가함으로써 요구와의 결합을 잘 이룰 수 있게 된다. 인적자원을 평가한다는 것은 어려운 일이기에 사람들은 사용하고 있는 것보다 더 많은 능력을 갖고 있으면서도 그것을 활용하거나 개발하지 못하는 경우가 많다.

2) 행동 순서화

목표를 명확히 하고 이용가능한 자원을 평가하여 목표 달성의 조작적 기준인 표준을 설정하였으면, 그 다음에는 취해야 할 일련의 행동의 순서를 정하는 것이 필요한데 이를 행동의 순서화라고 한다. 활동을 순서화한다는 것은 계획된 활동의 각 부분과 개별적인 활동을 합리적인 방법으로 통합 정돈하는 것이다. 즉 활동을 인식하고, 서로의 관련을 짓고, 목적에 합당하도록 종합하여 각 부분의 순서를 정하거나 활동 간의 순서를 정하는 것이다. 이렇게 함으로써 활동의 흐름이 합리적으로 원활하게 이루어질 수 있고 또한 개선할 수도 있다.

활동은 계획에 포함되어 있거나 또는 그렇지 않든 간에 순서대로 발생한다. 즉 시간의 흐름에 따라 다른 일과 분리되어서, 또는 그 일을 하기 전에 어떤 일이 수행되어야 하는 필연성에 따라 활동들은 순차적으로 발생한다. 의식적인 순서화란 활동을 위한 표준을 달성하기 위해 다른 것과 관련지어 하나의 활동을 배치하는 것이다.

행동을 배열하는 데는 일상적인 과정에 새로운 목표를 짜넣는 것도 포함된다. 또한 동시에 둘 이상의 활동이 함께 이루어지기도 하고, 또 중복되는 활동도 가능해진다. 누군가와 만날 약속길에 쇼핑을 한다거나, 세탁하는 동안 청소를 하는 등은 시간자원을 더욱 유익하게 사용하고, 여러 가지 목표 달성의 가능성을 증가시킨다. 이처럼 의식적인 순서화라는 것은 설정한 표준을 달성하기 위해 다른 것과 관련지어 하나의 활동을 배치하는 것이다. 신체적으로 힘든 작업과 쉬운 작업을 번갈아하거나 또는 더 많은 과업의 수행을 위해서 즐거운 시간을 갖는 것 등은 시간 사용의 측면에서 흔히 사용하는 순서화의 기법이다.

행동을 배열하는 과정에는 행동의 중요성과 긴급성을 판단하는 내용도 포함된다. 제한된 시간 내에 여러 가지 행동들을 수행해야 하거나 행동에 대한 우선순위를 설정하여 그에 따라 결정해야 하기 때문이다. 일반적으로 행동의 순서를 결정하는 것은 중요성에 근거하지만, 실제로는 긴급성에 따라 행동하는 경우가 많다. 건강가정의 목표로 가족 간의 단란과 화목을 중요하게 여기지만, 회사일 때문에 가족들과 함께 하는 시간이 적다고 불평하는 아버지들의 행동이 여기에 속한다. 이때에는 중요한 일과 긴급한 일 사이에 커다란 차이가 있음을 이해하고, 중요한 활동에 긴박감을 불어넣도록 노력하는 자원관리 전략이 요구된다.

'긴급'이 '매우 중요'는 아니다

긴급한 일에는 어떠한 것이 있을까? 가장 흔한 예가 전화이다. 전화벨이 울릴 때마다 그 소리가 꼭 "전화기를 들어, 들어, 빨리 들라고!" 하는 것 같지 않은가? 그런데 전화들이 다 중요한가? 하루에 한두 통 정도나 그런 게 있을까? 대부분이 그렇지 않다.

……

평균적인 아버지가 자녀와 일대일 대화를 하는 시간이 1주에 얼마나 될까? 몇 년 전의 한 연구에 따르면 17분이다. 한 주에 17분! 자녀와 일대일로 시간을 보내는 일은 매우 중요하다. 내 생각에는 모든 사람이 그 점에 동의할 것이라 믿는다. 참으로 소중한 일이다. 그렇다고 그 일이 긴급한가? 그건 아니다. 왜 그럴까? 아이들이 언제나 옆에 있기 때문이다. 어느 때고 아이들과 이야기할 수 있는 것이다. 그래서 매일 매일 긴급하게 처리해야 하는 일을 하느라 그 소중한 일을 미루고 있는 것이다.

…

(세미나에서) 이런 질문을 던져보았다. "보다 많은 독서를 하고 싶은 분?" 모두의 손이 올라왔다. 다시 물었다. "아, 모두 독서에 상당한 가치를 두고 계시군요. 그런데 책을 자주 읽고 있지는 않을 겁니다. 여러분은 왜 책을 읽지 않고 있습니까?" 시간이 없어서 그렇다고 대답한 사람은 아무도 없었다. 마침내 마지막 줄에 앉아 있던 사람 하나가 손을 들었다. "책은 울지 않기 때문입니다." 정말 멋진 대답이었다.

출처: 하이럼 스미스, 김경섭 역(1998). 성공하는 시간관리와 인생관리를 위한 10가지 자연법칙. pp.74-76.

3) 계획의 속성

계획은 과거의 경험과 현재의 상황과 미래를 연결하여 진행시키는 것이므로 건강가정의 과정단계에서 기본이며 실행과 결과에 미치는 영향이 크다. 좋은 계획은 그것을 수행하는 사람에게 분명하고, 적절한 세부사항을 포함하며, 수행될 활동이나 목표를 위해 잘 정의되어 있고, 현실적인 표준과 순서를 가지며, 수행하는 동안에 적응하도록 바로 조정될 수 있어야 한다.

계획이 반복되는 정도에 따라 1회 사용 계획과 반복사용 계획으로 구분된다. 1회 사용 계획은 단지 한 번만 사용되거나 반복사용 계획을 발전시키기 위한 부분으로 사용된다. 활동의 성격에 따라 1회 사용 계획은 때로 세부적인 표준과 순서를 포함한다. 많은 계획들은 다시 사용될 의도 없이 특정 상황을 충족시키기 위해 만들어졌지만, 한번 세운 계획이나 계획의 부분들은 다른 관련 상황에서 계획과정을 단순화하는 데 중요한 정보로 사용될 수 있기 때문에 일종의 자원이 된다. 대학 졸업을 기념하는 학과 모임을 계획한 경험이 다른 행사를 계획할 때 유용한 경험으로 작용하는 것과 같다. 한편, 반복사용 계획은 이전에 개발된 표준이나 순서를 이용한다. 반복되는 활동을 위해서, 주어진 상황이 발생할 때마다 필요한 계획이나 절차를 결정함으로써 계획은 단순화된다. 반복은 매일 일어날 수도 있고 드물게 일어날 수도 있다. 상황은 계속적으로 반복되지만 계획은 재구성해야 하는 경우도 있다. 예를 들어 가족원의 생일이나 크리스마스 파티는 매년 반복될 수 있으나, 이때 상대방에게 준비하는 선물이나 행사 내용에 대한 계획은 매번 심사숙고해야 한다.

디컨과 파이어버(1988)는 수행에 미치는 계획의 속성에 대해 명료성, 융통성, 실현가능성, 복잡성 등을 제시하였다.

(1) 명료성

명확한 계획이라는 것은 보다 구체적인 표준과 활동의 배치가 개발된 것을 의미한다. 새로운 상황이거나 목적이 중요할 때, 시간이나 금전적 제약이 클 때, 계획자가 아닌 다른 사람이 그 계획을 수행하려고 할 때, 여러 사람들이 그 활동을 수행할 때는 계획의 명료성(clarity)이 더 요구된다. 가정생활에서의 계획은 혼자서 수행하는 경우가 많고 과거의 경험이나 지식을 가지고 계획하는 경우가 많으므로 가정의 전체적인 생활을 이해하고 구성원이 각자의 일에 대해 책임감을 느낀다면 더 분명한 계획을 세울 수 있다. 일정한 기간의 명확한 계획은 불명확한 계획보다 더욱 완벽하게 수행된다는 것을 인식할 필요가 있다.

(2) 융통성

수용이 가능한 계획의 표준과 순서의 범위는 융통성(flexibility)의 정도를 나타낸다. 경직된 표준은 받아들일 수 있는 부분이 적고 또 그 표준에서 벗어나면 반대에 부딪히기 때문에 실제로 그 표준을 지키지 못할 때는 만족은 감소될 수밖에 없다. 계획된 활동 중에는 그 목표에 도달하기 위해서 고정된 순서를 따라야만 하는 것이 있고, 또 어떤 활동은 매우 융통성 있는 것도 있다. 상황을 잘 파악하면 계획을 세울 때에 적당한 융통성을 가질 수 있고 변화에 적응하며 목표의 성취를 향상시킬 수 있다. 반대로 융통성이 지나치면 계획된 목표에 도달할 수 없는 경우도 있게 된다.

(3) 실현가능성

실현가능성(reality)이란 계획의 표준과 순서를 달성할 수 있는 가능성을 의미한다. 만약 학생 신분의 남녀가 결혼을 계획한다면 현실적인 표준과 순서를 세우기는 어려울 것이다. 이때에 보다 실현성있는 접근방법을 제시하기 위해서는 계획상의 어떤 부분, 예를 들면 부모의 동의, 재정적 지원, 시기 등을 더 명백하게 할 필요가 생긴다. 이처럼 표준과 순서를 명료화함으로써 계획을 변경시킬 수도 있고, 계획의 실현성을 크게 높일 수도 있다. 어떤 과업이나 활동이 계획한 대로 수행될 수 있다면 그 계획은 현실적이라 하겠다.

(4) 복잡성

어떤 계획에 포함된 사람의 수와 목표와의 관련된 정도에 따라 계획의 복잡성(complexity)이 다르다. 간단한 계획은 한 사람이 적합한 자원을 가지고 복잡하지 않은 과업을 하는 데 필요한 계획이다. 반면에 복잡한 계획은 한 사람이 순서나 유형에 따라 몇 가지의 과업을 완성시키기 위해서 여러 가지 노력을 배치해야 하는 경우라든가, 또는 여러 사람이 상호 관련하여 한 가지나 그 이상의 과업을 수행하려는 계획이다. 이는 다른 사람들의 자원까지도 서로에게 맞도록 배치해야 하기 때문에 그 계획은 더욱 복잡성을 보여준다.

계획하지 않는 사람들의 변명

다음은 사람들이 계획을 세우지 않는 가장 흔한 변명 다섯 가지이다.

1. "계획할 시간이 없어서."
2. "뭘 해야 하는지 이미 알고 있는데, 뭐 하러 시간을 내서 계획한담."
3. "계획은 나에게 맞지 않아. 중간에 방해받는 일이 얼마나 많은데."
4. "해야 할 일들로 가득 찬 리스트를 보면 얽매인 느낌이 들어서."
5. "어떻게 계획하는지 몰라서."

2. 수행

수행(implementing)은 계획과 행동과정을 실행하고, 행동을 통제하는 것이다. 실행은 계획을 실천에 옮기는 것이며, 통제는 행동을 점검하거나 계획과 비교하여 필요하면 원하는 산출을 위해서 이미 계획된 행동의 표준과 순서를 조정하는 것이다. 이때 촉진화(facilitating)는 행동의 진전이나 흐름을 도와주는 상황으로서 주로 계획의 수행을 둘러싸고 있는 환경이 된다.

계획은 수행을 위해서 세워지며 행동 이전의 정신적인 과정이 강조되고 실현 가능성에 대한 검토와 수행에 필요한 표준이나 행동과정을 순서화하는 활동인데 반해서 수행은 행동을 포함하며 계획의 실행에 대한 책임을 포함한다. 이러한 책임은 계획이 어떤 사람이나 사물에 의한 행동을 통해서 실행될 때 이를 감독함으로써 목표지향적 활동을 총괄하여 발전시키는 것과 같은 정신적 과정을 포함한다. 수행이라는 행동은 그에 필요한 역동적인 과정을 함께하는 행동 중의 활동이라는 점에서 계획과 구분된다.

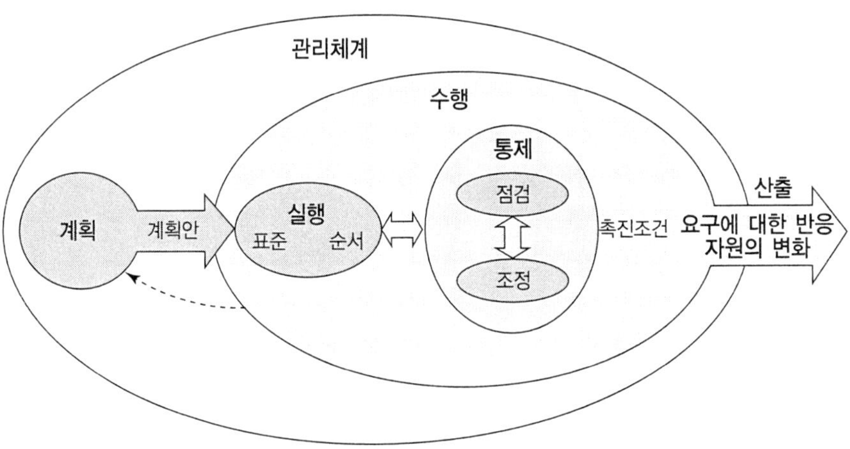

출처: Deacon & Firebaugh, 가정관리학연구회 역(1991). 가족자원관리: 원리와 적용. p.156.

그림 6-2 과정단계의 수행

1) 실행

실행(actuating)은 계획된 활동을 실천에 옮기는 것이다. 계획이 실천되지 않으면 계획 자체가 목표 달성으로 이어지지 않는다. 실행은 목표의 강도가 높을 때, 바라는 결과가 관련된 사람들에게 중요할 때, 계획이 분명하고 실행가능할 때, 자원이 욕구를 충족시키기에 충분할 때 가장 효과적으로 나타난다. 행동을 누가, 어떻게 할 것인가에 관계없이 계획에 대해서 실행하는 것은 중요하다.

간단한 계획은 쉽게 실천되며 행동이 계획과 동시에 이루어질 수 있다. 계획을 수립하는데 관여한 사람이 실행을 하게 된다면 계획하였던 결과로 나타날 확률이 높아질 수 있다. 타인에게 실행에 옮기도록 요청하거나 승인하는 것은 과거의 경험이나 타인의 판단에 대한 믿음에 근거한 것일 수 있으며, 그것이 아니라면 실행의 책임을 위임하는 사람은 얻고자 하는 결과에 대해서 잘 전달해야 할 책임이 있고 또 자세하게 지시할 필요가 있다.

자기 자신의 계획을 실행할 때에는 통제와 거의 구분되지 않으며 특히 계획과 수행 간의 시간 차이가 거의 없을 때는 더욱 그러하다. 시간을 요하는 복잡한 계획에 대한 실행은 통제와 구분된다. 즉 계획의 한 가지 부분을 실행하고 다음 단계에서 또 다른 부분을 실행하는 것이며 이때 계획의 한 부분을 실행하는 것은 계획의 다른 부분을 통제하는 것과 일치하기도 한다. 또한 좀더 복잡한 계획은 단계별 활성화가 필요하기도 하다.

2) 통제

통제(controlling)는 수행의 구성요소 중 하나로, 행동을 검토하고 진행과정을 감독·조절하는 것을 포함한다. 과정단계에서 계획이 실행되는 동안에 감독하며 상황적인 요소에 맞추는 과정으로는 점검(checking)과 조정(adjusting)이 있다.

(1) 점검

행동과 결과에 대한 점검은 목표에의 도달과정을 확인하거나 산출물이 원했던 것인가를 확인하기 위해 필요하다. 행동이나 계획의 각 부분들, 즉 표준이나 순서를 조정하는 것은 행동계획에서 나타난 대로 목표를 달성하기 위해 필요하다. 점검은 표준의 질적 · 양적인 측면을 실행과정에서 나타난 결과와 비교하는 것을 의미한다. 부부의 자녀 출산에 대한 계획에서, 첫 자녀를 출산하여 양육하는 동안 자녀양육비나 자녀양육에 대한 기회비용이 예상했던 것보다 더 크다면 둘째 자녀 출산을 포기하거나 미루는 결정을 할 수 있다. 이때 부부는 양적인 측면에서 자녀양육을 위해 준비한 비용이나 시간자원이 적합했는지 점검할 수 있으며, 질적인 측면에서 자녀양육으로 인한 기쁨과 만족 수준을 점검할 수 있다.

소비자는 시장에서 상품을 구입하는 과정에서 질적인 면과 양적인 면의 특별한 표준을 설정할 수 있으며 그 표준들이 어느 정도 충족되었는가를 점검할 수 있다. 이때 바람직한 표준 및 순서가 달성되었는가를 확인하기 위한 충분한 점검은 다음 단계의 수행을 향상시킬 수 있다. 반면에 불충분한 점검은 시간낭비를 초래할 수도 있다. 또한 너무 빈번한 점검은 그 일을 수행하고 있는 사람을 화나게 하며 관리자에게는 시간낭비를 가져올 수도 있다. 관심이 많을 경우 너무 자주 점검하게 될 수도 있다. 작업 수행을 배우려는 자녀는 지속적인 점검으로 인해 쉽게 실망할 수 있으며, 반대로 점검을 너무 적게 하면 노력의 결과가 원하는 표준에 도달하지 못할 수도 있다. 점검량의 균형을 잡는 것은 매우 복잡하고 미묘할 수 있다.

(2) 조정

조정은 계획된 표준이나 순서를 변화시키거나 원하는 산출의 가능성을 높일 수 있도록 기초가 되는 과정을 변화시키는 것이다. 조정은 점검을 통해 계획된 행동으로부터의 일탈이 발견된 후에 발생할 수 있다. 행동의 순서 및 표준에 있어서의 변화나 조정은 변화된 기대를 가져오는 적응적이거나 확대된 행동을 초래하는 새로운 계획을 필요로 할 것이다.

현실세계에서는 많은 계획이 조정된다. 주말에 친구를 방문하려는 계획은 친구가 아프다고 하면 출발시간에 임박하여 변경될 수도 있다. 친구를 방문하여 어떻게 시간을 보낼 것인가의 계획은 친구가 병이 나은 후 다른 주말에도 행해질 수 있으나 계획을 수행하는 시간은 이번 주말에서 다음 기회로 연기된다. 기혼 여성이 직업과 가정생활을 병행할 때, 집안일에 대한 표준을 낮추거나, 다른 구성원들의 적극적인 참여를 증가시키고, 또는 다른 유급의 고용인을 활용하는 등의 방법으로 과중한 역할을 조정할 수 있다.

3) 촉진화

촉진화(facilitating)는 행동의 진전이나 흐름을 도와주는 상황으로, 이는 계획의 수행을 둘러싸고 있는 환경이라는 측면에서 행동의 흐름을 촉진하는 조건(facilitating conditions)이라고 할 수 있다. 이와 같이 촉진조건은 계획에서 설명되지는 않으나 행동의 흐름에 기여한다. 가정생활을 도와주는 촉진조건의 예로는 배열이 잘된 작업장소, 즉 도움을 주는 가정설비이다. 부엌 공간을 효율적으로 디자인하거나 작업하는 사람을 중심으로 공간의 높이나 배열을 결정하는 방법이 이에 속한다. 또한 어린아이를 데리고 쇼핑하는데 어려움을 겪는 어머니가 인터넷 구매나 홈쇼핑을 통해 재택 구매를 하는 방법은 구매를 위한 계획의 표준 및 순서를 변화시키지 않으면서 행동의 진전이나 흐름을 향상시키는 조건을 이용한 것이다.

일을 진행하는 구성원 간이나 가정 내 의사소통을 용이하게 하는 방법도 일을 쉽게 할 수 있는 상황의 일부이다. 작업을 자신만의 스타일을 고집해서 진행하거나, 다른 사람의 의견 또는 생각을 반영하지 않거나, 자신의 뜻을 제대로 전달할 수 없는 경우에 일의 진행 속도는 매우 느릴 것이다. 어떠한 일은 자연환경이 촉진조건이 되기도 한다. 화창한 날씨는 휴일에 가족들의 나들이나 야외활동의 기회를 증가시켜 모처럼 자녀들과 대화를 하려던 아버지의 계획을 용이하게 도울 수 있다.

생각해볼 문제

1. 내가 졸업 후 결혼하여 자녀를 출산하려는 계획을 가상해서 세워보자. 이때 표준설정과 행동의 순서화의 내용에 따라 구체적으로 계획해 보자.

2. 우리 가정의 긴급한 일과 중요한 일은 무엇이 있는지 생각해 보자.

3. 내가 계획에 시간을 투자하지 않는 이유가 있다면 무엇인지 생각해 보자.

4. 오랜만에 가정구성원이 함께 외출을 계획했으나 귀한 손님이 와서 계획을 변경해야만 하는 상황을 가정해 보자. 건강가정의 과정단계에는 어떠한 일이 일어날 수 있는지 구체적으로 생각해 보자.

5. 건강가정의 관리과정에서 예상되는 촉진조건과 방해조건을 모두 생각해 보자.

참 / 고 / 문 / 헌

임정빈 외(1994). 가정관리학. 서울: 신정.

임희규 외(1998). 변화하는 사회의 가정경영. 파주: 양서원.

조희금 외(2005). 건강가정론. 서울: 신정.

Deacon, R. E. & Firebaugh, F. M., 가정관리학연구회 역(1991). 가족자원관리-원리와 적용. 서울: 한울아카데미.

Smith, H. W., 김경섭 · 이경재 역(1998). 성공하는 시간관리와 인생관리를 위한 10가지 자연법칙. 서울: 김영사.

CHAPTER

07

의사소통

1. 의사소통의 특징
2. 의사소통의 요소
3. 의사소통의 단계
4. 가정구성원의 의사소통 유형
5. 의사소통의 기술

CHAPTER 07

의사소통

가정은 하나의 상호작용 체계로서 체계 안의 각 가정구성원들은 개별적인 또는 가정구성원으로서의 사고와 경험을 바탕으로 가정 특유의 의사소통 양식을 발달시키는 능력을 가지고 있다. 가정구성원들이 건강한 가정을 만들기 위해서는 먼저 의사소통의 중요성과 구성 요소에 대해 이해하고, 가정구성원들의 의사소통 유형을 파악한 후 의사소통 개선을 위한 기술을 익히고 일상생활에서 실천해 보는 것이 필요하다. 이를 위해 이 장에서는 의사소통의 개념과 특성, 의사소통 요소와 유형, 그리고 건강한 가정을 위한 의사소통 기술에 대해 살펴보고자 한다.

> "인간이 지구상에 나타난 후로 의사소통은 사람들이 타인과 어떤 관계를 맺을 것인지 그리고 그를 둘러싼 세계 속에서 그에게 어떤 일이 일어날 것인지를 결정하는 가장 커다란 단일 요소이다."
>
> – 버지니아 사티어(Virginia Satir), 1972 –

1. 의사소통의 특징

1) 의사소통의 개념

의사소통(communication)의 어원은 라틴어의 communis(공유) 혹은 com municare(협의하다, 공통성을 이룩하다)로, 의사소통은 두 사람 혹은 여러 사람들

간의 신념, 의견, 사고, 지식, 태도, 감정 등을 전달하고 교환하여 그들의 생각을 형성하고, 조직화하는 인간 상호작용(human interaction)의 과정이다. 가정구성원은 의사소통의 부재를 인식하게 되면 대화를 원활히 하기 위한 효과적인 의사소통의 방식들에 대해 정보를 얻고, 이를 실천해 보려고 노력한다.

가정구성원이 의사소통을 하기 위해서는 송신자, 수신자, 메시지가 필요하며, 효과적인 의사소통을 위해서는 메시지로부터 수신된 의미가 송신자가 의도하는 뜻과 같아야 한다. 가정구성원들은 의사소통을 통해 서로를 이해하고, 서로의 욕구를 충족시키면서 그들 나름대로 욕구충족의 패턴을 만들게 되고, 이는 가정의 고유한 문화로 발전하게 된다.

의사소통을 통해 개인과 가정구성원들이 어떤 방식으로 그들의 가치를 표현하고, 목표를 달성하며 그들의 욕구를 충족시킬 것인가? 가정구성원들은 인적 자원을 어떻게 개발하고 어떤 방식으로 의사결정할 것인가? 등 의사소통은 가정의 형성과 유지, 성장과 밀접한 관계가 있다. 그러므로 의사소통의 질은 공통의 느낌, 경험, 욕구, 목표를 공유하는 능력과 관련된 것으로 이는 건강한 가정을 이루고자 하는 우리의 바람과 직접적인 관련이 있다고 할 수 있다.

일반적으로 가정구성원들은 개별적인 경험과 가정구성원의 집단 경험을 기초로 그들만의 독특한 의사소통 양식을 발달시키는 능력을 갖고 있다. 그리고 가정이라는 맥락에서 그 문화권 공통의 일반적인 의사소통 방식과 각 가정마다의 독특한 의사소통 방식을 모두 배운다.(예를 들면 미국인들은 사람들을 만나면 "안녕하세요?" "어떻게 지내셨어요?" "감사합니다."등의 인사를 나누는 반면 우리 나라 사람들은 "식사하셨어요?" "학교 갔다 왔니? 등 안부나 감사의 표현보다는 일상생활과 관련된 대화를 나눈다.) 또한 어떤 가정에서는 갈등을 표현하지만, 어떤 가정에서는 침묵으로 화났음을 표현한다. 이와 같이 가정마다 의사소통의 방법이 다르기 때문에 공동의 소통 방법을 확인하는 것이 필요할 것이다.

2) 의사소통의 전제

건강한 가정을 위해서 의사소통은 매우 중요한 요인이다. 가정 내에서 의사소통이 어떻게 기능하는가를 더 잘 이해하기 위해서 의사소통의 가정들에 대한 검토가 우선되어야 한다. 의사소통은 다음 세 가지를 전제로 한다.

■ 의사소통은 반복적이고 일관된 유형을 보인다.

가정구성원들의 의사소통은 아무렇게 이루어진 것이 아니라 비교적 일관된 방식으로 유형화된 것이다. 비록 모든 의사소통의 7/8은 숨겨져 있지만 일관된 방식으로 이루어지므로 가정구성원 특유의 유형을 발견하고 명료화할 수 있으며, 이는 가정구성원들의 의사소통의 목적과 의미를 이해하는데 필수적인 요소로 작용한다.

■ 상호교류적이다.

가정구성원들은 의사소통을 만들어 내는 것이 아니라 의사소통에 서로 참여하는 것이다. 의사소통의 상호교류적 성격은 가정구성원들이 의사소통할 때 호혜적이고 서로 영향을 받는다는 것을 의미한다. 그러므로 가정에서의 의사소통을 검토하기 위해서는 가정구성원 모두의 의사소통 유형과 참여 정도에 대해 검토하는 것이 효과적이다.

■ 의사소통 과정에서 모든 사람들은 참여자가 된다.

의사소통에는 언어적 의사소통과 비언어적 의사소통이 있다. 예를 들어 아빠에게 화가 난 엄마가 아빠와 아이들이 나누는 대화에 참여하지 않고 멀리 혼자 떨어져 있다고 가정해 보자. 아빠에게 화가 난 엄마는 아무 말도 하지 않지만 화난 표정을 짓고 있기에 "나 화났어."라는 강한 메시지를 전달하고 있는 것이다. 그러므로 말로 소통하는 것은 아니나 아빠와 아이들의 대화에 참여하고 있는 것으로 보아야 한다. 그러므로 의사소통 과정에서 참여자가 되지 않기란 불가능한 일이라고 볼 수 있다.

3) 의사소통의 특징

의사소통은 어느 가정에서나 존재하며, 누구나 잘 할 수 있는 단순한 과정이라 생각하지만 많은 가정에서 의사소통의 어려움을 호소하고 있다. 우리는 건강한 가정을 위해 많은 시간 효율적인 의사소통의 방법을 배우고 연습하지만 일상생활에서 의사소통을 잘 하기란 결코 쉬운 일이 아니다. 사람들이 의사소통을 어렵게 생각하는 것은 다음과 같은 특징이 있기 때문이다.

(1) 상징적 교류과정

의사소통은 하나의 상징적 상호교류(symbolic transaction) 과정이다. 간단히 말하자면 의사소통은 의미를 창출해 내고 공유하는 과정이다. 의사소통이 상징적이라고 하는 것은 메시지를 전달하기 위해 상징이 사용된다는 것을 의미한다. 언어적 행동이나 말은 가장 일반적으로 사용되는 상징이지만 얼굴 표정, 눈맞춤, 몸짓, 움직임, 자세, 외모, 그리고 공간적 거리 등의 전체적인 비언어적 행동도 역시 상징으로 사용되어 왔다. 일반적으로 의사소통에서 얼굴 표정, 몸짓, 움직임 등의 비언어적 상징의 사용은 55% 정도이며, 언어적 상징은 45% 정도 사용된다. 언어적 상징을 세분화하면 언어가 7%, 음조와 억양이 38%를 차지한다고 한다.

이렇듯 의사소통에서 비언어적 상징이 많은 비중을 차지한다. 특히, 가정구성원들은 사랑의 상징으로 입맞추기, 포옹하기, 특별한 요리를 만들기, 장난감 사주기와 같은 소통의 방식을 사용한다. 상징을 이용하여 우리는 광범위한 주제에 대해 우리의 사고를 공유할 수 있지만 그러기 위해서는 그 상징을 함께 이해해야 한다. 예를 들면, 가정구성원들이 어떤 활동이 '재미있는' 것이고, 돈은 어느 정도가 되어야 '많은' 것이며, 어떤 행동이 '화가 났음'을 나타내는지 등에 대해 일치된 의미를 부여하지 않는다면 혼란이 뒤따르게 될 것이다. 의미들이 서로간에 공유되지 않으면 메시지는 이해될 수 없다.

의사소통이 상호교류적이라고 하는 것은 우리가 의사소통을 할 때 서로에게 영향을 준다는 것을 의미한다. 간단히 말해서 우리는 의사소통을 시작하는 것이 아니라 의사소통에 참여하는 것이다. 따라서 의사소통의 관계에서 모든 참여자들은 서로 영향을 주고받는 것이다.

(2) 가정구성원 간의 관계 중시

의사소통은 개인보다는 가정구성원 간의 관계에 초점을 둔다. 즉, 의사소통의 관점에서 본다면 둘 또는 그 이상의 가정구성원 간의 상호작용에 초점을 두는 것이다. 이와 유사하게 체계론적 관점으로 본다면 가정체계의 통합적인 특성 때문에 가정구성원을 개인으로 분리해서 분석하는 것은 생산적이지 못하다. 가정구성원 개개인은 가정체계라는 맥락에서 의사소통을 하며, 각 의사소통 행위는 그 관계의 성격을 반영한다. 두 사람이 상호작용할 때 개개인은 상대방에게 맥락을 만들어 주고 그 맥락에서 상대방과 관계를 맺게 된다.

의사소통 관계에서 각 개인은 상대방에게 맥락을 만들어 주며, 메시지를 만들어 내고 동시에 해석하기도 하며, 그리고 상대방에게 영향을 주고받는다. 이런 과정을 통해 사람들은 의미를 발견하고 만들어 간다.

(3) 내용차원과 관계차원

의사소통의 의미는 내용차원과 관계차원으로 구분될 수 있다. 내용차원은 정보를 나타내며, 관계차원은 그 정보를 어떻게 해석하고 이해하는가를 말해 준다. 관계차원은 비언어적 메시지인 경향이 있다.

사람들이 메시지를 교환하는 방식은 그들 관계의 형태와 내용에 영향을 미친다. 가정구성원 간의 의사소통으로 가정의 구조가 형성되며 그 가정구성원 특유의 의미가 만들어진다. 우리는 다른 가정구성원들을 만나게 되면 그들의 대화가 우리 가정구성원들과 얼마나 다른지를 알 수 있다. 관계를 맺고, 의사결정한 후, 느낌을 나누며, 갈등을 다루는 방식들이 우리가 경험했던 것과 약간 또는 많이 다를 것이다. 각 가정마다의 독특한 메시지 체계는 가정생활을 제대로 영위할 수 있도록 하는 주요한 수단이 된다. 바꾸어 말하면 가정구성원들과 관련된 기능을 할 때 의사소통을 통하여 가정생활의 형태와 내용이 만들어진다. 갈빈과 브롬멜(Galvin & Brommel)은 "가정구성원은 상호의존적 관계를 발전시키는 일정한 관계망(network)을 통해 메시지를 전달하는 의사소통으로 응집과 적응을 조절하는 하나의 체계이다."라고 말하였다. 이는 가정구성원들은 하나의 체계로서 의사소통을 통해 가정구성원들의 정서적인 결속과 융통성을 발달시켜 주고 환경요인을 바탕으로 가정구성원들이 같은 방식으로 반복하여 상호작용함으로써 그 가정만의 독특한 의미를 발전시켜 가고 있음을 의미한다.

우리가 추구하는 건강한 가정을 위해서는 의사소통의 질이 무엇보다 중요하다는 사실을 인식하여야 한다. 의사소통의 질적 향상을 위해서 상징적 교류를 통해 서로 공통의 의미를 만들어 가고, 이를 가정구성원들이 공유하고 발전시켜 나감으로써 가정구성원 간의 관계의 질을 향상시키는 데 기여해야 한다.

2. 의사소통의 요소

가정 내에서의 의사소통은 가정구성원들의 생각을 주고받고, 생각을 형성하며, 조직화하는 상호작용의 과정이라 할 수 있다. 가정구성원들의 의사소통이 효과적이면 건강한 가정을 가꾸는 데 많은 기여를 할 것이다. 의사소통의 초기 연구자들은 대화의 양에 초점을 맞추어 대화가 많은 가정은 가정구성원들의 만족도가 증진된다고 보았다. 정보화시대를 맞이하면서 가정구성원 간의 관계 증진을 위해서는 의사소통의 양 대신 메시지의 명료성에 주목하라고 한다. 메시지는 '왜곡' 되지 않게 '부호화' 되고, '전달' 되어 '해독' 될 필요가 있으므로 서로 간의 관계 증진을 위한 의사소통 방법과 기술을 모색하기에 앞서 의사소통의 요소들을 살펴보아야 한다.

의사소통의 요소는 학자에 따라 다소 상이하다. 문숙재 외 4인(1994)은 의사소통의 구성요소를 송신자, 수신자, 메시지, 피드백, 방해로 보고 있는 반면, 라이스와 터커(Rice & Tucker)는 의미의 인지, 송신 · 수신 메시지, 그리고 피드백을 의사소통의 요소로 보고 있다. 여기에서는 의사소통의 요소를 의미의 인지, 송신자, 수신자, 메시지, 피드백, 방해로 구분하고 이에 대해 살펴보고자 한다.

① 송신자

송신자(sender)란 의사소통을 하게 된 이유와 목적을 지닌 개인 혹은 집단으로서 모든 의사소통에 존재한다. 어떤 사람이 다른 사람에게 자신의 의지, 감정, 지식 등을 전달하고 표현하고자 할 때 그 전달하려고 하는 내용은 먼저 상대방(수신자)에게 이해될 수 있게 구체적으로 표현되어야 한다. 이때에 송신자의 특별한 능력, 기술과 태도가 중요하게 작용하며 그것은 메시지에 영향을 준다.

② 메시지

송신자의 목적은 메시지(message)의 형태로 표현된다. 의사소통에서 송신자의 생각을 부호로 바꿈으로써 메시지의 전달이 가능해진다. 그래서 의사소통은 상징적이라고 하고 메시지를 전달하기 위해 상징이 사용된다. 그러므로 대인적 의사소통에서 부호화의 기능은 송신자의 음성이나 몸의 움직임, 자세를 통해서 송신자의 의미를 수신자로 하여금 완전하게 받아들일 수 있게 하는 것이다.

메시지의 내용은 자신의 목적을 표현하려는 송신자에 의해서 선택되고 그 내용이 가지는 다양한 특성은 전체 의사소통 과정을 복잡하게 만들기도 한다. 이러한 메시지 처리에 영향을 주는 것은 개인의 인성, 의사소통 기술, 태도, 지식, 문화, 사회적 지위, 그리고 메시지를 받는 집단이나 개인의 반응 등이다. 또 메시지가 전달되는 수단으로서는 대면적인 대화가 있는 반면에 편지, 전화, 이메일, 휴대폰 등을 이용한 의사소통이 있다.

③ 수신자

송신자가 메시지를 보내는 상대로서 의사소통 과정의 다른 한쪽에 있는 것이 수신자(receiver)이다. 수신자는 의사소통의 표적이 된다. 수신자는 메시지를 받아들이고, 그에 대해 반응하며, 그 메시지를 사용할 수 있는 형태로 바꾸기 위한 해독자(decoder)가 된다. 사람들은 1분당 자신이 말할 수 있는 것보다 더 많은 단어를 들을 수 있다. 평균 말하는 속도는 1분당 125단어인 반면에, 듣는 속도는 매 분당 약 400단어이다. 송신자의 메시지는 수신자에게 전달될 때 수신자의 개인적 경험이나 관점에서 해독된다. 그리고 송신자가 누구인가에 따라서도 영향을 받는다. 수신자는 메시지를 정확하게 받아들이기 위해서 잘 들어야만 하는데 상대에게 믿음이 있고 매력이 있으면 송신은 보다 잘 받아들여지고 보다 깊이 해석될 수 있다. 이와 반대로 송신자의 입장에 주의를 기울이기보다 자신의 입장을 강조하는 경향이 있는 수신자는 효과적인 수신을 하는 데 제한을 받는다. 이처럼 정보를 받아들일 때 서로를 존중하거나 상대방의 관점에서 해석할 수 있으면 양쪽 모두 효과적으로 경청하게 되고 의사소통은 바르게 성립된다.

이와 관련하여 오래전부터 인디언 족장들은 토킹 스틱(Talking Stick)이라는 것을 사용해 왔다. 발언권이 있는 사람에게 이 스틱을 주면 그 사람은 이 스틱을 가지고 다른 사람을 충분히 이해시켰다고 생각할 때까지 자신의 의견을 말할 수 있게 되는 것이다. 송신자는 자신의 의견이 충분히 받아들여졌다고 생각될 때 다른 사람에게 이 스틱을 넘기게 된다. 여기에서 가장 중요시하는 것은 수신자가 송신자의 메시지를 충분히 이해하는 것이며, 이렇게 될 때 상대에 대한 신뢰와 인정, 그리고 새로운 대안이 발견되게 된다. 그러므로 의사소통에서 송신자에 대한 수신자의 피드백은 송신자의 메시지를 정확히 이해하는 데 매우 유익하다.

④ 피드백

송신자로부터 메시지가 부호화되어 수신자에게 전달되면 다시 송신자는 수신자가 어떻게 받아들였는지를 수신자의 반응에 의해서 확인할 수 있는데 이 과정이 피드백(feedback)이다. 송신자는 의사소통을 할 때 자기가 의도한 것을 부호화(encode)했는지 확인하기 위해 끊임없이 피드백을 추구한다.

의사소통은 종종 작용과 반작용의 관계로 구성되는데 송신자의 행동은 수신자의 반작용에 영향을 주고, 수신자의 반작용은 송신자의 잇따른 반응에 영향을 준다. 이처럼 피드백은 송신자로 하여금 어느 정도 자신의 표현을 조정하는데 도움을 주며 미래의 메시지에도 영향을 준다. 특히 건강한 가정을 위해서는 가정구성원 간의 정확한 피드백을 통해 송신자의 의미를 명확히 파악하고, 이해해야만 가능할 것이라 생각된다. 대화의 단절과 소통의 어려움을 호소하는 가정은 송신 메시지에 대한 반응이 없거나 수신자의 자의적 해석에 의해 서로를 이해하지 못하기 때문에 발생할 수 있다. 그러므로 토킹스틱과 같은 도구를 이용하여 상대방을 충분히 이해시킬 수 있도록 자시의 메시지를 전달하는 방식에 주의를 기울이거나 상대방의 의견을 경청하고 존중하는 노력을 하는 것도 건강가정의 의사소통을 하기 위한 좋은 시도가 될 수 있다.

⑤ 방해

의사소통 과정의 순환작용을 둔하게 하거나 멈추게 하는 것을 방해(interference)라고 한다. 메시지가 전달되는 것을 막는 방해는 가정 내 하위체계 간의 경계를 형성할 수 있으며 이 경계가 투과될 수 없을 정도로 두터워지면 갈등이 발생하게 된다. 이와 같은 방해는 의사소통의 전 과정에 존재한다. 예를 들면 송신자의 경우 그가 적절한 메시지를 만들 만큼 분명한 관념을 갖고 있지 않을 때, 또는 수신자에 대해 특별한 부정적 감정(불신, 두려움)을 갖고 있을 때, 송신자가 아주 완고한 침묵의 태도를 표현할 때, 메시지가 송신자와 수신자에 따라 다르게 이해되고 이를 송신자가 알지 못하고 있을 때 등은 송신자가 갖는 방해요소이다.

수신자의 경우에서도 보낸 메시지가 받아들여지지 않는다거나 메시지를 받았어도 잘못 해독되거나 생략되는 경우, 혹은 수신자가 송신자를 불신하는 경우 등이 그것이다. 그 외에 소음, 물리적 거리, 채널의 유무 등도 방해의 원인이 된다. 의사소통은 과정이고 순환이며 교류이기 때문에 방해가 생기면 의사소통 그 자체의 효과는 감소하며 더이상 발전할 수 없다. 생활주기에 따라 변화의 요인들이 생겨나고 가정구성원들이 이런 변화에 적응하고자 할 때 가정구성원들은 각기 그들 자신의 삶의 변화에 따라 움직이기 때문에 의사소통의 방해는 끊임없이 생기게 된다. 무엇보다 의사소통 방해의 생성을 최소화하기 위해서는 가정구성원 간에 개방을 유지하기 위한 계속적인 노력이 필요하다.

⑥ 의미의 인지

미국의 심리학자 윌리엄 글라써(William Glasser)는 현실요법에서 사람들은 외부의 현실세계를 지각된 세계로 내면화시킬 때 여과체계(Filter system)를 거친다고 한다. 사람들의 여과체계는 감각체계, 지식체계, 가치체계로 구분된다. 감각체계는 사람들의 오감, 즉 보고, 듣고, 만지고, 맛보고, 냄새 맡는 감각체계를 기본으로 한 우리의 신체적인 여과기를 말한다. 지식체계는 지금까지 보고, 듣고, 배우면서 쌓아 놓은 자신의 지식을 통해 의미를 이해하고 만들어 가는 지식여과기를 말한다. 가치체계는 사회체계나 언어를 사용하는 방식, 일반적으로 사물을 보는 방식, 그리고 사회적으로 인정된 관습이나 규범, 그리고 자신의 도덕성과 가치관 등에 의해 영향을 받는 가치여과기를 의미한다.

글라써는 사람들이 모두 동일한 현실세계를 경험한다고 해도 그들만의 고유한 지각체계를 거치면서 서로 다른 지각된 세계를 가지게 된다고 주장하였다. 예를 들면 우리 전통의 생활양식을 선호하여 좌식생활을 하는 부모가 침대생활을 원하는 자녀를 이해할 수 없음이 이 경우에 해당된다. 부모는 매트리스는 우리의 신체에 무리를 주어 허리 디스크를 유발시킨다는 지식 때문에 '침대는 나쁘다' 라는 가치가 형성되어 있다고 할 수 있다. 이와 달리 자녀는 많은 사람들이 침대생활을 하고 침대생활이 생활의 편리함을 가져다 준다는 지식과 그래서 침대는 우리 삶에 유익한 것이라는 가치를 가지고 있다고 하자. 동일한 침대생활에 대해 부모와 자녀의 지각된 세계는 매우 다르므로, 동일한 현실세계에 대해 다른 의미를 부여한다는 것을 알 수 있다.

일반적으로 인지는 의사소통의 전 과정에 영향을 미친다. 사람들은 자기의 지각세계와 일치하지 않는 메시지에 대해서는 저항하게 되므로 메시지에 대한 영향의 정도는 그 메시지가 수신자의 지각된 세계와 어느 정도 일치하느냐, 또는 불일치한 메시지를 의사소통을 통해 어느 정도 일치시키느냐에 따라 의사소통의 성공 여부가 달라질 것이며, 이는 가정구성원들의 만족에도 영향을 미칠 것으로 생각된다.

많은 가정에서 의사소통의 어려움을 호소하는 것은 바로 메시지에 대한 의미의 인지가 서로 다르며, 이런 다름에 대한 이해가 부족하기 때문일 것이다. 그러므로 건강한 가정을 이루기 위해서는 현실에 대한 가정구성원들의 지각된 세계가 서로 다르다는 것을 이해하고, 인정하고, 가정구성원 간의 공통의 의미를 의사소통을 통해 찾아갈 때 가능할 것이다.

인디안의 토킹스틱(Indian Talking Stick)

토킹스틱은 '대머리 독수리'라는 글이 정교하게 새겨진 길이 1.5m 크기의 아름다운 지팡이다. 이 지팡이는 미국 원주민 사이에서 수백 년 동안 중요한 기능을 수행해 왔다. 그것은 가장 강력한 커뮤니케이션 도구 가운데 하나로서 시너지적 의미를 담고 있다. 토킹스틱은 서로 다른 사람들이 상호존중을 통해 어떻게 서로를 이해할 수 있는지를 보여준다. 서로 다른 점과 문제들을 시너지적으로, 아니면 최소한 양보를 통해 해결하는 것이다.

토킹스틱은 사람들이 모일 때마다 사용된다. 이 지팡이를 들고 있는 사람에게만 발언이 허용된다. 토킹스틱을 갖고 있는 동안에는 누구의 간섭도 받지 않고 다른 사람들을 충분히 이해시킬 때까지 자신의 의견을 말할 수 있다. 이때 다른 사람들은 의견을 말하거나 주장할 수 없고, 찬성이나 반대 표시도 허용되지 않는다. 그들은 오직 발언하는 사람을 이해하려고 노력하고, 이해했다는 것을 알려 줄 수 있을 뿐이다. 그리고 발언자의 뜻을 좀더 확실히 이해하기 위해 말한 내용을 확인할 수는 있다.

다른 사람들이 이해한 것 같으면 지팡이를 옆 사람에게 넘겨준다. 그 역시 자신의 뜻이 다른 사람에게 정확하게 전달되게 한다. 이런 식으로 모든 사람들이 말하고 들으면서 완전한 의사소통의 책임을 진다.

모두가 자신의 말을 이해시켰다고 느끼는 순간, 놀라운 일이 일어난다. 부정적 감정과 논쟁이 사라지면서 상호존중의 분위기가 형성되고, 그들은 창조적으로 변한다. 새로운 아이디어가 생겨나고, 제3의 대안이 나온다.

가정구성원끼리 의사소통이 되지 않을 때, 각자 자신의 생각에 매몰되어 얘기가 되지 않을 때 위의 방법을 사용해 보는 것도 삶의 지혜라고 생각한다.

출처: 스티븐 코비, 《성공하는 사람들의 8번째 습관》 중에서'

3. 의사소통의 단계

가정구성원들은 누구나 많은 대화를 하고자 한다. 그러나 실제로는 서로의 생각과 느낌을 잘 표현하지 못하고 가슴앓이를 하는 경우가 많다. 구성원들 간에 대화가 잘 이루어지지 않는 이유는 여러 가지가 있다. 단순히 공통 관심사가 없기 때문에 부모와 자녀, 또는 부부가 함께 어울리는 것에 흥미를 느끼지 못할 수도 있다. 또 상대방에게 알게 모르게 준 상처 때문에 선입관을 갖고 있다든지 혹은 비사교적인 성격 때문에 대화를 원하지 않을 수도 있다. 이외에도 대립되는 의견을 가진 상황을 잘 처리할 수 없기 때문에 의사소통이 잘 이루어지지 않을 수도 있다.

의사소통, 흔히 대화(conversation)는 몇 개의 매우 상이한 형태의 상호작용을 포함한다. 이 단계를 인식하지 못하면 가정구성원 간의 의사소통은 피상적이 될 것이다. 한 원점을 둘러싸는 4개의 동심원이 있다(그림 7-1 참조). 이 원점은 각자의 근본 성질(신념, 기질, 장점, 단점, 좋아하는 것, 싫어하는 것, 각자가 독특하게 지닌 모든 중요한 사실과 특색 등)들이 하나로 뭉쳐진 것을 나타내는 것이다. 오랫동안 대화가 끊어진 가정구성원이라면 "오늘은 가정구성원과 대화를 한 번 나누어 봐야지!" 마음을 먹고 한 번 시도해 보는 것만으로는 완전한 교류나 공감이 가능한 대화를 나눌 수 없다. 단번에 교류나 공감이 가능한 대화를 하려면 위에서 얘기한 원점에 담긴 모든 것을 알아야 한다. 대부분의 경우 가정구성원이라도 강하고 직접적인 교류나 공감은 시간이 흐르고 신뢰가 쌓여가면서 가능해지게 된다. 가정구성원에게 자신의 생각과 느낌을 알리는 방법은 이 원점을 둘러싸고

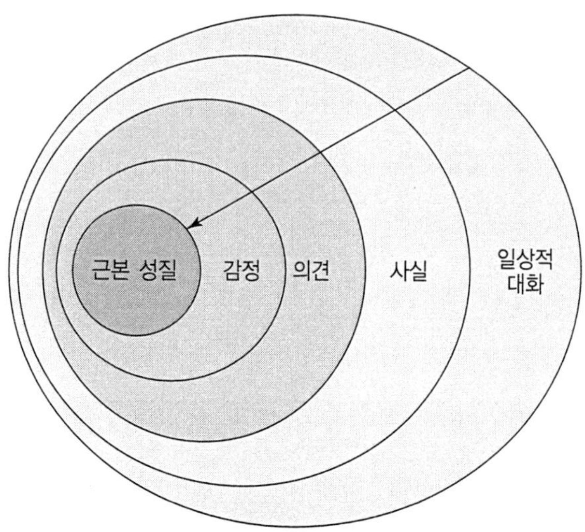

그림 7-1 가정구성원 간의 의사소통 단계

있는 여러 단계에 대한 정보를 제공하고 공유함으로써 가능해지는 것이다. 그러므로 의사소통의 단계들을 살펴보고 그 속에 포함된 내용을 알아보는 것은 가정구성원이 대화를 잘 할 수 있는 방법이 될 것이다.

대화의 단계는 일상적인 대화, 사실, 의견, 그리고 감정으로 구분된다.

1) 일상적인 대화

일상적인 대화의 단계는 원점에서 가장 멀리 떨어져 있는 층으로 일상적인 대화가 오가는 층이다. 예를 들면 "밥 먹었니?", "숙제는 했니?" 등의 대화는 글자 그대로 받아들여지기를 바라고 나누는 말들이 아닐 수 있다. 가정구성원들끼리 습관적으로 사용하는 대화로 어색한 관계를 해소하고자 몇 마디 일상적인 대화로 부자연스러움에서 벗어나고자 할 수 있다. 그러나 일상적인 대화는 가정구성원의 대화를 원활하게 하고 더 깊은 대화를 가능하게 해주는 암호와도 같은 기능을 수행한다.

2) 사실

사실의 단계는 일상적인 대화의 단계에서 의사소통 모델의 내부로 한걸음 더 들어가는 '사실'을 주고받는 단계가 된다. '사실'은 상대에 관해서 많은 것을 알려 줄 수 있으므로 앞으로 나눌 대화의 기초를 마련해 준다. 예를 들면 "오늘 밖에서 기분 좋지 않은 일이 있었어.", "오늘 성적표가 나왔어." 등으로 사실은 그 자체로 흥미로울 수 있다.

3) 의견

의견의 단계는 한층 더 대화의 중심부로 접근해 가는 단계이다. 의견 제시를 통해 가정구성원에 대해서 매우 많은 것을 알 수 있다. 자신의 개인적인 의견을 말할 때마다 다른 가정구성원들에게 서로의 대화를 지속시키기 위해 그들이 반응을 보일 수 있는 자료를 제공해 줄 뿐만 아니라, 자기 자신에 대해서도 중요한 정보를 제공하는 셈이 된다.

4) 감정

감정은 대화의 네 번째 단계이면서 가정구성원 각자의 중심부인 근본 성질과 가장 가까운 단계이다. 감정(feeling)은 사람이 행동할 때 생기는 주관적 동요로, 나와 타인, 그리고 상황에 대한 정보를 제공하며, 에너지를 제공하고, 사람들에게 동기를 부여하는 힘이 있다. 언뜻 보기에 감정의 단계는 의견의 단계와 같아 보일지 모르나 매우 다른 차이가 있다. 예를 들면 "아빠가 놀이동산에 데리고 간다고 하고 가지 않아서 거짓말쟁이인 것 같아. 아빠가 약속을 지키지 않은 것을 생각하면 화가 나." 이는 의견과 감정이 포함된 대화이다. 원활한 의사소통을 위해서는 나와 상대방의 감정을 들여다 보고 표현하고 어루만져 주는 것이 필요하다.

의사소통의 4단계의 차이를 알고 나면, 가정구성원의 관계를 원활하게 하기 위한 대화가 어려운 이유를 쉽게 알 수 있다. 가정구성원의 대화도 어떤 때는 배타적이어서 사실의 단계에 머물러 있거나 심지어는 일상적인 대화의 단계에 머물러 냉랭한 가정 분위기를 만들어 내기도 한다. 또한 상대에 대한 배려 없이 자신의 의견과 감정을 지나치게 드러내면 오히려 가정구성원 간에 감정을 상하게 하는 일이 발생할 수도 있다. 그러므로 가정구성원이 어떤 단계에서 관계 맺기를 원하는지를 파악하고 상황 변화에 따라 한 단계에서 다음 단계로 관계 맺기를 성공적으로 변화시켜 갈 때 가정구성원들의 의사소통은 원활하게 진행될 것이다. 일반적 사실에서 감정의 단계까지 상대의 요구에 따라 자유로이 대화의 단계를 조정할 수 있는 가정구성원들은 그들의 관계를 회복시켜 주거나 강화시켜 줄 수 있을 것이며, 우리가 추구하는 건강한 가정을 만드는 견인차 역할을 할 것이다.

4. 가정구성원의 의사소통 유형

가정구성원들의 의사소통 유형은 학자와 분류 기준에 따라 다양하게 구분된다. 의사소통은 가족구성원과의 관계를 중심으로 사슬형, Y자형, 바퀴형, 완전경로형으로 또 언어화와 감정 노출의 정도를 기준으로 통제형, 접촉형, 형식형, 숙교형으로 구분할 수 있다.

1) 관계성 기준

가정에서의 의사소통은 '무엇을', '어떻게' 그리고 '누구에게' 하는가에 관한 것이라 할 수 있다. 일상적으로 가정구성원 간의 의사소통으로 무엇을, 어떻게, 누구에게 하는가를 분석해 보는 것은 가정 내의 대인관계적 특징이나 기본적인 문제들을 살펴보는 도구가 될 수 있다. 갈빈과 브롬멜은 관계성을 기준으로 하여 의사소통의 유형을 사슬형, Y자형, 바퀴형, 완전경로형으로 구분하고 있다.

(1) 사슬형

사슬형은 양끝에 위치하는 가정구성원은 한 가정구성원과만 의사소통을 하고 중간에 위치한 구성원들은 양옆의 두 가정구성원하고만 의사소통하는 유형이므로 중간에 위치한 가정구성원들이 보다 중심적이며, 양끝의 가정구성원들은 다소 격리된다. 사슬형은 권위에 따른 위계적 체계가 있어서, 메시지가 윗사람에게서 아랫사람에게로, 또는 아랫사람에게서 윗사람에게로 전달되는 특성을 지니고 있다. 사슬형의 경우 종종 부모들이 자녀들의 의사소통을 통제하며, 자녀들에게 명령을 내린다. 가정구성원 모두가 바쁜 경우 가정구성원들이 함께 얘기할 시간을 내기 어려우므로 이런 의사소통 유형이 도움이 될 수도 있다. 그러나 가정구성원 모두가 대화하는 것이 아니라 의사소통하는 사람하고만 얘기를 하므로 다른 가족구성원들이 분리될 수 있다는 단점이 있다.

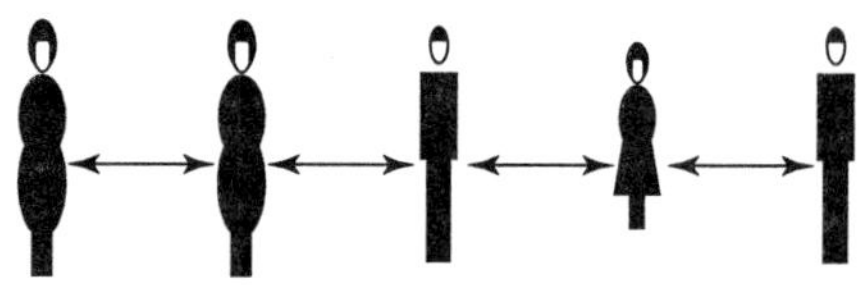

출처: 이재연 · 최영희(1996). 의사소통과 가족관계. 형설출판사. pp.102-105.

그림 7-2 가정구성원의 의사소통 유형

(2) Y자형

Y자형 의사소통 유형은 메시지가 한 사람을 통하여 다른 한 사람, 혹은 둘 이상의 다른 가족원들에게 전달되는 방식이다. 집안에 어머니가 중심이 되어 자녀와 아버지가 분리된 의사소통을 하는 경우이다. 특히 재혼가족에서 나타날 수 있으며, 직장일로 바쁜 아버지나 집을 자주 비우는 아버지가 있는 가정의 경우 어머니를 중심으로 Y자형의 의사소통 유형이 형성되며, 이런 경우 주로 어머니에 의해서만 자녀양육을 하게 될 수 있다.

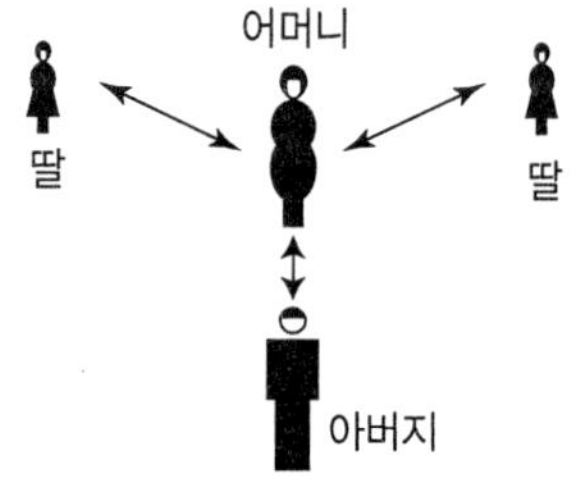

출처: 이재연 · 최영희(1996). 의사소통과 가족관계. 형설출판사. pp.102-105.

그림 7-3 가정구성원의 의사소통 유형

(3) 바퀴형

바퀴형의 경우는 모든 메시지는 가족 성원 중 한 사람을 통하여 다른 사람들에게 전달된다. 만일 그 관계망의 중심 인물이 자신의 생각과 방법으로만 의사소통한다면 이 관계망은 매우 독재적으로 될 수 있다. 즉, 모든 메시지의 전달을 통제하는 한 사람은 메시지를 긍정적 혹은 부정적으로 여과시키고 왜곡시킬 수 있으며, 관계망을 거치는 동안 말하는 방법상의 규칙을 종용할 수도 있다. 또 가정의 긴장을 효율적으로 해결할 수도 있고, 비효율적으로 해결할 수도 있으며, 중심 인물의 능력과 인내가 혹사당할 수도 있다.

사슬형, Y형, 그리고 바퀴형의 경우 메시지가 여과되어 한 사람에게서 다른 사람에게 전달될 때마다 왜곡될 수 있으며, 자신의 선호에 따라 선별적으로 메시지를 바꿀 수도 있으므로, 이는 가정구성원 간의 갈등을 해소하기도 증폭시키기도 한다.

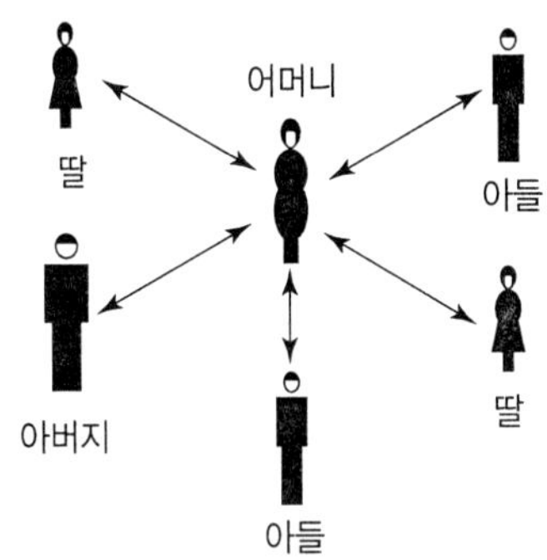

출처: 이재연 · 최영희(1996). 의사소통과 가족관계. 형설출판사. pp.102-105.

그림 7-4 가정구성원의 의사소통 유형

(4) 완전경로형

완전경로형은 가정구성원 둘 또는 모든 가정구성원들 간에 양방적 교환이 이루어지는 것이다. 의사소통은 모든 방향으로 흐르고, 효과적 결정이 이루어지게 되는데, 이는 모든 가정구성원들이 갖고 있는 문제를 토론하고 그에 반응할 수 있는 기회를 동등하게 갖기 때문이다. 모든 상호작용은 직접적이고 상호교류적이나 메시지가 모든 방향으로 전달되기 때문에 가장 비조직적이고 혼란스러울 수도 있으며, 각 가정구성원들은 서로가 자신의 견해를 피력하기 위해 경쟁할 가능성이 있다. 그러나 가정구성원을 서로 존중하고 서로에게 동등한 기회가 부여된다는 점에서 가장 민주적이라 할 수 있다. 완전경로형이 비조직적일 수 있는 문제는 가족구성원 간의 팀워크와 조직력 강화로 해결할 수 있다.

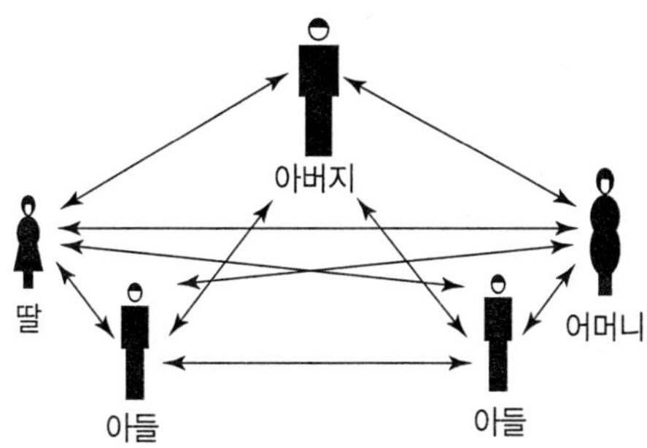

출처: 이재연 · 최영희(1996). 의사소통과 가족관계. 형설출판사. pp.102-105.

그림 7-5 가정구성원의 의사소통 유형

앞에 제시한 네 가지 의사소통 유형은 자녀의 성장이나 가정을 둘러싼 환경의 변화로 달라질 수 있다. 한 가지 분명한 것은 가정생활의 변화와 가정을 둘러싼 환경의 변화에 따라 가정구성원의 의사소통 유형은 탄력적으로 변화될 수 있어야 하며, 변화의 기본에는 가정구성원에 대한 이해와 존중이 바탕이 되어야 한다.

2) 언어화와 감정노출도

호킨스와 그의 동료들(Hawkins, Weisgerg & Ray)은 부부 간의 의사소통 유형을 언어화 정도와 감정노출 정도에 따라 통제형(controlling), 형식형(conventional), 숙고형(speculative), 접촉형(contactful) 네 가지로 구분하였다. 그러나 감정노출과 언어화 정도에 따른 구분은 비단 부부 사이뿐만 아니라 가정구성원 간의 의사소통 유형에도 적용될 수 있을 것이다.

통제형에서는 언어화 정도는 폐쇄적이나 감정노출 정도는 높은 편으로, 이 유형의 사람은 가정구성원 간의 어떠한 불일치도 차단하기를 원하고, 가정구성원의 생각이 무엇인지 알려고 하지도 않으며, 다른 사람의 견해나 결정을 무시하고 저평가하고, 상대의 감정에 공감하지도 않는다. 형식형은 언어화 정도가 폐쇄적이고 감정노출이 적은 스타일로 문제의 핵심을 다루지 않은 채 의사소통의 단절을 막기 위한 수단으로 대화의 첫 번째 단계에 해당하는 일상적인 대화만을 나눈다. 그러므로 겉보기에는 가정구성원들이 대화를 많이 하는 것으로 보여질 수 있으나 자신의 의견이나 감정을 표현하는 깊이 있는 대화를 나누지 못하므로 공허해진다. 숙고형은 언어화 정도가 개방적이나 감정노출은 적은 편으로, 새로운 생각에 개방적이고 상대의 견해를 존중하지만, 자신의 감정은 별로 표현하지 않는다. 주로 다른 가정구성원의 감정에 대한 질문을 통해 그들의 생각과 감정을 진정으로 이해하고자 하는 유형이다. 가장 바람직한 의사소통 유형인 접촉형은 언어화 정도에 관심을 갖고, 서로 생각을 공유하길 바라며, 자신의 감정을 솔직하게 드러내는 것을 기꺼이 감수하는 유형으로 의사소통의 네 단계를 자유로이 변형시키며 가정구성원의 관계를 증진시키는 유형이다.

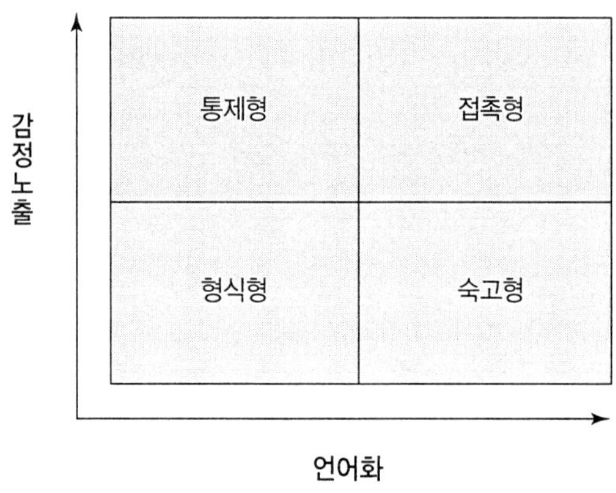

그림 7-6 언어화와 감정노출에 따른 의사소통 유형

5. 의사소통의 기술

누구나 소망하는 일은 "가정구성원과 함께 즐겁게 얘기하고, 가정구성원에게 속마음을 털어 놓고 싶은 것"이다. 가정구성원과의 대화는 아주 쉬운 일일 수 있다. 평소 자신의 생각과 감정을 상대에게 상처 주지 않고, 상대에게 강요하지 않으면서도 솔직히 표현하는 기술을 익히고 연습한다면 우리는 분명 행복한 가정에서 구성원들과 허심탄회하게 얘기하고 지낼 수 있을 것이며, 이는 건강가정이 추구하는 또 하나의 모습이다.

한 가지 주의해야 할 것은 가정구성원이라고 해서 언제나 대화를 성공적으로 해내는 것은 아니라는 사실이다. 언제나 의사소통을 성공적으로 해내는 것은 현실적이지도 않을 뿐더러 그럴 필요도 없다. 하지만 서로의 생각과 느낌을 나눌 수 있도록 자기표현을 통한 대화의 기술을 익히는 것은 건강한 가정을 위해 반드시 필요한 과정이다. 이번에는 가정구성원들 간의 의사소통을 위해 다양하고 구체적인 기술들을 어떻게 적용시켜 사용하는지 그 방법에 대해 학자들을 중심으로 살펴보고자 한다.

1) 버

버(Burr)는 가정구성원들이 의사소통을 효과적으로 하기 위해서는 첫 번째, "유추적 메시지의 의도"에 주목해야 한다고 하였다. 이를 위해서는 연습이 필요하다. 가정구성원들이 메시지의 어조와 의도에 주목하는 기술을 배움으로써 유추적 메시지의 의도를 파악할 수 있을 것이다. 둘째는 가정 내에서 전달되고 있는 어조를 적극적으로 경청하고 관찰하는 것이다. 이 과정에서 가장 중요한 요소는 의도와 표면적 메시지가 서로 일치하도록 최선의 노력을 기울여야 한다. 세 번째는 가정구성원 모두가 의사소통을 성공적으로 수행하고자 하는 욕구를 공유하거나 의사소통의 경쟁적 요소를 감소시키는 것이다. 이를 위해서는 부드러운 어조, 비요구적인 방식의 접촉, 눈을 똑바로 맞추기 등의 방법을 시도해 볼 수 있으며, 느낌에 대한 책임을 받아들이고 변화될 수 없는 것에 대해서는 불평하지 않는 것도 중요한 기술이 될 수 있다.

가족에게 사랑을 전하는 대화 노트

매일 가정구성원과 나눈 대화를 대화 노트에 기록하고 자신의 대화 패턴을 분석해 보면서 좀더 나은 대화방법을 연습해 간다. 이런 노력은 가정구성원들 간에 대화를 되살아나게 하고, 행복을 가져다 주는 지름길이 될 것이다.

하루를 마무리하면서 아래 절차에 따라 대화 노트를 작성해 보라.

1. 오늘 하루 가정구성원과 어떤 대화를 나누었는가?
2. 나의 마음은 어땠을까?
3. 가정구성원들의 마음은 어땠을까?
4. 다음에는 이렇게 말할게.

출처: 하임 G. 기너트, 부모와 아이사이, 양철북.

2) 코비

코비(Covey)는 원칙 중심의 리더십을 위한 습관 7가지 중에서 경청의 중요성을 얘기하고 있다. 효과적인 의사소통을 위해서는 내가 먼저 상대방을 이해해야 한다는 것이다. 이 습관을 내재화시키기 위한 행동으로 "처방하기 전에 진단하라", "공감적 경청을 하라", 그리고 "상대방의 관점에서 출발하여 나를 이해시키라"가 있다.

대부분의 사람들은 해결책을 처방하기 전에 증상 진단에 필요한 시간과 노력을 들이지 않는다. 가정구성원들은 다른 가정구성원들이 처한 상황을 잘 이해하고 있다고 가정하고 재빠르게 그들에게 충고를 하게 된다. 특히 많은 시간을 함께 생활하는 가정구성원 안에는 더욱 진단을 위한 시간 투자에 인색한 편이다. 아이가 학교에 가기 싫어하면 무슨 일이 있는지 살펴보기보다는 "또 꾀병이구

나. 얼른 준비하고 학교에 가."라고 말한다. 아내가 우울해 하면 "너무 한가해서 탈이 났구나. 나처럼 정신없이 바쁘면 우울할 틈도 없을 텐데……."라고 비아냥거리며 상대의 문제를 들여다보지 않고 상대의 얘기를 주의 깊게 들으려하지 않는다. 우리는 내 잣대로 상대를 평가하거나 자신의 준거의 틀을 기준으로 상대방의 문제를 해결하려고 한다. 이런 일들이 반복되고 그 과정에서 각자 서로에게 상처를 주고받게 되면 우리가 원하는 건강한 가정은 멀어져만 갈 것이다. 상대의 입장에서 충분히 얘기 듣고 그 상황을 이해하는 것이 효과적인 의사소통의 지름길이다.

특히 효과적인 의사소통을 위해서는 공감적 경청이 중요하다. 공감적 경청은 말하는 사람의 감정을 반영해 주고 자신의 말로 정리해 주는 것이다. 들으면서 충고하고, 상담하게 되며, 논박과 판단을 내리는 것은 공감적 경청이 아니다. 공감적 경청은 말하는 사람의 관점에서 해결책을 제시하고, 수정하며, 분석과 단정을 내린다.

공감적 경청의 요소

공감적 경청은 상대방으로 하여금 존중받고 있다는 느낌을 갖게 한다. 그러므로 말하는 사람의 감정을 반영해 주고 자신의 말로 정리해 주는 공감적 경청을 통해 가정구성원들은 친밀감과 존중감을 형성하게 될 것이며, 이를 통해 가정구성원들의 결속력은 강화될 것이다. 가정구성원들과 공감적 경청을 하기 위해서 다음과 같은 연습을 해 보자.

당신은 ______________에 대하여 ____________________ 느낌이겠네요.

↑ 한 말에 대한 내용, 주제, 의미

↑ 화난, 좌절된, 흥분된, 슬픈, 짜증스러운, 오해받은, 행복한, 마음이 내키지 않는, 당황스러운, 혼란스러운, 열정이 생기는 등

출처: "7HCEO 과정 매뉴얼", 한국리더십센터.

3) 마샬 로젠버그

사람들은 흔히 문제가 있는 가정에서만 가정구성원들이 서로에게 상처를 준다고 생각한다. 그러나 불행하게도 서로를 사랑하는 지극히 일반적인 가정구성원들도 폭력적인 대화를 통해 서로를 비난하고, 창피를 주고, 꾸짖고, 조롱하고, 위협하고, 매수하고, 낙인찍고, 처벌하고, 설교하고, 훈계한다. 이는 가정구성원들 대부분이 말이 지닌 파괴적인 힘을 의식하지 못하기 때문이다. 대부분의 부부들은 자신이 어릴 때 부모에게 들었던 말들을 자기도 모르게 배우자와 자녀들에게 말하고 있다. 입에 담으려고 하지 않았던 말들을 자신이 좋아하지 않았던 어조로 말하곤 한다. 자녀들은 또 다시 부모들을 통해 부모가 사용하는 말들을 가정 내에서, 또는 가정 밖에서 친구, 동료, 이웃에게 사용하게 된다.

마샬 로젠버그(Marshall B. Rosenberg)가 제시한 비폭력 대화의 방법을 일상에 활용해 봄으로써, 가정구성원 모두가 사랑받고, 존중받고 있다고 느끼게 해주는 것이 중요하다. 가정구성원들의 마음을 공감해 주고, 서로의 마음과 하나가 되어 줄 때 우리들은 정말 행복하다고 느끼게 되고, 자신을 가치 있게 여기게 된다. 또한 그런 가정은 건강한 가정을 가꾸어 가는 힘이 생기게 된다.

"사랑하는데 무엇이 문제되는가? 사랑이 최고야."라고 말한다. 물론 사랑은 중요하다. 그러나 사랑하는 마음만으로는 충분하지 않다. 좋은 배우자, 부모, 그리고 자녀가 되려면 사랑을 표현하는 의사소통의 기술을 습득하고 이를 내재화시키는 훈련이 필요하다. 매일 가정에서 구성원들과 의사소통하면서 다음과 같은 비폭력 대화의 기술을 사용해 보라.

■ 먼저 관찰하라.

어떤 상황에서 있는 그대로, 실제로 무엇이 일어나고 있는가를 관찰한다. 곧 나한테 유익하든 그렇지 않든 상대방의 말과 행동을 있는 그대로 관찰하는 것이다. 비결은 아버지, 어머니, 자녀의 행동을 내가 좋아하느냐, 싫어하느냐 여부를 떠나, 판단이나 평가를 내리지 않으면서 관찰한 바를 명확하게 그대로 말하는 것이다.

■ 느낌을 생각하고 말하라.

아버지의, 어머니의, 또는 자녀의 행동을 보았을 때 어떻게 느끼는가를 말한다. 아픔, 무서움, 기쁨, 즐거움, 짜증 등의 느낌을 표현하는 것이다. 사람들은 느낌에 상당히 무딘 편이다. 특히 우리 나라는 가부장제 문화의 영향이 지배하고 있기 때문에 어렸을 때부터 감정을 표현하지 않도록 교육받고 자랐다. 그러므로 많은 사람들은 지금 현재 자신의 기분, 감정에 많이 둔감하며, 타인의 감정을 읽는 능력은 더욱 부족한 편이다. 감정을 들여다보는 것은 훈련을 통해 가능하다. 그러므로 가정구성원들이 사실에 입각하여 자신의 감정, 느낌을 들여다보고 말하는 훈련은 건강한 가정을 위한 필수 요소이다.

■ 자신이 포착한 느낌이 내면의 어떤 욕구와 연결되는지를 말한다.

비폭력대화로 우리의 마음을 정확하고 솔직히 표현할 때는 관찰, 느낌, 욕구에 대해 얘기한다. 예를 들어 한 어머니가 십대 아들한테 이 세 단계를 모두 포함하여 이렇게 말할 수 있다. "영훈아, 더러운 양말 두 짝이 똘똘 말려서 책상 밑에 있고, 또 세 짝이 TV 옆에 있는 걸 보면 엄마는 짜증이 난다. 여럿이 함께 쓰는 방은 좀더 깨끗하고 정돈되어 있는 것이 나는 좋거든!"

■ 위의 단계가 끝나면 곧바로 부탁 사항을 말한다.

부탁은 자신의 삶을 더 풍요롭게 하기 위해서 다른 사람이 해주길 바라는 것을 표현하는 것이다. 좀더 분명히 자신이 원하는 것을 다른 가정구성원에게 요청하는 단계가 의사소통의 기술에 포함된 위의 예로 네 번째 부탁의 기술을 적용해 보면 다음과 같다. "엄마 얘기를 들으니 느낌이 어때?", "어떻게 생각해?", "어떻게 행동해 주겠니?"와 같은 방식으로 아이에게 부탁할 수 있다. 많은 가정에서 위와 같은 일로 부모-자녀 간 갈등이 야기되고 있다. 비폭력대화의 기술을 적용하여 의사소통한다면 우리가 원하는 건강한 가정은 좀더 편안하게, 그리고 빨리 이룰 수 있을 것이다.

가정생활은 가정구성원 각자의 욕구충족을 위해 자원을 배분하고, 사용하는 생활의 장이라 할 수 있다. 서로 다른 가정구성원들의 욕구충족을 위한 자원 배분의 과정에서는 끊임없는 의사소통이 필요하며, 이 과정에서 위에 제시한 세 가지 방법의 의사소통 기술을 사용해 본다면 건강한 가정을 가꾸어 갈 수 있을 것이다.

가정구성원들과의 의사소통에서 해야 할 것과 하지 말아야 할 것

해야 할 것

- 의사소통의 유추적 메시지에 주의를 기울이라.
- 가정구성원은 메시지의 의도적(유추적)인 면과 표면적인 메시지를 일치시키려고 노력하라.
- 가정구성원은 어떤 일을 이루고자 하는 당신의 소망을 공유해 줄 수 있는 사려 깊은 사람들이라고 가정하라.
- 부드러운 어조로 말하라.
- 적당하다고 여겨지면, 대화하면서 가정구성원과 신체적으로 접촉하라.
- 적당하다고 여겨지면 눈을 직접 맞추라.
- 당신 자신의 느낌에 대해 이야기하고 그것에 대한 책임을 수용하라.
- 당신이 싫어하는 것 말고 좋아하는 것을 말하라.

하지 말아야 할 것

- 가정구성원을 당신의 적이라고 가정하지 말라.
- 우는 소리나 강요하는 목소리를 내지 말라.
- 협조하는 어조로 말하지 말라.
- 가정구성원들이 정말로 어떻게 생각하거나 느낀다고 당신이 생각하고 있는 바를 그들에게 말하지 말라.
- 지능이나 용모, 가족사와 같이 변화가 불가능한 것에 대해 불평하지 말라.

출처: 최연실 외(1995), 새로보는 가족관계학, 도서출판 하우, p.280

생각해볼 문제

1. 우리 가정에서 최근에 있었던 갈등적 대화를 비폭력 대화로 바꾸어 적어 보자.

2. 친구가 문제를 호소해 왔을 때, 친구의 입장에서 생각하기보다는 자신의 입장에서 친구의 문제를 해결한 적이 있는가? 그때 친구와의 관계는? 그때 느낌이 어떠했는지 생각해 보자.

3. 우리 가정에서 효과적인 의사소통을 방해하는 요인들을 찾아보고 이를 개선하기 위한 개선점을 모색해 보자.

4. 대학생인 딸이 밤늦게까지 귀가하지 않자 불안한 아빠는 초조하게 집 앞에서 기다리다 술에 취해 들어오는 딸에게 술먹지 말고 일찍일찍 다니라고 훈계를 하였다. 딸은 아버지에게 "저도 이제 어른이에요. 제 일은 제가 알아서 할 테니 아빠는 간섭하지 마세요."라고 말했다. 이 경우 아버지가 할 수 있는 공감적 반응은 어떤 것인지 생각해 보자.

참/고/문/헌

김재엽 · 이서원(2001). "부부의 의사소통유형과 가정폭력". 한국사회복지학회 추계학술대회 자유발표 자료집, pp.551-587.

웨슬리 버어 외 지음, 최연실 외 옮김(1995). 새로 보는 가족관계학. 서울: 도서출판 하우.

이재연 · 최영희 공역(1996). 의사소통과 가족관계. 서울: 형설출판사.

이창덕(2006). "한국 가족의 의사소통 문제와 개선 방안" 한국화법학회, pp.351-387.

임정빈 외(1995). 가정관리학. 서울: 학지사.

정현숙 · 최연실 · 유계숙(1998). 결혼학개론. 서울: 상명대학교출판부.

차성란 외(2003). 정보사회에서의 가족과 생활정보. 서울: 시그마프레스.

마셜 B. 로젠버그 저, 캐서린 한 역(2004), 비폭력 대화. 바오.

한국리더십센터. CEO7habit 워크북. 한국리더십센터.

A. S. Rice & S. M. Tucker 공저, 문숙재 · 김정옥(1991). 가정자원관리. 서울: 동명사.

Ronald B. Adler 지음, 김인자 역(2004). 인간관계와 자기표현. 한국심리상담연구소.

CHAPTER

08

의사결정

1. 의사결정의 개념 및 구성요소
2. 의사결정의 종류
3. 의사결정의 과정
4. 의사결정의 실제
5. 합리적인 의사결정을 위한 전략

CHAPTER 08

의사결정

"오늘밤 내가 차를 써도 될까요?" "아이들의 교육을 위해 이사를 가야 할까요, 아니면 이곳에서 좀더 살아야 할까요?" "이번 주말 가족여행을 어디로 갈까요?" "전 오늘 저녁에 늦어요. 아이들을 어떻게 하면 좋을까요?", "건강가정지원센터에서 이번 주말 오후 1시부터 도미노게임 행사가 있다는데 우리 참여할까요?" 등 가정이 움직이기 위해서는 수없이 많은 의사결정을 해야 한다. 가정생활은 의사결정의 연속이라고 해도 과언이 아니다. 의사결정은 의사소통과 함께 가정자원관리의 중심이 되는 활동으로 가정구성원들이 제한된 자원으로 그들의 욕구충족을 위해 필수적으로 이행해야 하는 행동이다. 가정구성원들은 개방된 가정체계 내에서 그들의 욕구를 확인하고, 서로의 욕구충족을 위해 선택해야 한다. 이때 가정구성원 간의 관계와 욕구충족이라는 대전제가 반드시 고려되어야 하며, 가정구성원 중 어느 한 사람도 희생됨이 없이 승-승(win-win)의 의사결정이 이루어질 수 있도록 그들만의 방식을 형성해 가야 한다. 그러므로 이 장에서는 우리 모두가 원하는 건강한 가정을 이루기 위해 의사결정의 개념과 유형, 의사결정과정의 단계, 그리고 효과적인 의사결정의 전략 등에 대해 살펴보고자 한다.

1. 의사결정의 개념 및 구성요소

1) 의사결정의 개념

의사결정은 여러 가지 문제를 내포하고 있는 상황에서 다양한 행동과정 중 자신의 가치관이나 표준, 그리고 가정구성원들의 욕구에 비추어 하나 또는 그 이상의 행동과정을 선택하는 활동이다. 여러 문제를 내포하고 있는 상황이란 자기가 하고 싶은 일과 사회규범과의 갈등, 자신의 의견과 다른 사람이 가진 의견 사이의 갈등 및 불확실성, 자신이 추구하고자 하는 여러 목표들 간의 갈등이나 이에 관련된 제한된 자원분배문제 등을 포함하는 상태를 말한다. 인간생활은 자주 이러한 상태에서 이루어지기 때문에 개인적으로 의사결정을 해야 하는 많은 상황에 직면할 뿐 아니라, 가정이나 다른 사회집단의 일원으로서 집단의 의사결정에 참여해야 된다.

가정에서의 의사결정의 중요성은 오래전부터 제기되어 왔다. 1955년 미국의 미시간 주립대학에서 개최된 '가치와 의사결정' 이란 회의에서 브라톤(Bratton)은 의사결정의 필요성을 다음과 같이 역설하고 있다.

> "고용인들은 머리를 써서 생각하기를 싫어하고, 농민들도 어떤 사업이나 헛간 개조 등의 필요성을 인식하면서도 아무것도 하지 않으려고 하며, 주부들도 정리가 잘 안 된 부엌에서 고생하면서 습관대로 생활하고 있다. 그들은 모두 문제를 스스로 해결하기 위해서 무엇인가 반드시 결정하고 또 그 결정에 따라서 수행해야 하는데도 불구하고 그 결정과 수행을 못하는 사람들이다. 그리고 우리의 생활 중에서 시간의 활용방법, 돈의 활용방법, 생활의 방법, 그리고 대인관계 등에서 '의사결정'을 해야 하는 상황은 무수히 많다.

브라톤이 50여 년 전에 주장한 문제들은 현재에도 우리가 안고 있는 문제들이다. 많은 사람들이 미래가 불확실함에도 불구하고 이를 해결하기 위한 어떤 노력과 결정도 내리지 않는다. 가정구성원 간의 의사소통에 문제가 있음에도 불구하고 어떤 해결을 위한 노력도 하지 않고 그냥 습관대로, 스스로에게 잘 살고 있는 것이라고 합리화하면서 살아가고 있다. 이렇듯 시대를 불문하고 의사결정이 중요함에도 불구하고, 의사결정은 다음과 같은 요인에 의해 어렵게 인식되고 있다. ① 필요한 모든 정보를 확보하기 곤란하며, ② 미래가 불확실하고, ③ 결정의 기준이 되는 중요성이 상대적이며, ④ 목표와 가치 등 기준으로 해야 할 지표가 불투명하다는 것 등이 의사결정을 어렵게 하는 요인이 된다.

이와 같이 의사결정의 어려움이 오래전부터 논의되고 있으나 여전히 힘든 과제로 남아 있다. 가정은 여러 개인들로 이루어진 작은 집단이므로 각 개인은 자신 내부에서의 갈등, 다른 가정구성원 간의 갈등, 가정과 환경 사이의 갈등 등 많은 갈등을 경험하게 된다. 산업사회에서 정보사회로의 변화는 우리들의 삶에 많은 변화를 초래하였다. 매일 감당할 수 없을 만큼 과다하게 생산되는 정보, 급격한 사회, 경제, 정치의 변화, 새로이 등장하는 최첨단의 전자제품들, 시간이 흐를수록 멀어져 가는 세대 간의 관계, 그 안에서의 고립과 소외 등은 사람들의 선택과 결정을 더욱 어렵게 하는 요인이 되고 있다.

가정구성원들의 욕구를 충족시키기 위해 선택하는 의사결정은 가정구성원 사이의 불일치, 가정과 가정을 둘러싼 환경과의 불일치를 감소시키는 데 중요한 역할을 하게 된다. 효율적인 의사결정을 통해 가정구성원들은 이전에 경험한 의사결정의 상호작용에서 좀더 발전된 긍정적 이념, 규칙, 역할기능, 그리고 권력차원을 유지하면서 필요한 변화들을 이루어 갈 수 있다. 또한 가정구성원들의 욕구충족과 함께 잠재능력을 개발시켜 원하는 삶을 살 수 있도록 동기를 부여할 것이며, 이는 가정구성원들이 건강한 가정을 형성하도록 돕는 결정적인 계기가 될 것이다.

2) 의사결정의 구성요소

제니스와 만(Janis와 Mann)은 의사결정의 질을 평가하는 기준으로 의사결정 구성요소를 7단계로 개발하였는데, 이를 4단계로 압축하면 다음과 같다. 제니스와 만이 제시한 의사결정 구성요소는 일반적으로 의사결정 과정과 동일하다.

① 문제를 파악한다.

② 정보를 수집하고 가능한 행동과정을 설정한다.
③ 각각의 대안에 대한 결과를 예측해 본다.
④ 하나의 행동과정을 선택한다.

모든 의사결정에 위에 제시한 구성요소들이 반드시 적용되는 것은 아니다. 의사결정의 내용에 따라 어떤 요소들은 생략된다. 예를 들면 아침에 일어나서 양치하고 세수하고, 아침식사하고 학교에 가거나 회사에 가는 일과 같은 일상적인 일에 대한 의사결정은 위에서 제시한 모든 의사결정의 구성요소들을 단계적으로 따르지 않는다. 이 경우 문제를 파악하거나 문제해결을 위한 정보수집의 과정, 그리고 대안에 대한 결과를 고려해 보는 모든 과정을 생략하고 바로 행동과정을 선택하게 된다. 이렇게 모든 과정이 생략되어도 일상생활에 문제가 발생하지 않으며, 삶의 만족도가 낮아지지도 않는다. 그러나 비정형화된 의사결정들, 예를 들면 대학생이 3학년을 휴학하고 1년 동안 어학연수를 계획할 때 어학연수를 떠날 국가와 대학의 선정은 일상적인 의사결정이 아니므로 위에서 제시한 구성요소의 단계를 거치는 것이 성공의 가능성과 선택에 대한 만족을 증가시키는 요인이 된다.

정보사회가 의사결정에 미친 영향

가정구성원들이 의사결정을 위해 인터넷을 활용하는 정도에 있어서 "매우" 또는 "약간" 참고하는 경우를 합했을 때, 자동차 이외의 물품 및 서비스 구입의 경우 86.2%로 가장 높았으며, 그 다음으로 가족원의 질병치료 및 건강관리가 75.6% 새로운 취미생활 시작이 72.2% 업무능력 향상을 위한 교육이 70.8%의 순으로 나타났다. 그 밖에도 자신이나 자녀의 학교 선택, 새로운 직장 구하기, 법적소송 및 범죄와 같은 다양한 의사결정 영역에서 10~18.4% 범위에서 인터넷의 정보를 활용하는 것으로 나타났다.

출처: 차성란 외 3인(2003). 정보사회에서의 가족과 생활정보. 시그마프레스. p.139.

2. 의사결정의 종류

의사결정은 학자에 따라, 분류 기준에 따라 다양하게 구분된다. 의사결정의 내용에 따라서는 기술적 의사결정, 경제적 의사결정, 사회적 의사결정, 정치적 의사결정, 법적 의사결정으로 구분된다. 의사결정의 상호관계에 따라서는 중심-종속 의사결정, 사슬 유형 결정, 위계적 의사결정으로 분류된다. 의사결정의 정형화 정도에 따라서는 일상적인 의사결정, 정형화된 의사결정, 충동 혹은 직관적인 의사결정, 그리고 비정형화된 의사결정으로 구분된다. 의사결정 상황의 예측 정도에 따라서는 확실한 상황에서의 의사결정, 위험한 상황에서의 의사결정, 불확실한 상황에서의 의사결정으로 구분된다. 이와 같이 의사결정은 분류 기준에 따라 다양하게 구분되나, 여기서는 의사결정의 내용과 가정구성원의 참여 정도에 따른 종류를 소개하고자 한다.

1) 의사결정의 내용에 따른 구분

(1) 기술적 의사결정

기술적 의사결정(Technical Decision)은 특정한 목표의 달성이나 사회적 · 경제적 의사결정을 수행하는 방법에 관한 의사결정이다. 주말 가정구성원들이 함께 집 앞 공원에서 농구를 하기로 했다고 하자. 이를 위해 가정구성원들은 정보를 수집하고 대안을 평가하고 선택하는 일련의 과정을 거치게 되는데 이런 유형의 의사결정이 바로 기술적 의사결정이다.

기술적 의사결정은 일상적인 작업의 수행과 가족활동의 방법에 관련된 의사결정으로 목표 달성의 가능성이 높고, 위험을 최소화할 수 있는 의미 있는 대안들을 선택하는 활동들이 포함된다. 기술적 의사결정은 가장 쉽고 단순한 의사결정이다. 아이들의 경우 놀 것인가, 공부할 것인가. 만약 논다면 보드게임 중 젠가를 할 것인가, 유니큐브를 할 것인가를 결정하는 것이 기술적 의사결정에 해당된다. 현재 표출된 문제나 욕구를 해결하기 위해서 제한된 자원 내에서 어떤 의사결정을 하는 것이 최선의 방법인가를 선택하는 것이 바로 기술적 의사결정이다. 대부분의 기술적 의사결정은 일상과 관련된 단순한 의사결정으로, 잠재적 위험이나 결과에 대한 예측을 쉽게 할 수 있기 때문에 중요하지 않다고 생각할 수 있다. 그러나 기술적 의사결정이 모여서 일상생활의 형태를 결정짓게 되며, 일상의 의사결정을 합리적으로 하게 됨으로써 얻게 되는 기쁨과 만족의 경험이 모여 자신감과 자아존중감이 형성된다. 그러므로 기술적 의사결정은 다른 의사결정의 토대가 되어 사람들이 행하는 의사결정의 결과와 질에 긍정적인 영향을 미치게 되며, 또한 경제적 의사결정과 사회적 의사결정의 결과에도 영향을 미친다.

(2) 경제적 의사결정

자녀가 멋진 봄 재킷을 구입하고자 한다. 이때 부모나 자녀는 봄 재킷 구입을 위해 주어진 예산하에서 자녀가 원하는 디자인과 색상의 재킷을 구입할 수 있도록 의사결정을 해야 한다. 이와 같이 경제적 의사결정(Economic Decisions)은 충족시키고자 하는 다수의 욕구와 제한된 자원이란 두 가지 요소를 고려하여, 가정구성원들의 만족의 극대화를 위해 제한된 자원 내에서 각자의 욕구를 충족시키고자 자원을 배분하게 된다. 그러므로 경제적 의사결정은 가정자원관리와 매우 밀접한 관계가 있으므로 특히 관리적 측면에서 강조되고 있다.

경제적 자원인 금전, 인적자원인 시간, 신체적 자원인 노동력 등은 가정구성원들의 다양한 목표 달성을 위해 사용될 수 있으며, 객관적으로 측정될 수 있고, 자원 획득에 한계가 있기 때문에 경제적 의사결정에서 관심의 대상이 되고 있다. 이외에도 공간, 생활용품, 컴퓨터 등과 같이 제한된 자원의 사용은 경제적 의사결정을 유발시킨다.

금전, 시간, 노동력, 공간, 컴퓨터 등과 같은 인적 · 물적자원들은 유한한 반면 충족시키고자 하는 욕구는 다양하므로 충족시켜야 하는 욕구의 우선순위를 정하고 이를 충족시키기 위해 대안을 모색하고 결정하는 일련의 의사결정 과정을 거치는 것이 중요하다. 이때 자원의 조합은 만족을 극대화시키는 방향으로 선택될 것이며, 이를 위해서는 소요되는 비용의 비교가 필요하다. 예를 들어, 3월 큰

딸은 자신의 대학교 입학 축하 선물로 컴퓨터를 사달라고 하고 작은딸은 고등학교 입학 축하 선물로 PMP를 사달라고 한다. 부모는 100만 원의 여유자금을 가지고 있다. 이들은 무엇을 먼저 구입해야 하는지에 대해 의논하였다. 고등학생이 된 작은딸은 인터넷 강의를 들어야 하기에 이번에 꼭 구입해야 한다고 강하게 요구하고 있다. 큰딸도 조금도 양보하지 않고 과제 제출을 위해 컴퓨터가 반드시 필요하다고 요구하였다. 이들은 가지고 있는 돈이 100만 원이므로 컴퓨터를 구입하기에는 다소 부족하고, 아쉬운 대로 집에 있는 컴퓨터를 아직은 사용할 수 있기 때문에 동생의 PMP를 먼저 구입해 주는 것으로 결정하였다.

이와 같이 경제적 의사결정을 하기 위해서는 경쟁적인 목표 달성을 위해 제한된 자원을 사용하여야 하므로 욕구 및 목표의 우선순위를 정해야 하며, 가지고 있는 자원과 필요한 자원과의 비교뿐만 아니라 경쟁 관계에 있는 목표 달성을 위해 사용되는 비용 간의 비교 등이 이루어져야 한다. 이때, 사람들은 최소비용으로 최대의 만족을 가져다 주는 대안을 결정하게 된다. 그러나 경제적 의사결정 시 의사결정자들은 특정한 목표를 분명히 인식하지 못할 수도 있기에 의사결정 과정에서 목표가 변경될 수 있다. 또한 최선의 선택을 위해 완전한 정보를 획득할 수 없기 때문에 불확실한 상황 속에서 위험을 안고 대안을 선택하기도 한다. 경제적 의사결정에서 위험을 최소화하기 위해서는 사실적 정보를 수집해야 하며, 이를 위해서는 과거의 경험에 의존하거나, 주위 사람들로부터 정보를 수집하거나, 대안을 더 깊이 생각해 보거나, 자원배분에 주의를 기울이는 방법 등을 총동원하여야 한다.

(3) 사회적 의사결정

사회적 의사결정(Social Decisions)은 기술적, 경제적 의사결정과 달리 역할 사이에서 가치 갈등이 존재할 때 문제를 해결하는 방법에 대한 의사결정이다. 즉, 역할 기대와 의무 및 이상과 개인적 신념 간에 갈등이 발생할 때, 또는 새로운 역할을 학습하거나 과거 역할을 수정해야 할 때, 이전의 역할과 새로운 역할 사이에 갈등이 발생되는 경우 갈등의 처리 방법을 다루는 것이 사회적 의사결정이다. 예를 들어 결혼한 신혼부부가 청소, 식사 등의 가사노동을 분담하기로 결정했다. 남편이 주 3회 식사 후 설거지를 담당하게 된 자신의 역할 수행을 위해 회사에서 빠른 귀가를 선택해야 하는 경우가 사회적 의사결정에 해당된다. 또는 대학교에 입학한 자녀가 기숙사에 입사하게 되면서 같은 방 동료와 어떤 가구와 침대를 사용할 것인가, 한 주 동안 함께 생활하는 세 명의 친구들이 어떻게 청소를 분담할 것인가에 대해 의사결정하게 되는 경우도 사회적 의사결정에 해당된다.

사회적 의사결정에서는 사람들의 역할과 가치가 의사결정에 영향을 미치게 된다. 집안일을 함께 하는 것이 당연하다고 생각하는 남편이라면 부인과 함께 서로 의논하여 집안일을 분담할 것이다. 그러나 남자는 절대 집안일을 해서는 안 된다고 생각하는 보수적인 남편이라면 부인과의 집안일 분담에서 많은 갈등과 싸움이 야기될 것이며, 급기야 이로 인해 부부관계에 문제가 생기는 일도 발생할 수 있다. 그러므로 사회적 의사결정은 의사결정 과정에서 여러 대안을 모색하고 그 중 하나의 대안을 선택하는 것이 아니라 두 사람 이상이 서로 조정, 또는 상호 수정을 통하여 하나의 행동과정을 개발해 나가는 것이다. 행동의 수정과 조정을 위해서는 반드시 의사소통이 있어야 하며, 의사소통을 통하여 가치와 목표, 표준 등이 수정될 수 있다. 사회적 의사결정의 과정에서는 서로 다른 가치와 역할갈등이라는 위험 요소가 존재한다. 부인은 양성평등의 가치를 가지고 있는 반면 남편은 가부장적 가치가 지배적이라면 두 사람의 역할 분담 과정에서는 많은 위험이 내재하고 있을 것이다. 또한 상대의 가치를 명확히 알지 못한 상태에서 의사결정하거나, 상대가 자신의 역할을 어떻게 인식하고 있는지 모르는 상태에서 의사결정하게 되면 위험 요소는 증가하게 된다. 그러므로 사회적 의사결정에서 위험요소를 최소화하기 위해서는 의사결정에 참여하는 상대의 가치와 역할 인식에 대해 명확히 알고 있어야 한다.

(4) 법적 의사결정

사회적 의사결정으로 해결되지 않는 분쟁에 대해서 법적 의사결정(Legal

Decisions)을 사용하게 된다. 법적 의사결정이란 분쟁을 해결하기 위하여 규칙, 규정, 정책 등을 실제 상황에 적용시키는 것이다. 규칙, 규정, 정책들은 법률, 권위 있는 기관 혹은 조직, 집단구성원이 동의하여 만들어진 것이다. 규칙, 규정, 정책들은 전체 집단의 공동의 복지를 기초로 하여 나타난 것으로 사회 전체의 공통 선(common good)을 위하여 기능하는 기본적인 구조이다. 법적 의사결정은 사회적 의사결정으로 해결될 수 없는 분명하고도 지속적인 이해 대립이 존재하기 때문에 필요하다.

사회에 규칙, 규정, 정책의 상위 개념인 법률이 있는 것과 마찬가지로 가정에서도 규칙이 필요하며, 이는 가정구성원 몇몇을 위한 것이 아니라 가정구성원 전체와 관련된 것이다. 예를 들어 '원칙을 중심으로 성장하는 행복한 가족' 이란 슬로건을 가진 가족이 있다고 하자. 이들은 이를 실천하기 위해 세부적으로 그들만의 원칙을 만들었다. "가능한 휴일은 가족과 함께하기", "정직하기", "주 1회 가족회의하기", "자신의 역할에 충실하기", "먼저 공부한 후 놀기", "서로 칭찬하기" 등이 이들 가정구성원들의 원칙이다. 이들은 이 원칙을 지키기 위해 가정구성원들의 동의하에 몇 가지 규칙을 만들고 이를 중립적으로 적용할 사람으로 부모를 선정하였다. "먼저 공부한 후 놀기"의 원칙을 지키기 위해서 "1시간 공부하면 10분 인라인스케이트 타기"와 같은 규칙이 정해졌으며, "서로 칭찬하기"의 원칙을 위해서는 "가장 칭찬 쿠폰을 많이 받은 사람에게 소원 쿠폰 1장 주기"의 규칙을 만들었다. 이와 같이 법적 의사결정을 행하기 위해서는 가정구성원들이 모두 동의한 규칙과 이를 중립적으로 적용하는 사람이 필요하며, 적용을 위해서는 중립성이 요구된다.

법적 의사결정은 다른 의사결정과 달리 위험요소와 이로 인해 야기될 결과를 알게 된다. 위의 예를 보면 공부를 하지 않으면 그만큼 자신이 좋아하는 인라인스케이트를 탈 수 없으며, 한 주간 칭찬에 인색하면 자신이 원하는 것을 살 수 있는 소원 쿠폰을 받을 수 없다는 위험요소를 사전에 알 수 있게 된다. 그러므로 법적 의사결정에서는 자신이 감당할 수 있는 위험의 정도가 의사결정에 영향을 미치게 된다. 법적 의사결정은 가정구성원들의 규칙, 규정뿐만 아니라 가정구성원들이 살고 있는 지역사회, 국가의 규칙, 규정, 정책들에 의해 영향을 받는다.

(5) 정치적 의사결정

정치적 의사결정(Political Decision)은 문제 혹은 상황의 실제 해결보다는 어떻게 의사결정이 이루어지는가와 관련된 과정을 중시한다. 정치적 의사결정은 집단 내의 조직적 구조를 만들고 이러한 조직적 구조를 통해 문제를 해결하거나 결정할 때 적용된다. 예를 들면 가정구성원들의 여름 휴가지 결정에 누가 참여할 것인가? 누가 최종 결정을 내릴 것인가? 최종 결정에 있어서 문제해결, 설득, 교섭, 또는 이러한 것들을 어떻게 조합하여 사용할 것인가? 등이 정치적 의사결정에 해당된다.

정치적 의사결정에서는 조직 구조가 최종 의사결정에 영향을 미치기 때문에 권력 다툼이 자주 일어난다. 예를 들면 확대가족에서 여름 휴가지 결정에 누가 관여하느냐에 따라 대결 양상을 보일 수 있다. 여름 휴가지가 합의되지 않은 상태에서 할아버지가 강압적으로 휴가지를 결정한다면 이에 반대 의견을 낸 사람들과 갈등 양상에 돌입하게 된다. 또는 사춘기에 접어든 자녀와 부모가 저녁 외식 장소를 결정할 때, 서로 다른 의견을 내는 경우 어머니에 의해 자녀의 의견으로 최종 결정이 이루어진다면 아버지와 다른 가족들은 소외감과 상실감을 느낄 것이며, 잠시라도 갈등을 경험하게 될 것이다. 이와 같이 의사결정에 누가 참여하고, 최종 결정을 누가 내릴 것이냐에 대한 것이므로 정치적 의사결정이라 할 수 있다.

2) 가정구성원의 의사결정 참여 정도에 따른 구분

튜너(Turner)는 가정구성원들의 의사결정 참여 정도에 따라 합의적 의사결정과 동조적 의사결정, 그리고 불가피한 의사결정으로 분류하였다.

(1) 합의적 의사결정

합의적 의사결정(consensual decision making)은 모든 가정구성원들이 동의하고, 의사결정에 동등하게 참여했다고 느끼는 과정을 통해 이루어진 결정이다. 가정구성원들은 합의적 의사결정의 과정을 통해 자신이 존중받고 있음을 느끼게 되고, 자신을 가치 있는 존재로 생각하게 되며, 이를 통해 가정구성원 간 신뢰가 형성된다.

예를 들어 모처럼 뮤지컬을 함께 보기로 한 가족이 있다. 이들은 고등학교 1학년 아들과 초등학교 3학년인 딸, 그리고 초등학교 1학년인 아들을 두고 있다. 부모님들은 그 당시 1년여 동안 공연되고 있는 〈라이온킹〉을 보자는 의견을 제시하였다. 큰아들은 자신이 보기에 조금 유치하니 다른 뮤지컬을 보자고 제안하였다. 그러나 어린 두 동생은 만화로 보던 〈라이온킹〉을 뮤지컬로 본다는 설렘에 마냥 기뻐하며 큰아들을 설득하기 시작하였다. 큰아들은 동생들의 부탁에 마음을 바꿔 뮤지컬을 보기로 결정하였으며, 부모들은 이런 과정을 지켜보며 뿌듯해 하였다. 이와 같이 서로의 의견을 제시하고 서로 다른 의견을 조율해 합의를 도출해 내는 것이 합의적 의사결정이다. 합의적 의사결정을 위해서는 7장에서 제시한 효과적인 의사소통의 방법들이 요구된다.

(2) 동조적 의사결정

동조적 의사결정(accommodating decision making)은 모든 견해의 타협이 이루어지지 않을 때 힘있는 사람의 의사를 채택함으로써 동의점을 찾는 결정이다. 동조적 의사결정은 의사결정에 대한 참여가 일부 가정구성원에게는 제한되며, 결정된 의사결정의 수행은 자신의 욕망이나 목표와 일치하는 사람에 의해 주도되게 된다. 최근 남장한 여자와 이를 사랑하는 남성의 동성애 심리로 인기를 모았던 드라마 〈커피프린스 1호점〉에서 한결의 할머니는 어머니와 함께 한결이 왕자 카페를 운영하도록 결정한다. 이 과정에서 한결의 의사는 반영되지 않고 한결의 할머니 의사가 결정을 주도하게 된다. 이것이 바로 동조적 의사결정의 한 예라 할 수 있다.

(3) 불가피한 의사결정

불가피한 의사결정(de facto decision making)은 대안에 대한 효율적인 고려나 의사소통 없이 이루어지게 된다. 합의점은 적극적인 찬성에 의하기보다는 반대가 없음으로써 이루어지게 되며, 또한 결정은 모든 사람이 받아들여서 행하기보다는 사건의 흐름에 의해서 행해지게 된다. 예를 들어 모처럼 가정구성원이 함께 하는 토요일 오후 "영화를 보러 갈까?" "근처의 유원지로 나들이를 갈까?" 에 대해 고민하던 가정구성원들이 영화 시작 시간까지 결정을 내리지 못해 영화를 포기하고 근처 유원지로 나들이를 가는 경우가 불가피한 의사결정에 해당된다. 불가피한 의사결정은 위에서 언급한 대로 효율성에 대한 고려보다는 어쩔 수 없이, 또 다른 대안이 없어서 선택하게 되는 경우라 할 수 있다.

3. 의사결정의 과정

의사결정 과정은 문제를 해결하는 데 사용되는 절차로서, 특수한 목표나 결과로 이끌어 주는 요소, 시리즈 혹은 연속적이고 체계적인 단계를 의미한다. 의사결정 과정의 각 단계를 체계화하는 목적은 선택의 위험, 즉 모든 의사결정 단계에서 야기될 수 있는 오진을 최소화하는 데 있다. 그러나 의사결정의 내용과 상황에 관계없이 모든 의사결정 과정을 반드시 거쳐야 되는 것은 아니다. 의사결정의 내용, 경중, 관여 정도에 따라 때로는 중간 과정이 모두 생략된 채, 문제인식과 대안의 선택 단계만을 거치기도 하고 때로는 이 모든 과정을 거치기도 한다.

학자에 따라 의사결정 과정의 단계를 각기 다르게 분류하고 있는데, 다음에서는 의사결정 과정의 단계에 대한 여러 학자들의 견해와 일반적으로 사용되는 의사결정의 5단계에 대해 살펴보고자 한다.

학자마다 의사결정 과정의 단계는 3단계에서 10단계까지 달리 구분하고 있지만 의사결정 과정을 하나의 연속적이고 체계적인 접근방법으로 보는 관점은 공통점을 갖는다. 학자들이 분류한 의사결정 과정의 단계를 정리하면 〈표 8-1〉과 같다.

■ 표 8-1 학자들의 의사결정 과정의 단계

<table>
<tr><th>3단계</th><th>4단계</th><th>4단계</th><th>5단계</th><th>5단계</th><th>6단계</th><th>10단계</th></tr>
<tr><td>Deacon과
Mintzberg</td><td>장명욱
김외숙 등
Nickell 등
Gross 등
Schlater</td><td>김진규 등
Millar</td><td>Newman</td><td>Dewey</td><td>Brim 등
이연숙</td><td>Paolucci 등</td></tr>
<tr><td rowspan="2">문제 규명</td><td rowspan="2">문제 규명</td><td rowspan="2">문제 규명</td><td>문제상황 인식</td><td rowspan="2">문제 규명</td><td rowspan="2">문제 규명</td><td>문제상황 분석</td></tr>
<tr><td>문제규명과 대안개발</td><td>목표의 규명</td></tr>
<tr><td rowspan="3">대안설정과 대안평가</td><td rowspan="2">정보 획득 및 대안설정</td><td rowspan="3"></td><td rowspan="3"></td><td>사실탐색</td><td>정보획득</td><td>이용가능한 자원 결정</td></tr>
<tr><td>대안 수집</td><td>대안 수집</td><td>대안 발견</td></tr>
<tr><td>대안 평가</td><td>대안의 검증과 문제의 재분석</td><td>대안 평가</td><td>각 대안의 결과 고려</td></tr>
<tr><td rowspan="5">대안 선택</td><td rowspan="5">대안 선택</td><td rowspan="2">대안 선택</td><td rowspan="2">대안 선택</td><td rowspan="5">대안 선택</td><td rowspan="2">대안 선택</td><td>대안 선택</td></tr>
<tr><td>목표 달성에 필요한 과정 결정</td></tr>
<tr><td rowspan="3">선택결과의 평가</td><td rowspan="3">대안 수행</td><td rowspan="3">대안의 수행과 수정</td><td>행동의 수행</td></tr>
<tr><td>대안을 수행하는 과정에 적응</td></tr>
<tr><td>행동과 예기치 않았던 결과에 책임짐</td></tr>
</table>

출처: 임정빈 외 4인(1995). 가정관리학. 학지사. p.108.

디컨과 민츠버그(Deacon과 Mintzberg)는 의사결정 과정을 문제규명, 대안설정과 평가, 대안선택의 3단계로 구분하고 있으며, 장명욱 · 김외숙 등은 대안설정과 대안평가를 분리하면서, 2단계 과정으로 정보획득 및 대안설정의 단계를 추가하였다. 의사결정을 4단계로 구분하고 있는 김진규 등 밀러(Millar)는 4단계에 선택결과의 평가를 추가하였다. 뉴만(Newman)과 듀이(Dewey)는 의사결정을 5

단계의 과정으로 보았으나, 뉴만은 문제규명과 대안개발에 앞서 문제상황 인식의 단계를, 듀이는 문제규명 이후 사실탐색의 단계를 포함시키는 차이를 보였다. 브림(Brim) 등과 이연숙은 의사결정의 마지막 단계의 대안의 수행과 수정의 단계를 포함시켰다. 이와 같이 학자에 따라 의사결정 과정의 단계는 다양하나 일반적으로 다음의 5단계가 많이 사용된다.

1) 문제 규명단계

의사결정의 첫 번째 단계는 결정해야만 하는 문제상황과 그 요인을 분명히 규명하는 과정이다. 문제의 인지 혹은 규명을 위해서 우리는 표면에 드러난 문제가 아닌 근본적인 문제들을 규명해 내야 하며 이를 위해서는 많은 시간과 사고가 필요하다.

브림 등(1962)은 의사결정의 첫 단계에서 다음의 두 가지가 필요하다고 하였다. 첫째는 문제를 야기시킨 요인을 발견하고자 하는 의욕이며, 둘째는 문제를 내포한 상황에 대해서 감정과 편견 없이 대할 수 있는 수용적인 견해이다. 이와 달리 그로스(Gross) 등(1980)은 문제를 정의하기 위한 하나의 방법으로 의사결정의 목표를 분명히 하고, 문제와 관련된 심리적인 분위기를 파악하는 것을 통해 어떤 종류의 의사결정이 문제해결에 적합한지를 규명하는 것이라고 하였다.

의사결정의 문제규명에 있어서 의사결정의 상황이 협조적인가 경쟁적인가의 문제와 의사소통이 개방적인가의 문제는 문제규명의 용이성에 중요한 영향을 미친다. 의사결정 상황이 경쟁적이면 의사결정자는 다른 사람이 앞질러서 주도권을 잡는 것을 방지하기 위해 즉각적인 행동이 필요한 반면, 분위기가 우호적이면 추가의 정보를 찾기 위해 시간을 가질 수 있다. 또한 가정구성원 간의 개방된 의사소통은 문제의 정의 자체를 단순하게 만들 수 있다.

그러나 문제규명에 있어서 다른 집단과 달리 가정구성원들은 더 많은 어려움을 경험하게 된다. 이는 가정구성원들은 감정적 측면이 많기 때문에 문제의 핵심과 다른 문제가 표면화될 수 있으며, 시간의 흐름에 따라 변화하기 때문에 다른 현재의 변화가 정상적인 변화인지 또는 문제 상황인지 잘 모를 수 있기 때문이다. 예를 들어 남편과의 대화 단절로 우울증에 걸린 아내가 있다고 하자. 아내는 남편과의 대화 단절로 삶의 의미를 상실했다는 문제 대신에 예전과 달라진 나이든 자신의 모습이 싫고 이로 인해 무기력해진다고 얘기하였다. 그러면서 정신과 치료를 받기 시작하였다. 이 경우 남편에 대한 부정적인 감정을 표면에 드러내지 못하고 다른 것을 내세움으로써 이 가정의 문제가 분명히 규명되는 데 많은 어려움이 있을 것이다. 그러므로 가정에서 발생하는 문제를 명확하게 규명하기 위해서는 가정구성원 간의 개방적인 의사소통과 다른 가정구성원에 대한 욕구탐색, 그리고 상호 신뢰를 바탕으로 한 협조적인 분위기 조성이 요구된다.

2) 정보 수집단계

의사결정해야 할 문제 규명이 끝나고 나면, 가능한 대안을 설정하고 대안의 결과를 예측하기 위한 정보수집의 단계가 필요하다. 이때 사용하는 정보는 내적 원천, 외적 원천, 또는 내적 · 외적 원천 모두로부터 얻을 수 있다.

내적 정보는 이전부터 자신에게 내재되어 있는 것으로 습관적 반응, 지식, 가치, 표준, 목표, 태도와 같은 개인 혹은 가정구성원의 과거 경험 등이다. 여기서 가치, 표준, 목표는 의사결정자가 대안을 평가하고 결정하는 데 있어서 준거의 틀로 작용한다. 외적 정보는 최근에 발생한 일에 관한 지식, 자주 구매하지 않는 재화와 용역에 대한 가격, 정부의 정책, 이용 가능한 자원, 그리고 탐색이 시작되기 전에는 몰랐던 자료 등이다. 의사결정자는 대안 설정을 위해 자신이 가지고 있던 내적 정보와 외적 정보를 모두 수집하는 단계를 거치게 된다.

그런데 수집된 정보는 개인 및 가정구성원이 이미 가지고 있던 정보와 일치되지 않을 수 있으며, 때론 수집된 정보 간에도 불일치를 보일 수 있다. 정보의 홍수 속에서 살고 있는 정보사회에서도 도처에 있는 정보들이 일치되지 않아 많은 혼란을 경험하게 된다. 정보의 불일치 속에서 내부적 갈등을 해결하고 정보의 신뢰성을 높이기 위해 새로운 정보를 탐색해서 보완하거나, 정보의 긍정적 부분과 부정적 부분을 분리하여 대안설정에 활용하여야 한다. 또한 정보의 원천이

믿을 만한 것인지 확인해 보는 방법도 사용되어야 한다.

이외에도 정보수집의 금전적 측면, 심리적 측면, 그리고 신체적 측면에 대해서 고려해 보아야 한다. 세수할 때 치약이 떨어진 것을 발견하고 치약을 구입해야겠다고 문제를 인식한 경우 지나친 정보수집은 오히려 금전적, 심리적, 신체적 측면에서 이익보다는 비용을 더 유발하여 바람직하지 않다. 그러나 새로운 취미활동을 위해 사진동아리에 가입하고 사진기를 구입하고자 할 경우, 다양한 매체를 통한 정보수집은 금전적, 심리적 측면에서 좋은 사진기를 구입하고자 하는 문제해결에 유익한 영향을 미친다. 그러므로 의사결정자는 문제해결을 위한 적절한 정보수집의 양과 질적인 정보를 수집하는 기술을 개발하는 것이 요구되며, 가능한 가정구성원 모두가 정보수집에 함께 할 때에 문제해결에 유용한 정보수집이 가능해진다.

3) 대안의 설정단계

정보수집이 끝나면 수집된 정보를 토대로 문제해결의 가능성을 모색하기 위해 여러 가지 대안들을 설정하게 된다. 이때 모색되어지는 대안들의 다양성은 의사결정의 성공과 직결된다. 가능한 다양한 대안들을 모색한다는 것은 의사결정에 포함된 위험을 감소시키며, 효율적인 대안을 선택할 수 있게 해준다.

의사결정자는 최초의 대안에 지나치게 집착하기보다는 가능한 최선의 대안을 찾을 수 있도록 끊임없이 노력하는 것이 필요하다. 정보수집이 끝났어도 더 나은 대안을 모색할 수 있는 방안이 생각되면 또 다시 정보를 수집하고 대안을 모색해 보는 과정을 되풀이함으로써 최선의 대안을 선택할 수 있도록 노력해야 한다.

가정에서 의사결정을 할 때 가정구성원들은 보다 나은 대안 모색을 위해 서로의 의견을 허심탄회하게 제시하고 이를 토대로 대안을 모색해 보는 과정을 거쳐야 한다. 대안모색을 위해서는 가정구성원 간의 원활한 의사소통과 협조가 필요하다. 정보를 수집하고 대안을 모색하는 사람이 가정구성원 중 일부에 국한된다면 최선의 대안 모색은 어려울 것이며, 건강한 가정을 이루기 위한 바람은 멀어질 것이다.

4) 대안의 평가단계

대안의 평가단계는 설정된 대안들이 개인 혹은 가정구성원의 목표를 어느 정도 달성시켜 줄 것인가에 대해 여러 가지 평가기준을 가지고 비교해 보는 단계로, 대안 선택의 기초 단계이다. 대안을 평가하는 방법은 학자에 따라 다양하다.

(1) 브림 등

브림 등은 대안의 평가를 위해서 먼저 각 대안에 따른 결과를 예측해 보는 방법을 선택하였다. 결과를 예측하는 과정은 다음과 같다.

1단계: 모색된 여러 대안들 중에서 하나를 선택하였다고 가정할 때 나타날 것이라고 생각되는 결과를 의사결정자가 주관적으로 예측해 본다.

2단계: 각 대안을 선택하였다고 가정할 때 예상되는 결과가 나타날 주관적 확률을 추정해 본다.

3단계: 추정한 결과가 의사결정자에게 어느 정도 바람직한지를 예측해 본다.

4단계: 의사결정자는 대안을 선택하였다고 가정할 때 예상한 결과가 나타날 것이라고 생각되는 결과 발생 시기를 추정해 본다.

2~4단계의 추정을 위해 5점 척도가 사용되었으며, 최종적으로 각 대안의 값(기대효용치)은 1단계에서 추정한 발생 가능한 여러 결과의 결과 발생 확률×결과발생의 바람직성×결과 발생 시기의 합으로 계산되며 계산된 점수가 가장 높은 대안을 선택하는 것이 바람직한 의사결정이라 평가한다.

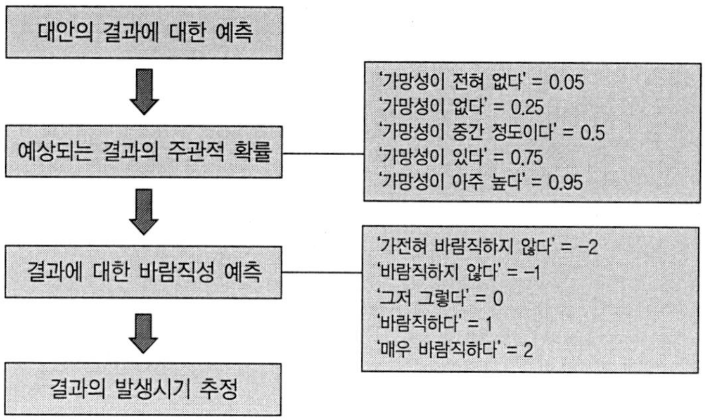

그림 8-1 브림 등의 대안 평가방법

(2) 의사결정나무

의사결정나무(decision tree)는 의사결정자가 어떤 행동을 취하면 그 행동이 미래의 사건과 어떻게 관련되는가를 도표화하여 보여주는 방법이다. 의사결정나무기법은 산업 분야나 기업에서 많이 사용되는 방법으로 대안의 선택으로 인해 예상되는 결과와 결과의 발생 확률을 기준으로 대안을 평가하는 방법이다.

예를 들면 A와 A의 남자친구는 같은 지역에서 각자 하고 싶은 일을 하기 원한다. 2년제 대학을 졸업한 A는 일본에서 건강가정사 관련 공부를 더 하기 바라는 반면 A의 남자친구는 일자리를 찾고 있다. A와 A의 남자친구가 만족할 만한 목표는 떨어져 지내지 않으면서 두 사람이 원하는 일을 하는 것이다. 의사결정나무에서는 각자의 개인적인 인식에 기초하여 결과를 예측하므로 주관적 확률이 사용되고 있다. 〈그림 8-2〉의 예에서 보면 A와 A의 남자친구가 둘 다 만족하면서 발생 확률이 높은 대안은 A는 일본의 대학에 편입학하고 남자친구는 그 지역에서 일자리를 찾는 것임을 알 수 있다.

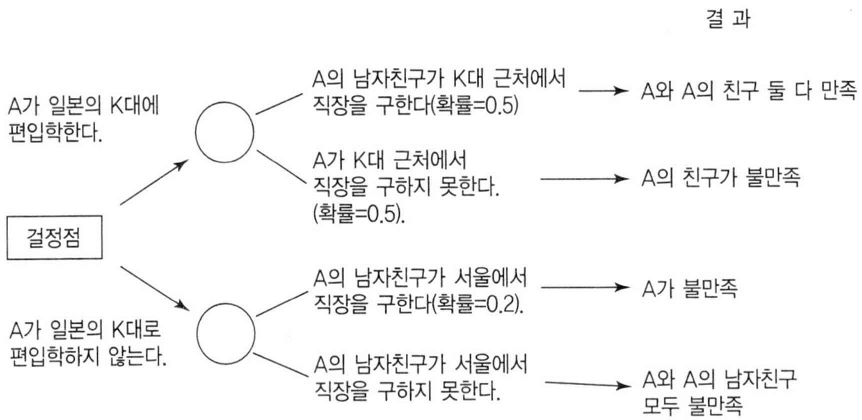

출처: 임정빈 외 4인(1995). 가정관리학. p.115.

그림 8-2 의사결정 나무

(3) 밀러와 스타의 pros와 cons법[1)]

pros와 cons법은 대안에 따른 기대되는 결과를 바람직한 것(pros)과 바람직하지 않은 것(cons)으로 구분하여 대차대조표를 만들어서 평가하는 방법으로 앞에서 제시한 두 방법과 다른 점은 바람직성을 기준으로 평가한다는 점이다. 이 방법은 모색된 각 대안별로 바람직한 점(pros)과 바라직하지 않은 점(cons)을 기입하는 칸을 만들고 3~4일에 걸쳐 생각날 때마다 수시로 바람직한 점과 바람직하지 않은 점을 기입해 가는 방법이다. 기록된 결과에 대해서 개인 및 가정구성원들이 기록된 바람직한 점과 바람직하지 않은 점을 중요성의 관점에서 평가하여 대안을 선택하게 된다.

위에서 제시한 방법 이외에도 경제적 의사결정의 경우 선택의 기준이 되는 지표들, 예를 들면 의복을 구입하게 될 경우 디자인, 색상, 가격, 견고성, 실용성 등의 지표를 선정하여 각 지표들에 대해 점수를 매겨보는 합계를 산출하는 방법도 많이 사용된다.

1) Millar와 Starr가 제시하고 있는 pros와 cons법을 Paolucci 등은 대안의 선택단계의 기법으로 설명하고 있으나 임정빈 외는 대안의 평가단계의 과정과 유사한 것으로 제시하였다. 여기서도 대안의 평가단계의 한 방법으로 제시하였다.

5) 대안의 선택단계

대안의 선택단계는 대안의 평과과정을 거쳐서 최선의 대안을 선택하는 단계로 의사결정의 마지막 단계이면서 핵심적인 부분에 해당된다. 대안을 선택하는 기준도 대안 평가의 방법과 마찬가지로 다양하다. 대안 선택방법에는 파올로지(Paolucci) 등의 최대최대 기준과 최소최대 기준, 사이몬스(Simons)의 만족도 기준, 브림(Brim) 등의 기대효용치, 그리고 의사결정규칙 등이 있다.

(1) 브림 등의 기대효용치

브림 등은 각 대안에 대해 예상되는 결과들의 결과 발생 확률, 결과 발생의 바람직성, 결과 발생시기를 모두 곱하여 더한 합을 기대효용치라 하고, 이 기대효용치가 가장 높은 대안을 선택하는 것이 합리적인 의사결정이라고 하였다. 브림의 방법을 이용한 의사결정의 과정은 의사결정의 실제 부분에 상세히 기술하였으므로 참조하기 바란다.

(2) 파올로지 등의 최대최대(maximax, maximin) 기준과 최소최대 (minimax) 기준

최대최대 선택전략은 인간행동의 목표가 기쁨을 추구하며 고통을 회피하려고 한다는 심리학적 원리를 토대로 한다. 즉, 의사결정자는 선택의 바람직한 측면은 극대화하고 바람직하지 않은 측면은 극소화시키려고 노력한다는 가정에서 출발한다. 최대최대 전략하에서는 정의된 목표를 잘 달성할 수 있고, 가장 적은 자원으로 가장 큰 효과를 얻을 수 있으며, 가장 큰 만족감을 주는 관점에서 가장 좋은 대안이 선택되어진다. 이와 대조적으로 최소최대 전략은 최대의 손실을 최소화하려는 목적으로 대안을 선택하는 것이다.

최대최대 전략을 선택하는 사람은 긍정적인 측면을 강조하는 반면 최소최대 전략을 선택하는 사람은 비관적인 측면을 강조한다. 예를 들어 박신양이 적금만기 시 받은 목돈 5,000만 원을 투자하기로 결정하였다고 하자. 그는 주식, 부동산 투자, 펀드, 은행 저축의 방법을 대안으로 모색하였고, 이 중 최근 사람들에게 각광을 받고 있는 베트남 펀드에 투자하기로 선택하였다면 그는 최대최대 전략을 이용하였다고 볼 수 있다. 즉, 펀드는 주식시장의 상황에 따라 수익이 달라지나 직접투자가 아닌 간접투자의 방법이며, 해당 국가의 경제성장에 따라 고수익을 바라볼 수 있는 투자방법이다. 박신양은 위험이 높긴 하지만 개발도상국인 베트남 펀드가 수익이 높을 것이라는 낙관적인 기대를 갖고 투자방법으로 펀드를 선택한 것이다. 이와 반대로 윤은혜는 어렵게 모은 목돈 5,000만 원을 위험부담이 높은 주식이나 펀드 대신에 적은 이율이지만 원금 손실의 위험이 없는 은행 저축의 방법을 선택하였다. 이 경우 윤은혜는 위험이라는 비관적인 측면을 강조한 최소최대의 전략을 사용하여 대안을 선택하였다고 볼 수 있다.

(3) 사이몬스의 만족도 기준

사이몬스는 선택의 기준으로 만족(satisfying)과 희생(sacrifice)의 결합인 만족도 기준을 사용하였다. 이 기준은 의사결정자가 모든 대안은 완벽하게 좋은 것이 아니라 어느 정도 좋지 않은 면이 포함되어 있다는 것을 알고 있다는 전제에서 시작한다. 그러므로 의사결정자는 괜찮은 대안을 선택하고 이 대안은 좋은 면과 좋지 않은 면이 있다는 것을 수용하여 최소한의 기준을 초과하는 첫 번째 대안을 선택하게 된다.

4. 의사결정의 실제

위에서 배운 의사결정 이론을 토대로 사례를 통해 의사결정 과정을 경험해 보자. 다음의 사례는 졸업을 앞둔 생활과학대학 졸업예정자의 취업에 대한 의사결정에 대한 것으로, 대안평가의 단계에서 브림 등의 방법을 이용하였다.

> 사례: A대 생활과학대학을 졸업하게 되는 조 양은 졸업을 앞두고 진로에 대한 고민이 많다. 졸업 후 집에서 우아한 백조로 있는 것이 무엇보다 싫은 조 양은 여기저기 이력서를 내고 있는 형편이다. 부모님과 형제들도 졸업 후 바로 취업을 권하고 있는 상황이라 조 양은 진로와 취업에 대해 더 많이 고민하고 있다.

1) 문제 규명단계

최근 청년실업이 심각한 사회적 문제로 대두되고 있는 시대에 졸업을 앞둔 대학생의 진로에 대한 고민과 취업은 어려운 의사결정의 과제라 할 수 있다. A대 생활과학대학을 우수한 성적으로 졸업하게 된 조 양은 대학원 진학과 취업에 대해 고민하던 중 부모님으로부터 취업을 권유받게 되었다.

대학원 진학으로 공부를 계속해 보고 싶다는 자신의 욕구를 충족시키고 당장 취업해야 한다는 심적 부담을 조금 덜어 보고 싶었으나 부모님은 강력히 취업을 권유하고 있는 실정이다. 조 양은 졸업과 동시에 취업해야 하는 필요성이 더욱 뚜렷해졌다. 조 양은 자신의 전공을 살려 취업하길 원하며, 가능한 고향인 포항에서 벗어나 서울 가까이에서 일하고자 하는 자신을 발견하였다.

2) 정보 수집단계

조 양은 취업을 위해 다음과 같은 매체를 통해 정보를 수집하였다.

① 인터넷

조 양은 인터넷의 구인구직 사이트를 통해 졸업 후 취업할 수 있는 곳을 찾아보았다. 구인구직 사이트를 통해 조 양은 일반 사무직 취업과 이외에도 본인이 취득한 자격증으로 보육교사와 건강가정사로 취업이 가능하다는 정보를 얻었다.

② 선배들의 사례

학과 조교를 통해 선배들의 취업 사례를 수집해 보았다.

> 김 선배는 보육교사 자격증을 가지고 포항 시내에 있는 어린이집에 취업하였다. 김 선배의 급여는 4대 보험 포함하여 월평균 110만 원이었으며, 하루 종일 어린이들과 함께 하기 때문에 피로가 심한 편이다. 그러나 어린이들의 교육이 무엇보다 중요하다고 생각하므로 나름대로 사명감을 갖고 일하고 있었다.
>
> 이 선배는 포항 시내에 있는 중소기업에 취업하였다. 이 선배의 급여는 4대 보험 포함하여 월 140만 원이며, 단순 사무보조업무를 담당하고 있었다. 양성평등을 주장하는 사회이지만 아직까지 기업문화가 가부장적 성격이 강해서 회사생활이 마냥 즐겁지만은 않다고 한다.
>
> 조 선배는 서울에서 학습지 교사를 하고 있었다. 가정방문을 통해 아이들을 교육하는 직업인데, 4대보험 포함하여 월 130만 원을 받고 있었다. 그러나 학습지 교사는 자신이 맡은 아이들의 수에 따라 급여가 달라지므로 다소 일정하지 않은 수입 때문에 불안해하였으며, 사람들을 만나는 것이 편안하지 않기에 이 일을 계속해야 할지 고민하고 있었다.

③ 부모님과 언니의 조언

부모님과 언니는 조 양이 공부하고 싶어한다는 사실을 알고 있지만 일단 취업 후 어느 정도 돈을 모아서 대학원에 진학하는 것이 더 바람직하다고 말하며, 주변에서 취업한 후 대학원에 진학한 사람들에 대해 얘기해 주었다. 조 양의 언니는 금년에 과학교사 임용고시에 합격한 후라 자신과 함께 다른 지역에 나가 취업하자고 권한다.

④ 교수님 면담

학과 교수님께 전공을 살려 취업하고 싶다고 하니 조 양의 학번부터 취득하게 된 건강가정사에 대해 얘기해 주셨다. 건강가정사는 이제 각 지자체에 생겨나는 기관으로 학교 다닐 때 학생들을 대상으로 실습한 경험이 있는 직업이다. 교수님은 앞으로 각 지자체마다 건강가정지원센터가 만들어질 것이며, 또 전공을 살려 취업하는 것이므로 미래 전망이 밝다고 조언해 주셨다.

3) 대안의 설정단계

조 양은 위에서 획득한 정보를 바탕으로 가능한 대안을 모색해 보았다. 우선

전공을 살려 취업할 수 있는 것으로 보육교사, 건강가정사의 대안이 있으며, 그 외에 전공과 관계없이 기업의 문화를 경험할 수 있는 일반 사무직과 학습지 교사 등의 직업이 가능하였다. 조 양은 최종적으로 건강가정사, 보육교사, 일반 사무직의 대안을 선택하였다.

4) 대안의 평가단계

각 대안 중 가장 합리적인 대안을 선택하기 위해서 브림 등의 방법을 사용하여서 주어진 대안들을 평가해 보았다. 이를 위해 각각의 대안에 대해 예상되는 결과를 나열하고 그 대안에 대해 그것이 일어날 확률과 바람직성을 계산하여 계산값을 비교함으로써 가장 높은 수치를 나타내는 대안을 선택하였으며, 이때 대안에 따라 가중치를 동일하게 두고 평가하였다.

확률:	가망성이 전혀 없다	0.05	바람직성:	전혀 바람직하지 않다	−2
	가망성이 없다	0.25		바람직하지 않다	−1
	가망성이 중간 정도이다	0.5		그저 그렇다	0
	가망성이 있다	0.75		바람직하다	1
	가망성이 아주 높다	0.95		매우 바람직하다	2

① 건강가정사

예상되는 결과	일어날 확률	바람직성	총 계
전공을 살릴 수 있다	0.95	2	1.9
다양한 경험을 할 수 있다	0.75	2	1.5
이제 새로이 시작되는 직업이라 불안정하다	0.5	-1	-0.5
공부할 기회가 쉽게 생긴다	0.95	1	0.95
자취를 해야 한다	0.95	0	0
급여가 적다	0.75	-1	-0.75
합 계			3.10

② 보육교사

예상되는 결과	일어날 확률	바람직성	총 계
전공을 살릴 수 있다	0.5	1	0.5
경험의 폭이 제한적이다	0.95	0	0
급여가 적다	0.95	1	-0.95
몸이 피로하다	0.95	-1	-0.95
아이들과 함께 하여 즐겁다	0.75	2	1.5
집에서 다닐 수 있다	0.95	1	0.95
합 계			1.05

③ 일반 사무직

예상되는 결과	일어날 확률	바람직성	총 계
전공을 살릴 수 없다	0.95	-2	-1.9
급여가 많다	0.5	1	0.5
다양한 사람을 만날 수 있다	0.75	1	0.75
기업문화를 경험할 수 있다	0.75	1	0.75
집에서 다닐 수 있다	0.25	0	0
합 계			0.10

5) 대안의 선택

각 대안을 분석해 본 결과 건강가정사는 예상되는 결과를 여섯 가지 정도로 정하여 이를 평가해 보니 기대효용치가 3.1이었다. 보육교사는 예상되는 결과를 여섯 가지 정도로 정하여 평가한 결과 기대효용치가 1.05였으며, 일반 사무직은 다섯 가지의 기대되는 결과를 평가한 결과 0.1이었다.

이상의 대안 평가를 통해 가장 기대효용치가 높은 건강가정사가 조 양의 직업으로 바람직하다는 결론에 이르게 되었다. 조 양은 이런 의사결정의 과정을 거쳐 건강가정사를 직업으로 선택하게 되었으며, 현재 Y 지역에 있는 건강가정지원센터에서 그녀의 성격에 맞는 문화 팀원으로 맹활약하고 있다.

5. 합리적인 의사결정을 위한 전략

건강한 가정을 만들기 위해서는 의사소통과 함께 의사결정이 중요한 역할을 한다. 고도임(1980)은 의사결정을 가정관리의 가장 중요한 개념으로 보고, 합리적인 의사결정을 위한 실생활 교육이 필요하다고 주장하였다. 감당하기 어려울 정도로 많은 정보가 쏟아지는 급속한 변화 속에서 가정구성원 각자의 욕구를 충족시키며, 가정이 수립한 목표를 달성해 가기 위해서는 합리적인 의사결정이 요구된다. 합리적인 의사결정을 위한 전략은 학자에 따라 다양할 수 있으나 여기에서는 다음과 같이 제시한다.

■ 문제 원인의 명확화

합리적인 의사결정을 위해서는 먼저 문제가 해결되어지거나 또는 의사결정이 이루어지는 것을 명확하게 하는 것이다. 즉, 원인으로부터 야기되는 징후를 명확히 함으로써 구조적인 행동계획이 가능해진다. 예를 들어 갑자기 체중이 10kg 증가하였다. 이때 10kg의 체중 증가에 의사결정의 초점을 맞춘다면 우리는 합리적인 결정을 할 수 없다. 체중이 갑자기 증가하게 된 원인을 분리시켜 파악하고 이를 해결하려는 시도가 합리적 의사결정을 가능하게 해준다.

■ 최적의 의사결정보다 만족스러운 의사결정

최적의 의사결정(optimum decision making)은 최소의 비용으로 최대의 효과를 얻는 것이나, 개인과 가정구성원이 의사결정의 최적조건을 찾는 것은 비현실적이다. 왜냐하면 가능한 모든 대안에 관한 완전한 정보를 필요로 하기 때문에 많은 희생을 요구하는 비현실적인 전략이다. 또, 최적 또는 최상의 것으로 보이는 대안이 어느 때가 되면 덜 바람직한 대안이 될 수 있기에 최상의 선택이란 비현실적이다.

그러므로 최상의 선택보다는 만족(satisfaction)스러운 선택이 더 현실적이다. 가정구성원 모두에게 만족스러운 선택을 하기 위해서는 어떤 최소의 기준과 일치되는 대안을 찾을 것이며, 반드시 최상의 것은 아니지만 그 상황에서 충분히 유익한 것을 선택하기 때문이다.

■ 의사결정규칙 적용

선택을 하기 위해 사용되는 지침을 의사결정규칙(decision rule)이라 한다. 의사결정규칙은 그들이 필요로 하는 정보의 복잡성에 따라 다양하다. 의사결정규칙은 다음과 같다.

① 조속한 결정

조속한 결정(immediate closure)은 가장 간단한 의사결정 규칙으로, 선택을 위해 마음속으로 재빨리 다른 선택안에 대해 거부감이 일어나더라도 하나의 대안을 말로 표현하는 것이다. 예를 들어 휴일 점심 메뉴를 선택할 때, 밥과 국수 중에서 국수를 선택하는 경우 마음속으로 '이 더위에 밥은 무슨 밥' 이라고 생각했을 때, 말로 "난 국수"라고 표현하는 경우가 조속한 결정에 해당된다.

② 객관적인 제거

객관적인 제거(objective elimination)의 규칙에서는 의사결정자에게 주어진 한계를 강조한다. 선택을 위한 대안들은 객관적으로 선택이 불가능한 대안들을 제거함으로써 선택의 폭이 좁아지는데, 예를 들면 날씨가 좋으면 자전거 타러 한강 고수부지에 가고 날씨가 나쁘면 집에서 쉬기로 한 경우에 날씨는 이들의 선택의 폭을 좁히는 원인이 된다. 비가 오면 이들은 자전거 타기를 포기하고 집에 있을 수밖에 없으므로 이 경우가 객관적인 제거에 해당된다.

③ 우선순위 매기기

의사결정규칙 중 우선순위 매기기(preference ranking)는 대안을 제일 좋은 것에서부터 나쁜 것까지 순서를 매기는 것과 관련된 것이다. 순위는 주관적인 기준에 따르며, 순위를 정하는 기준은 목표 반영의 정도, 이전의 의사결정, 현재의 상황, 그리고 미래의 가능성에 대한 지식을 반영해야 한다. 예를 들어 할머니, 할

아버지를 모시고 외식을 하기로 했다. 양식, 중식, 일식, 해물 뷔페, 퓨전요리 등을 외식 메뉴로 선택하였다. 이번 외식은 할머니, 할아버지를 즐겁게 해드리고 모처럼 가족이 함께 할 수 있는 식사이기를 바라는 마음에 할머니, 할아버지가 좋아하시는 일식, 중식, 해물 뷔페, 퓨전요리, 양식의 순으로 우선순위를 매겼다.

■ 가정구성원 모두가 동의하는 합의적 의사결정을 위해 승-승의 합의서 이용

가정구성원 모두가 만족스러운 의사결정을 하기 위해서는 기존의 승-패적 의사결정을 버리고 승-승의 의사결정을 해야 한다. 가정구성원들은 제한된 자원으로 가정구성원들의 욕구를 충족시키기 위한 의사결정을 해야 한다. 이때 자신의 욕구만을 중요시하는 의사결정은 승-패적 의사결정이다. 가정구성원 모두의 욕구충족을 위해 최소의 자원으로 최대의 만족을 얻을 수 있도록 합리적 의사결정을 하는 것이 승-승의 의사결정이라 할 수 있다. 승-승의 의사결정을 위해 다음을 실천해 보자.

① 승-승의 의사결정을 위해서는 가정구성원 간의 상호작용을 생각해 보라. 그리고 자신의 욕구와 타인의 욕구에 대한 배려 사이에서 균형을 유지할 수 있도록 최선을 다해 보라.

② 승-승의 의사결정을 위해 의사결정 대안 모색에서 가정구성원 내에서 이익을 보는 구성원과 손해를 보는 구성원을 생각해 보고 자세히 기록한다. 그리고 가정구성원 모두의 욕구충족을 위한 의사결정 대안을 모색해 본다.

③ 가정생활에서 가정구성원 사이에 형성된 감정은행 계좌의 잔고가 어떤지 구체적으로 기술하고, 각자의 계좌에 감정 예입할 수 있는 구체적인 방법을 모색한 후 기록해 본다.

④ 의사결정의 결과로 인해 가정구성원 중 어느 사람이 상처받고 그들의 욕구가 좌절되는 경우가 있는지 다시 한 번 생각해 본다. 그리고 가정구성원 중 승-승의 의사결정을 하는 사람을 생각해 보고, 그들의 의사결정에서 무엇을 배울 것인가에 대해 생각해 본다.

과거에 우리는 제한된 자원 내에서 의사결정을 해야 했기에 가정구성원 중 누군가는 자신의 욕구충족이 좌절되는 상처를 경험해야 했다. 이런 모습은 현재

가정생활에서도 마찬가지로 일어날 수 있다. 그러므로 가정구성원 모두의 욕구충족을 배려한 의사결정을 위해서는 승-승의 합의에 대해 생각하고 이를 생활화하는 연습이 필요하다. 이런 경우 우리는 가정구성원 모두의 욕구충족이 가능한 의사결정을 할 수 있으며, 이를 통해 건강한 가정을 이루어갈 수 있다.

욕구와 의사결정의 관계

심리학자 윌리엄 글라써(William Glasser)는 그가 개발한 선택이론에서 인간의 욕구를 다섯 가지로 말하고 있다.

첫째, 소속 및 사랑의 욕구(Belonging Need)로 이는 사랑하고, 나누고, 협력하고자 하는 인간의 속성이다.

둘째, 힘에 대한 욕구(Power Need)로 경쟁하고, 성취하고, 중요한 존재이고 싶어하는 속성이다.

셋째, 자유에 대한 욕구(Freedom Need)로 이동하고, 선택하는 것을 마음대로 하고 싶어하는 속성이다.

넷째, 즐거움에 대한 욕구(Fun Need)로 많은 새로운 것을 배우고, 놀이를 통해 즐기고자 하는 속성이다.

다섯째, 생존에 대한 욕구(Survival Need)로 살고자 하고, 생식을 통해 자기를 확장하고자 하는 속성이다.

글라써가 제시한 인간의 욕구는 의사결정과 밀접한 관계가 있다. 사람들은 각자 자신의 욕구를 충족시키기 위해 선택하게 된다. 저자는 강의 시간에 학생들의 욕구강도를 조사하여 가장 욕구가 높은 사람들끼리 하고 싶은 일을 그림으로 표현해 보도록 하였다. 생존의 욕구가 높은 학생들은 편안한 안식처에서 생활하는 그림을 그렸으며 사랑·소속의 욕구가 높은 사람들은 친구나 가족과 함께 여행하는 그림을 그렸다. 힘의 욕구가 높은 학생들은 높은 빌딩이나 거액의 돈을 그렸고, 즐거움과 자유의 욕구가 높은 사람들은 비행기나 행글라이더를 타고 여행하는 그림을 그렸다. 의사결정을 하나의 선택과정이라 본다면 사람들의 욕구와 의사결정은 불가분의 관계가 있다고 할 수 있다. 가정구성원 개개인의 욕구를 충족시킬 수 있는 합의적 의사결정을 한다면 건강한 가정의 실현은 어려운 일이 아닐 것이다.

생각해볼 문제

1. 의사결정의 내용에 따라 의사결정의 유형을 구분해 보자.
2. 본인 가정의 의사결정 유형을 가정구성원의 참여 정도를 기준으로 선택해 보고 합의적 의사결정이 되기 위한 방법을 모색해 보자.
3. 최근 경험한 의사결정의 예를 하나 선택하여 Millar와 Starr의 pros와 cons 법을 이용하여 의사결정 과정의 다섯 단계를 제시해 보자.
4. 본인의 욕구 강도와 가정구성원들의 욕구 강도를 비교해 보자.

참/고/문/헌

고도임(1980). "한국가정관리학에서 추구하는 의사결정에 관한 연구". 생활과학연구논문집, 제1권 1호, pp.1-16.

이재연 · 최영희 공역(1996). 의사소통과 가족관계. 파주: 형설출판사.

임정빈 외(1995). 가정관리학. 서울: 학지사.

차성란 외(2003). 정보사회에서의 가족과 생활정보. 서울: 시그마프레스.

A.S. Rice & S.M.Tucker 공저, 문숙재 · 김정옥(1991). 가정자원관리. 서울: 동명사.

Brim,Jr., Glass, D.C., Lavin,D.E. & Goodman, N.(1962). Personality and decision process: Studies in the social psychology of thinking. Stanford, Calif, Stanford University Press.

Deacon, R.E. & Firebaugh, F.M.(1988). *Family resource management: Principle and applications*. 2nd ed. Boston : Allyn and Bacon, Inc.

Gross, I., Crandall, E.W. & Knoll, M.M.(1980). *Management for modern families*. 4th ed. Englewood Cliffs: Prentice Hall Inc.

Rice, A.S. & Tucker,S.M.(1986). *Family life management*. 6th ed. N.Y.: John Wiley and Sons Co.

PART III

건강가정과 자원관리

가정자원은 가정이 목표를 달성하고 가정구성원의 욕구를 충족시키기 위해서 사용하는 모든 것을 포함한다. 돈, 시간, 집, 자동차, 재능, 신뢰, 사랑 등 우리가 생각할 수 있는 거의 모든 것들이 가정생활을 건강하고 행복하게 하는 자원으로 활용될 수 있는 것이다. 동일한 자원을 놓고 어떤 가정은 그것을 잘 활용하여 그 가정에서 원하는 바를 충족시키지만, 반면 어떤 가정은 그 자원을 활용하지 못하고 방치하는 경우가 있다. 건강한 가정을 위한 자원관리는 가정자원을 자원으로서 인지하는 것에서 시작한다. 실제 가정생활에서 가정자원으로 활용할 수 있는 구체적인 자원들을 인지하고 특성을 이해하며 그에 대한 적절한 관리 방안을 개발하여 적용하는 능력을 필요로 한다.

3부에서는 변화하는 사회와 가정의 건강성 증진과 행복 추구를 위해 관리 활용할 수 있는 주요한 자원들에 대해 이해하고, 각각의 자원들을 어떻게 관리할 수 있는가에 대한 실제적인 관리방안을 제시한다. 지식기반사회에서 중요한 자원으로 인식되는 인적자원과 시간자원을 관리 가능한 가정자원으로 인지하고 가정생활에서 이를 개발 관리할 수 있는 방안을 모색한다. 또한 급변하는 경제환경 속에서 보다 체계적인 관리가 요구되는 가정의 경제적 자원에 대해 이해하고 개별 가정이 기본적으로 수행해야 하는 경제자원 관리방안을 제시한다. 마지막으로 실제적인 가정구성원의 삶의 질 향상을 위한 기본적인 조건이며 생활의 장인 주거환경자원을 이해하고 관리를 필요로 하는 자원으로 각 가정의 요구와 목표에 적합한 다양한 관리방안을 제시한다.

CHAPTER

09

인적자원관리

1. 인적자원의 개념 및 의미

2. 인적자원의 종류와 개발 전략

CHAPTER 09

인적자원관리

지식기반 정보화 사회에서 건강한 가정을 위한 인적자원의 개발과 관리는 매우 중요하다. 이 장에서는 인적자원을 설명하는 이론적 관점들과 인적자원의 개념을 이해하고, 특히 21세기 지식기반 정보화 사회에서 중요성이 대두되고 있는 인적자원들의 특성과 건강한 가정을 위한 가정자원관리 관점에서 인적자원의 개발 및 관리 전략을 제시한다.

1. 인적자원의 개념 및 의미

1) 인적자원의 개념

포괄적 측면에서 가정의 인적자원은 가정구성원의 인간적 측면을 고려한 것으로 사람이 소유하고 있는 특성과 능력을 포함하는 것이다. 개인의 생활시간, 에너지, 기호, 지식, 태도, 창의력, 주의력, 계획 수립 능력, 의사소통 능력 등이 포괄적인 인적자원에 포함된다. 또한 대인관계의 특성에 근거한 자원(신뢰, 사랑, 리더십 등)과 그 결과로 나타나는 공동체적 특성도 인적자원에 속한다. 비인적자원(물건, 금전, 공간 등)과 비교했을 때 인적자원의 관리는 가정구성원이라는 인격체에 대한 것이기 때문에 자원을 소유하고 효율적으로 사용하는 것보다 자원의 개발, 즉 가정구성원의 인간적인 성장이 더 중요한 관리의 영역으로 간주된다.

2) 인적자원의 의미

인간이 인간 자체로서 소유하고 있는 능력과 인간 안에 내재되어 있는 특성에 대한 연구는 전통적으로 심리학의 영역에서 이루어져 왔다. 그러나 최근에는 이것을 효용과 이익을 창출하는 자원으로 인식하고 투자와 관리를 통해 축적 가능한 자본(capital)으로 간주한다.

비경제적 부분에 대해 자본의 개념을 적용한 논의는 게리 베커(Gary Becker)로 대표되는 신고전경제학파의 인적자본론(Human capital)에서 시작한다. 신고전경제학파는 노동자 간의 임금격차를 생산성 차이로 설명하면서 인적자본의 중요성을 주장하였다. 노동자의 생산성의 차이는 인적자본의 투자 정도에 의해서 발생한다고 보며, 인적자본에 대한 투자가 많을수록 노동력의 질이 높아져서 생산성과 임금수준이 향상된다는 것이다. 즉 노동자 개인의 노동력의 질적 차이가 임금의 차이를 만들며 노동력의 질적 차이는 인적자본에 대한 투자의 차이에 기인한다는 것이다. 공식적인 학교 교육, 초기의 직장경험 등이 개인에게 내재되어 이익을 창출하는 자본의 역할을 하는데, 이것이 인적자본이다.

가정의 인적자원은 사회 각 계급의 특성을 반영하며 부모세대에서 자녀세대로 전이되어 계급 재생산에 큰 영향을 미칠 수 있다. 부르디외(Bourdieu)에 의해 소개된 문화자본(cultural capital)을 획득한다는 것은 개인에게 체화된 하나의 지식의 형식, 내재화된 코드, 문화적 관계들과 문화적 가공물을 해독하는 능력, 해석하는 감상력 등에 대해 공통점을 가진 사회적 행위자(agent)가 되는 것을 의미한다. 이것은 공식적인 교육공간에서 습득되기보다는 가정, 지역사회와 같은 비공식적 환경에서 습득되며, 부모세대로부터 자녀세대로 전이된다고 본다. 부르디외는 개인의 교양, 취향, 습관으로서의 문화자본이 개인 또는 집단의 계급성을 반영하며, 부모세대의 교육적, 문화적 자원이 계급 재생산에 긴밀한 연관성이 있다는 연구로 문화자본을 설명하였다.

가정의 인적자원 중 인간 개인에 속한 자원이 아닌 인간의 상호작용를 통해 만들어지는 자원의 축적도 인적자원개발에서 중요한 의미를 갖는다. 사회자본(social capital)은 인간관계, 개인 간의 상호작용 및 교환에서 비롯된 자원이며, 사회구조적으로 이익을 가져올 수 있는 관계 자체 또는 자본으로서 기능할 수 있는 관계적 자원을 의미한다. 사회자본론의 대표적인 학자들의 개념 정의를 살펴보면 〈표 9-1〉과 같다.

표 9-1 사회자본의 개념

학자	개념	특징
부르디외 (Bourdieu)	한 개인 혹은 한 집단이 상호인지와 인식이 가능한 견고한 사회관계망을 통해 얻을 수 있는 축적된 자원의 총합 제도화된 관계망은 집단적으로 소유된 자본의 후원, 즉 신뢰할 만한 보증을 소속원에게 부여한다.	문화적 자본(cultural capital)의 개념을 발전시키는 과정에서 사회자본의 개념 도입
콜만 (Coleman)	사회구조의 한 측면으로서 그 구조 내의 행위자들의 행동을 촉진하고 다른 자본들의 경우와 마찬가지로 그 존재 없이는 불가능한 목적의 달성을 가능케 하는 생산적인 기능을 가지며 행위자들 사이의 관계에 내재되어 있다.	베커(Baker)의 인적자본(human capital) 개념과의 연관 속에서 발전
퍼트남 (Putnam)	신뢰(trust), 규범(norms), 사회관계망(social networks) 등을 포함하는 사회조직의 특성을 의미하며 공공재적 특성을 지닌다.	콜만(Colman)의 사회자본 개념을 정치문화 영역으로 확장

출처: 서지원(2006).

가정을 하나의 생태체계로 간주할 때, 가정과 가정을 둘러싼 환경 간의 상호작용은 개인 단독으로서가 아닌 사회적 관계의 측면으로 설명할 수 있다. 즉 가정과 환경과의 상호작용을 위해 필요한 기능으로서 또는 상호작용의 결과물로서 사회적 지지, 사회관계망, 상호신뢰 등은 사회자본인 동시에 건강한 가정을 위한 중요한 가정자원이 된다.

가정생활과 관련된 사회자본으로는 결속적 사회자본(bonding social capital)과 교량적 사회자본(bridging social capital)[1]이 있다. 결속적 사회자본은 배타적 특성

1) 서지원(2006)은 Warren et al.(1999)의 분류를 참고하여 가정생활과 관련된 사회자본을 분류하였는데, 이러한 분류를 통해 사회자본의 다양한 특성을 이해할 수 있으나 이분법적 선택의 관계에 있기보다는 연속선상에 있음을 고려할 것을 강조하였다. 본 서에서는 서지원(2006)의 내용을 요약 정리하였다.

을 갖는 동질적 집단의 사회자본 형태로서 가정생활에서 아동, 노인, 환자 등의 부양, 가사노동, 정서적 스트레스 등을 극복하는 데 도움을 주는 사회관계망과 관련이 있다. 교량적 사회자본은 포용적 특성을 갖는 사회자본 형태를 말하는데 개인의 불확실하고 불완전한 정보의 수준을 극복하도록 도움을 주는 관계망으로 가정구성원의 인적자본 개발에 영향을 미치는 정보, 구직정보, 상품구매, 교육 관련 정보 등이 이에 속한다. 교량적 사회자본은 감정적 보상과 더불어 도구적 보상(승진, 임금 인상, 좋은 직장으로 이직 등)의 가능성을 높인다.

2. 인적자원의 종류와 개발 전략

이 장에서는 타인과의 상호작용과 관계없이 각 개인에게 속하는 인적자원을 개인적 자원, 가정의 구성원 간의 상호작용에 의해서 만들어지는 인적자원을 대인적 자원, 가정이 하나의 단위로서 전체성(wholeness)을 가진 때 만들어지는 인적자원을 가정 전체적 자원으로 나누어 살펴보고자 한다.

개인적 자원의 신체적 요소로 신체적 건강을, 정서적 요소로 성격과 인격을, 인지적 요소로 적성과 능력의 특성을 알아보고, 개발 전략을 제시한다. 대인적 자원으로 리더십을, 가정 전체적 자원으로 가정의 응집력과 적응력을 다룬다.

1) 개인적 자원

(1) 신체적 건강

인간에게 신체적인 건강은 가장 기본이 되는 인적자원이다. 가정에서도 가정의 구성원이 신체적으로 건강하지 못할 때 전체 구성원들이 감당해야 하는 고통은 매우 크다. 따라서 가정구성원의 신체적 건강을 관리하는 것도 중요한 인적자원관리 활동이 된다. 신체적 건강을 관리하기 위해서는 금연, 절주, 운동, 영양이 필수적이다.

① 금연

흡연의 폐해 중 가정에서의 흡연은 다른 가정구성원에게 간접흡연의 결과를 가져오기 때문에 더욱 심각하다. 담배를 피우는 남편과 같이 살고 있는 부인은 그렇지 않은 부인보다 폐암 발생률이 30%, 심근경색 발생률은 50%나 높다고 한다. 어머니가 담배를 피울 때 아기가 갑작스럽게 사망(영아 돌연사)할 가능성도 매우 높다. 임신부의 흡연은 태아의 평균 몸무게를 감소시키며, 간접흡연에 노출된 비흡연 임신부도 간접흡연이 출생 몸무게를 감소시키는 원인이 된다. 흡연 청소년의 57%는 가족 중에 흡연자가 있는 것으로 조사되어 가정에서의 흡연이 큰 영향을 미치는 것으로 분석되었다.

신체적 건강을 지키기 위해서 금연은 필수적인 요소이나 흡연자에게 금연은 쉬운 일은 아니다. 자신의 흡연 형태와 흡연량을 관찰하여 자신에게 맞는 금연 방법을 시행하고 스스로 금연하기 어려울 경우 금연교실이나 전문가의 도움을 받는 것이 바람직하다. 생활 속에서 금연을 실천할 수 있도록 가정구성원의 지지와 금연할 수 있는 가정환경을 만드는 것 또한 중요하다.

② 절주

술이 인체에 미치는 영향은 술을 얼마큼 마시는가, 즉 술을 마심으로써 인체에 들어오는 알코올의 양에 따라 다르다. 또한 술을 마신 기간, 개인적 특성, 술의 종류 등도 영향을 미친다. 술은 종류에 따라 알코올 함량이 달라 알코올이 많이 들어있는 술일수록 인체에 미치는 영향도 크며 적은 양을 마셔도 빨리 취하게 된다. 우리 나라에서는 알코올 농도가 높은 술을 선호하는 경향이 있는데 이는 술로 인한 건강상의 피해, 사회적 손실 등을 고려할 때 바람직하지 않다. 또한 알코올 중독의 위험성을 생각할 때 각 개인의 음주 방법 및 음주량을 점검할 필요가 있다. 적절하게 술을 마시거나 마시게 하는 요령을 알아두는 것은 음주하는 본인이나 가족, 그리고 같이 술을 마시는 사람들이 음주로 인하여 갖게 될 개인적, 사회적 문제의 발생을 예방하는 데 큰 도움이 된다. 다음에 제시된 〈나의 음주 습관은?〉 체크리스트를 활용하여 나와 우리 가정구성원의 음주 습관을 점검해 보고 바람직한 음주 습관을 갖기 위해 노력할 부분을 생각해 보자.

나의 음주 습관은?

나는 술을 마실 때 ……	항상 그렇다 2점	때로는 그렇다 1점	거의 그렇지 않다 0점
1. 가능한 한 알코올 함량이 낮은 술을 택하여 마신다.			
2. 술을 바꾸어 마실 경우, 처음에 마신 술보다 알코올 함량이 낮은 술을 마신다.			
3. 안주를 먹으면서 술을 마시거나 술을 마시기 전에 음식을 섭취하여 공복이 아닌 상태에서 술을 마신다.			
4. 술을 마실 때 목이 마르면 얼음이 들어 있는 찬물을 수시로 마신다.			
5. 술을 본격적으로 마시기 전에 알코올이 들어 있지 않는 음료수를 미리 마셔 둔다.			
6. 받은 술잔은 다 비운 다음에 잔을 다시 채우게 한다.			
7. 술을 마시면서 소금기가 많은 짠 스낵을 같이 먹지 않는다.			
8. 술 마시는 시간을 가능한 한 오래 끈다.			
9. 더이상 술을 마실 수 없을 때는 "더이상 마실 수 없다"는 의사를 확실하게 말한다.			
10. 마신 술에 들어 있는 알코올의 부피와 양을 어림잡아 보며 표준량을 지키도록 한다.			
11. 매일 술을 마시지 않고 최대한 1주일에 2회 정도만 술자리에 참석한다.			
12. 자신의 음주 계획(주당 횟수, 양, 술값 등)을 세워놓고 이를 준수하도록 노력한다.			
13. 조금이라도 음주를 한 후에는 기계류를 만지거나 운전하지 않는다.			
	총점		

20점 이상= O.K. 바람직한 음주 습관을 가지고 있군요.
13점~19점 이하= SO. SO. 몇 가지 습관을 고친다면 좋겠습니다.
0점~12점 = Emergency. 이런 습관으로 술을 마신다니 큰일입니다. 빨리 고치세요.

'바람직한 음주 습관' 건강길라잡이(www.hp.go.kr)의 내용을 바탕으로 체크리스트를 구성하였으며, 제시된 체크리스트의 결과가 의학적 의미를 갖는 것은 아님.

③ 운동

단순히 질병이 없는 소극적 수준의 건강 상태를 유지하는 것이 아닌 활기차고 활동적인 생활을 통한 삶의 질 향상을 위해서는 체력(physical fitness)[2]을 단련해야 하며 이는 운동을 통해서 가능하다. 그러나 잘못된 운동 방법과 절차는 운동하는 사람의 건강에 해를 끼칠 수도 있다. 운동을 통해서 생리적 기능이 향상되기도 하지만 경우에 따라서는 인체에 손상을 줄 수도 있다. 따라서 개인의 건강검진 및 체력검진의 결과를 토대로 구체적인 운동목표, 운동종류(운동종목), 운동강도, 운동빈도, 운동시간, 운동기간 등의 결정이 필요하며, 자신에게 적합한 운동방법을 찾기 위해서는 전문가의 운동 프로그램 조언에 따른다.

④ 영양

영양은 질병 예방에 매우 중요한 역할을 담당하고 있다. 영양상태와 관계없이 유전적 요인에 의해서 발생하는 질병도 있지만, 환경적인 요인에 의해 발생하는 질병의 경우 적절한 식품 선택으로 영양 상태를 좋게 유지한다면 건강에 해를 끼치는 요인을 줄일 수 있다. 특히 심장병, 고혈압 등 각종 성인병 예방을 위해서는 식습관이 매우 중요하다. 출생 이후부터 올바른 식습관을 기르는 노력이 중요하며, 식생활 실천 지침 등을 참고하여 나의 식습관을 점검하고 올바른 방향으로 계획 실천하는 노력이 필요하다. 다음에 제시된 식생활 실천 지침을 참고하여 나와 우리 가정의 식생활 습관을 점검해 보고 우리 가정에 적합한 전략을 만들어 실천하는 노력이 요구된다.

2) 체력(physical fitness)은 인간의 생존과 생활의 기반이 되는 신체적 능력으로 인간이 처한 환경의 변화에 대응하여 생리적 항상성을 유지하고 인간에게 부여된 신체적 자질을 개발하여 일상생활 속에서 생산성을 높일 수 있는 활동력을 의미한다.

우리 나라 성인을 위한 식생활 실천 지침

1. 곡류, 채소 · 과일류, 어육류, 유제품 등 다양한 식품을 섭취하자.
   여러 가지 채소를 매일 먹는다. 다양한 제철 과일을 먹는다. 우유, 요구르트, 치즈 등 우유 제품을 간식으로 먹는다.
2. 지방이 많은 고기와 튀긴 음식을 적게 먹자.
   고기는 기름을 떼어 내고 먹는다. 튀기거나 볶은 음식을 적게 먹는다. 등 푸른 생선을 자주 먹는다.
3. 짠 음식을 피하고, 싱겁게 먹자.
   장아찌, 젓갈 같은 짠 음식을 적게 먹는다. 음식을 만들거나 먹을 때 소금이나 간장을 적게 사용한다. 국과 찌개의 국물을 적게 먹는다.
4. 활동량을 늘리고 알맞게 섭취하자.
   운동은 1회 30분 이상, 1주 3~4회 이상 실천한다. 생활 속에서의 신체 활동을 늘린다. 단 음식과 단 음료를 제한한다. 건강 체중을 유지한다.
5. 술을 마실 때는 그 양을 제한하자.
   되도록 음주를 피한다. 남자는 하루 두 잔, 여자는 한 잔 이내로 제한한다.(두 잔은 소주로는 세 잔, 맥주로는 두 캔, 양주로는 두 잔에 해당) 임신부나 청소년은 절대 술을 마시지 않는다.
6. 세 끼 식사를 규칙적으로 즐겁게 하자.
   아침을 거르지 않는다. 저녁 식사는 가족과 함께 즐겁게 한다.
7. 음식은 먹을 만큼 준비하고, 위생적으로 관리하자.
   음식은 먹을 만큼 만들거나 주문한다. 남은 음식은 바로 냉장 보관하고, 오래 두지 않는다.
8. 밥을 주식으로 하는 우리 식생활을 즐기자.
   밥과 다양한 반찬을 갖춘 식사로 영양의 균형을 유지한다.

– '식생활 실천 지침' 건강길라잡이(www.hp.go.kr) –

⑤ 신체적 건강에 대한 과도한 관심과 부작용

최근 우리 사회에 웰빙(well-being)[3], 로하스(LOHAS: Lifestyle Of Health And

3) 사전적으로는 행복, 안녕, 복지, 복리 등을 의미하지만 현실적으로는 바쁜 일상과 인스턴트 식품, 스트레스에서 벗어나 건강한 육체와 정신을 추구하는 라이프 스타일을 의미한다.

Sustainability)[4] 등 건강과 관련된 사회문화적 트렌드가 확산되고 신체적 건강에 대한 관심이 고조되고 있다. 동시에 이와 관련된 사회적 부작용(외모지상주의, 건강염려증, 저체중 등) 또한 심화되고 있다.

■ 외모지상주의(lookism)

외모지상주의는 뉴욕타임즈의 칼럼니스트인 새파이어(William Safire)가 2000년 8월 인종 · 성별 · 종교 · 이념 등에 이어 새롭게 등장한 차별 요소로 지목하면서 부각되기 시작하였다. 외모(용모)가 개인 간의 우열뿐 아니라 인생의 성패까지 좌우한다고 믿어 외모에 지나치게 집착하는 경향 또는 그러한 사회 풍조를 말한다. 외모가 연애 · 결혼 등과 같은 사생활은 물론, 취업 · 승진 등 사회생활 전반까지 좌우하기 때문에 외모를 가꾸는 데 많은 시간과 노력을 기울이게 된다는 것이다.

학자들은 이 같은 경향이 잘난 외모를 선호하는 사회 풍조에서 비롯된 것으로 보고 있다. 아무리 좋은 학교를 나왔다고 하더라도 외모가 따라주지 않으면 결혼을 할 수 없고, 학창 시절에 아무리 학점이 좋았더라도 역시 외모 때문에 번번이 면접에서 탈락하다 보니 자연히 외모에 신경을 쓸 수밖에 없다는 것이다.

그러나 외모에 너무 집착하다 보면 병증으로 발전할 수도 있다는 것이 가장 큰 문제점으로 지적되고 있다. 처음에는 운동이나 가벼운 다이어트 요법 등을 통해 몸매를 가꾸다가, 심해지면 막대한 시간과 돈을 들여 성형수술을 한다. 한 번의 성형수술로 부족하여 몇 번씩 되풀이하여 성형수술을 하면서 외모를 가꾸는 데 열과 성을 다한다. 이 과정에서 강박증이 생기기도 하고, 심하면 신체 변형 장애까지 일어나게 된다. 다이어트 열풍에 휩쓸려 무리하게 살을 빼다가 죽음에 이른 경우도 보고되고 있다.

■ 건강강박증

건강에 대한 사회적 관심이 증가하면서 건강에 대한 각종 강박증을 갖는 사람들이 늘어나고 있다(동아일보, 2007, 1, 13). 온갖 종류의 비타민을 매일 섭취하고

4) Well-being의 개념에 건강과 함께 환경 보전을 중시하는 생활방식이 더해진 개념이다.

하루라도 비타민제를 먹지 않으면 몸이 아픈 것 같은 느낌을 갖는 비타민 중독자는 대표적인 건강강박증의 하나이다. 운동시간을 확보하기 위해서 식사를 거르며, 하루 3~4시간의 운동을 하지 않으면 불안한 운동중독증, 여러 차례 건강검진에서 이상이 없음을 진단받았지만 끊임없이 건강검진을 받는 건강검진중독증 등이 대표적인 건강강박증이라고 할 수 있다.

■ 체중 과소

날씬함에 대한 광적인 열망은 우리 사회에 연령을 불문한 과도한 다이어트 열풍을 부추기고 있으며 특히 성장기의 어린이와 청소년들의 발달에 치명적인 악영향을 줄 수 있는 체중 과소의 문제를 야기한다.

과도한 다이어트는 에너지 섭취 부족으로 체중의 감소를 지속시키고, 이때 체지방뿐만 아니라 근육 단백질의 손실을 가져온다. 특히 어린이의 경우는 신체적 발달뿐 아니라 지적 성장이 느려지는데 그 영향은 영구적일 수 있다. 영양소 부족으로 철 결핍성 빈혈, 골다공증이 생기고 심하면 월경이 없거나 이가 빠지기도 한다. 백혈구가 감소되고 질병에 대한 저항력이 떨어져 질병에 쉽게 감염된다. 상처가 쉽게 낫지 않으며 피부가 거칠어지고 머리카락이 빠지기 쉽다. 이렇듯 과도한 다이어트로 인한 체중 과소는 단순히 외모의 문제가 아니라 신체적 발달과 기본적인 생리기능의 저하로 인한 건강 위협의 원인이 된다.

(2) 성격과 인격

① 성격

성격은 개인이 다른 사람에게 반응하거나 상호작용하는 총체적 방식으로 한 개인이 환경에 적응하는 독특한 방식을 결정짓는다. 사람의 성격은 유전과 환경에 의해서 결정되는데, 특히 가정과 관련된 측면으로 성장기의 경험, 가정환경, 가족관계 등이 성격 형성에 영향을 미치는 것으로 알려져 있다.

일상생활에서는 '성격이 ~하다' 라는 표현으로 개인의 성격을 판단하지만, 학문적으로 성격의 유형을 분석하는 방법들이 개발되어 있다. 이 장에서는 성격을 특정 유형으로 나누어 분석하는 방법 중 MBTI(Myers-Briggs Type Indicator)와

에니어그램을 소개한다. 개인의 성격을 유형화해서 분석한 결과가 절대적인 것은 아니다. 개인이 가지고 있는 여러 가지 자원 중 성격이라는 인적자원을 부분적으로 이해하는데 참고자료로서 의미를 갖는다. 가정구성원의 성격 특성을 유형으로 이해하는 것은 가정구성원 간의 의사소통이나 상호작용에 있어서 이해의 폭을 넓히기 위한 정보로 활용될 수 있다. 또한 가정구성원의 특정 성격 유형에서 나타나는 장점과 단점을 이해하여, 가정생활에서 장점을 극대화하고 단점을 보완하여 인격적 성장을 할 수 있는 기회를 제공할 수 있다. 다음에 제시한 MBTI와 에니어그램의 성격 유형 분류 기준을 이해하고, 나와 우리 가정구성원의 성격 유형을 생각해 보자.

MBTI(Myers-Briggs Type Indicator)

MBTI는 성격 유형의 결정을 네 가지 차원으로 보았다.

- 에너지 원천의 차원: 개인이 에너지를 다른 사람과의 관계 속에서 얻으면 외향성을 지닌 사람(Extroverts: B)이고, 내적인 생각과 감정에 집중함으로써 에너지를 얻으면 내향성(Introverts: I)을 지난 사람이라고 한다.
- 정보수집 선호도: 의사결정을 위해 정보수집을 하는 방식에 있어서 자세한 정보와 사실을 수집하는 경우를 감각형(sensing: S), 가능성에 더 초점을 두는 경우를 직관형(Intuitive: N)이라고 한다.
- 의사결정 방식: 의사결정을 할 때 사실에 기반을 둔 객관성을 강조하는 경우를 사고중시형(Thinking: T)이라고 하고, 보다 주관적이며 본인이나 타인의 감정을 중시하는 경우를 감정중시형(Feeling: F)이라고 한다.
- 삶의 스타일: 목표, 마감일, 확실성 등을 강조하는 경우를 판단(judging: J)이라고 하고, 결정을 바꾸는 것이 자연스럽고, 마감일 정하는 것을 싫어하며 뜻밖의 일들을 선호하는 경우를 인식(Perceiving: P)이라고 한다.

네 가지 차원을 하나씩 선택하여 조합을 하게 되면 열여섯 가지 성격 유형이 도출된다.

에니어그램(Enneargram)

에니어그램이란 '에니어(ennear, 9, 아홉)' 라는 단어와 '그라모스(grammos, 도형 렐곳점)' 라는 단어의 합성어이며, '아홉 개의 점이 있는 그림' 이라는 뜻이다. 에니어그램은 사람을 아홉 가지 유형으로 분류하는데, 한국에니어그램교육연구소에 따르면 그 유형은 다음과 같다.

- (유형 1) 완벽함을 추구하는 사람: 매사에 완벽을 기하고 스스로의 이상을 건설적인 자세로 추구하며 이를 위한 노력을 아끼지 않는다. 항상 공정함과 정의를 염두에 두고 정직하고 신뢰할 수 있는 성품으로 자신의 윤리관에 자신감을 갖고 있다.
- (유형 2) 타인에게 도움을 주려는 사람: 정이 많고 곤경에 빠진 사람들에게 도움의 손길을 뻗치며 주변 사람들에게 도움이 되는 일을 마다하지 않는다. 타인이 필요로 하는 것에 몰두하지만 타인의 도움을 필요로 하고 있는 자신에 대해서는 자각하지 못한다. 예리한 직감을 갖고 있고 주위 사람들의 기분을 이해하고 거기에 맞출 수 있기 때문에 적응력이 뛰어나다.
- (유형 3) 성공을 추구하는 사람: 항상 효율을 중시하고 성공을 위해서는 자신의 생활을 희생시키더라도 개의치 않는다. 인생의 가치를 '실패냐 성공이냐' 라는 척도로 보고 실적을 중시하는 열정적인 사람으로 그들은 일이나 인간관계에서 성공을 꿈꾼다. 자신감에 넘친 인상으로 주위 사람들에게 좋은 인상을 심어주려 하며 '성공했다', '일을 효율적이고 성공적으로 완수해 냈다' 는 것에 가장 큰 만족을 얻는다.
- (유형 4) 특별한 존재를 지향하는 사람: 자신은 특별한 사람이라고 자부하고 있으며 무엇보다도 감동을 중시하고 평범함을 싫어한다. 다른 사람들보다 슬픔이나 고독 등도 진하게 느낀다. 타인에 대한 이해심이 많고 사람들을 받쳐주고 격려하는 것을 좋아한다.
- (유형 5) 지식을 얻어 관찰하는 사람: 지적이며 사려 깊고 행동 전에 생각한다. 분석력과 통찰력이 뛰어나며 객관적이고 초연한 태도를 일관되게 유지하려고 한다. 현실을 파악하는 관찰력이 뛰어나지만 말이 적고 태도가 조심스럽다. 어리석은 판단을 내리는 것을 두려워하며 일을 시작하기 전에 정보를 열심히 수집해 상황을 정확하게 파악하려고 한다.
- (유형 6) 안전을 추구하고 충실한 사람: 책임감이 강하고 안전을 추구하는 유형으로서 친구나 자기가 믿는 신념에 가장 충실한 사람들이다. 전통이나 단체에 강한 충성심을 갖고 있으며 공동체에 대한 헌신이 대단하다. 신중하며 거짓말을 모르는 그들은 협조적이고 조화를 이루며 믿음직스럽다.
- (유형 7) 즐거움을 추구하고 계획하는 사람: 모든 일을 낙관적으로 보려고 하며

밝고 명랑하다. 자기 주변에서 즐거움을 찾아내는 능력이 뛰어나다. 좋아하는 사람들이 주변에 많이 있으며 자기 자신도 매력적인 인간이 되려고 노력한다. 아이디어와 상상력이 풍부하며 호기심이 많다.

- (유형 8) 강함을 추구하고 주장이 강한 사람: 자신이 옳다고 생각하는 것에 대해서는 전력을 다해 싸우는 전사이다. 용기와 힘이 넘치고 허영심 등을 재빠르게 꿰뚫어보며 그것에 결연히 대항한다. 권력구조를 파악하는 능력이 뛰어나며 자신의 강한 힘을 발휘할 수 있는 위치를 확보하는 능력도 갖추고 있다. 거드름을 피우지 않고 성실하며 약자를 옹호하고 보호하려고 한다.
- (유형 9) 조화와 평화를 바라는 사람: 갈등이나 긴장을 피하는 평화주의자로 자신의 내면이 혼란스러워지는 것을 싫어한다. 다른 사람들에게 쉽게 동화되기 때문에 주위 사람들의 영향을 받기 쉽다. 그러나 좋은 환경에 있으면 마음이 넓고 동요되는 일이 없으며 강한 인내심을 보인다. 편견이 없고 다른 사람의 기분을 이해할 줄 알기 때문에 타인의 고민을 잘 들어준다.

한국에니어그램교육연구소(www.kenneagram.com)

② 인격

인격(charater)은 품성이라고도 하며 개인의 가치관, 태도와 관계가 있다. 인간이 성숙해 가는 것은 우리의 가치관과 태도의 변화를 통한 인격의 성숙을 의미한다. 인격은 도덕적인 성숙과 어떤 불이익을 감수하고라도 옳은 일을 하는 데 헌신하는 것을 의미한다.

어떤 유형의 성격이라도, 자신의 성격의 긍정적인 면을 충분히 발현하여 성숙한 인격을 형성하는 노력이 필요하다. 성숙한 인격의 중요한 요소인 겸손, 섬김과 같은 속성은 단기간에 형성되는 것이 아니라 일상생활 속에서 꾸준한 자기수양을 통해 내면화할 수 있다.

다음은 일상생활에서 나의 인격의 성숙 정도를 점검해 볼 수 있는 리스트이다.

- 공과 사를 확실하게 구분한다.
- 약속한 것을 꼭 지킨다.
- 지속적으로 학습하며 자기계발을 한다.
- 다른 사람의 충고와 제안을 받아들이며, 필요할 때는 충고와 제언을 구한다.
- 모든 사람에게 차별 없이 대한다. 나보다 약한 사람에게 강하고, 강한 사람

에게 약한 행동을 하지 않는다.

- 다른 사람을 신뢰하며, 사람은 선의를 가지고 있다고 믿는다.
- 다른 사람을 경쟁자로 보기보다는 서로 함께 협력한다.
- 인내심을 키우고 어렵다고 포기하지 않는다.
- 활력이 넘치고 변화하는 환경에 잘 적응한다.

다음은 '섬김' 이라는 성숙한 인격을 가진 사람들의 공통점 열 가지를 제시한 것이다. 개인의 중요한 인적자원인 인격의 성숙함을 위해 어떤 자세와 행동이 필요한가를 생각해 보자.

섬기는 리더에게서 발견되는 열 가지 공통적인 요소

1) 경청하는 자세
   섬기는 리더는 말로 표현된 것이나 그렇지 못한 것 모두 수용적으로 귀기울인다.
2) 공감하는 자세
   섬기는 리더는 타인을 이해하고 그들과 공감하기 위해 노력한다. 섬기는 리더는 바로 각자의 독특성을 인정하고 공감하는 자세를 가지고 사람들을 대한다.
3) 치유에 대한 관심
   섬기는 리더는 사람들의 상처와 고통의 치유에 관심을 갖고 있다.
4) 분명한 인식
   섬기는 리더는 무작정 섬기지 않는다는 점에서 '종(servant)' 과 다르다. 섬기는 리더는 상황에 대한 분명한 인식을 기반으로 타당한 대안을 제시한다. 섬기는 리더가 보여주는 결정과 태도는 그의 분명한 인식을 통해 나타나는 것들이다.
5) 설득
   섬기는 리더는 순종을 강요하기보다는 타인을 납득시킨다. 이것은 전통적인 권위주의적 모델과 섬기는 리더를 구분 짓는 확실한 차이점이다.
6) 폭넓은 사고
   섬기는 리더는 좀더 폭넓은 사고를 통해 미래에 대한 비전을 가지고 현실에 적합한 조치를 취하기 위해 노력한다.
7) 통찰력
   섬기는 리더들은 그들이 갖고 있는 통찰력을 통하여 사람들에게 과거로부터의 교훈을 이해할 수 있도록 돕는다. 그 결과 그들로 하여금 현실을 제대로 인식하게 하며, 어떤 결정으로 인해 수반될 수 있는 미래의 결과에 대한 예측을 가능케 한다.

8) 청지기 의식

섬기는 리더들은 자신이 다른 사람들을 섬기기 위해 현재의 직분을 맡고 있다고 생각한다. 다른 사람들을 섬기기 위해 '통제'보다는 '개방'과 '설득'이라는 방법을 주로 사용한다.

9) 사람들의 성장에 대한 헌신

섬기는 리더는 사람들이 일하는 부분만큼의 실제적인 기여를 넘어서서 본질적인 가치를 갖는다고 믿는다.

10) 공동체 형성

섬기는 리더는 조직 안에서 일하는 사람들 사이에 공동체 의식을 형성할 수 있는 수단을 찾기 위해 노력한다.

출처: 제임스 헌터, 김광수 역(2002). 서번트 리더십.

(3) 적성과 능력

적성은 어떤 특정 영역에서 더 잘할 수 있는 잠재능력을 의미한다. 타고난 재능이 있다고 해서 자연히 그 분야에 뛰어난 능력을 발휘하는 것은 아니다. 적성은 개발하고 활용해야만 능력으로 발휘될 수 있다. 따라서 특정 분야에 잠재적 능력이 있는 사람은 잠재적 능력이 없는 사람에 비해 재능 개발을 위한 훈련이나 교육을 받게 되면 그 분야의 일을 더 잘할 가능성이 높다고 할 수 있다.

기업의 신입사원 채용과정에서 기업에서 원하는 인재상과 맞는 인재를 선택하는 수단으로 적성검사를 활용하고 있다. 기업의 특성과 산업의 특성에 따라 사용하는 적성검사지가 다르지만 직무능력검사, 인성검사, 적성성격검사, 지적능력검사 등의 내용을 포함하고 있다.

2) 대인적 자원

대인적 자원은 다른 사람과의 관계 속에서 자원으로 인지된다. 예를 들면 선후배 간의 친밀감, 동아리 구성원 간의 협동심, 자녀에 대한 애정, 직장생활에서의 리더십, 직장 동료들과의 협의 능력 등이 대인적 자원이다. 대인적 자원은 인간관계, 공동체 생활 속에서 개발되므로 가정생활은 매우 좋은 대인적 자원의 개발의 장이다. 이 절에서는 최근 우리 사회에서 중요한 대인적 자원으로 인식되고 있는 리더십과 협의에 대해 알아보고, 가정생활을 통한 개발 전략을 제시하고자 한다.

(1) 리더십

① 리더십의 개념

리더십의 개념은 다양한 정의가 통용되고 있다. 학자마다 영향력 행사의 주체, 목적, 행사방식 등에 대한 견해 차이가 있지만, 다양한 정의의 공통점을 찾아보면 리더십은 목적을 달성하기 위하여 다른 사람들(부하직원, 동료, 지역공동체의 행태 등)에게 영향을 미치는 과정이라고 할 수 있다. 즉 리더가 원하는 방향으로 사람들, 조직을 이끄는 능력이다. 리더십은 단지 기업경영을 위한 개념이기보다 인간관계, 인간행동과 관련된 확장된 개념으로 다양한 분야에 확대 적용되고 있다.

가정생활에서 리더십은 건강한 가정을 위해 개발되어야 할 필수적인 인적자원으로 인식된다. 박미석 · 김경아는 가정생활에 필요한 리더십을 '가정리더십'이라 하고, '가정 내 비전을 달성하기 위하여 가정구성원들이 자신의 역할을 효과적으로 수행할 수 있게 만드는 긍정적인 영향력'이라고 정의하였다. 생태체계적 접근에 근거하면, 가정은 가정구성원들 사이의 의사소통과 의사결정을 통해 목표를 달성하는 목표지향적 경영체이다. 이러한 관점에서 가정경영 리더십은 가정의 목표를 달성하기 위한 방향으로 이끄는 능력이다. 건강한 가정이 지향하는 세대 간 조화와 민주적이고 양성평등한 구성원 간의 관계에 근거한 리더십이 바로 건강한 가정을 위한 리더십이라고 할 수 있다.

② 가정생활에서 요구되는 리더십

■ 변혁적 리더십

변혁적 리더십이론은 현재의 성과와 보상에 중점을 두는 거래적 리더십[5]과는 달리 조직원들을 리더로 키우며, 성장 발전시키고, 동기 부여를 하여 미래의 비전을 위해서 리더와 조직과 조직원이 함께 변화하는 것에 의미를 둔다. 건강한 가정의 구현을 위해서 가정구성원들에 대한 동기 부여, 가정이라는 조직의 성장과 함께 가정구성원 각각의 성장과 발전을 위해서는 변혁적 리더십이 필요하다.

변혁적 리더십의 핵심요소는 다음과 같다.

• 카리스마와 영감

변혁적 리더십의 첫 번째 요소는 '카리스마와 영감(inspiration)' 이다. 카리스마는 '영감(inspiration)을 줄 수 있는 능력' 이라고 하며 카리스마가 있는 리더는 조직원들에게 감정적으로 매우 큰 영향을 줄 수 있어 조직원들이 자발적으로 헌신할 수 있게 한다. 또한 조직원들의 감정적 결속을 강화시키는 장점이 있다. 그러나 과도한 권력 집중, 비판 억제, 리더에 대한 숭배 등의 부작용을 낳기도 한다. 가정생활에서 리더가 가정구성원에게 동기를 부여해 줄 수 있는 영감을 가지고 있는 것은 바람직하다. 리더의 이러한 능력으로 가정구성원 각각의 가정생활이 즐겁고 활력이 넘친다면 변혁적 리더십의 적절한 적용이라고 볼 수 있다. 그러나 한국의 가부장적인 가정생활문화의 부작용을 고려하면 과도한 카리스마는 건강한 가정생활에 장애가 될 수 있다.

• 주도적이고 창조적인 문제해결 능력

변혁적 리더십의 두 번째 요소는 조직원들이 문제해결을 위하여 도전하게 하는 리더의 능력이다. 가정구성원들이 문제를 새로운 시각으로 바라보고 새로운 해결책을 찾도록 도와주어 스스로 생각했던 것 이상으로 문제를 해결할 수 있도록 하는 것이다.

• 개개인의 역량에 대한 관심과 개별적인 역할기대

리더는 조직원 개개인을 다르게 취급하지만, 개인적인 관심을 동등하게 부여한다. 가정구성원 각각에 대한 배려를 통해 개개인의 성장과 발전을 도와주는

5) 거래적 리더십은 한 개인이 어떤 행위나 보상, 인센티브를 사용하여 다른 사람들로부터 바람직한 행동을 일으키는 과정이다. 거래적 리더들은 현재에 초점을 맞추고, 조직을 순조롭고 능률적으로 운영하는데 뛰어나며, 전통적 관리기능, 업무성과에 관심을 집중한다.

것, 가정구성원 각자의 독특함을 인정해 주지만 모두를 동등하게 대하여 각자가 격려와 동기를 부여받게 한다.

■ 수평적 리더십

리더십의 개념은 일방적(one-way event)인 측면에서 벗어나 상호작용적(an interactive event)인 측면으로 확대되어 조직 내 리더에게만 제한적으로 적용되는 개념이 아닌 지위와 직급, 상황에 관계없이 통용되는 일반적이고 수평적인 패러다임으로 인식되고 있다. 이러한 패러다임의 변화는 리더십을 적용하는 조직의 변화와 유동성에 기인하다. 가정은 과거 가부장권이 강한 위계적 조직으로 인식되었으나 수평적이고 민주적인 특성이 강화된 조직으로 변화하고 있다. 이러한 변화의 시점에 개방적이고 창의성과 추진력을 갖춘 리더십을 필요로 한다. 이는 강한 가부장권을 갖고 있는 가장에게만 적용되는 것이 아니라 가정구성원 모두에게 적용되는 것이다.

워렌 베니스가 제시하는 21세기의 리더십 모형은 〈표 9-2〉와 같은 특징을 갖는다. 21세기의 변화하는 사회에 적합한 리더는 위계적이고, 지시와 감독, 통제, 관리로 규정되기보다는 수평적이며, 격려와 촉진, 변화 추진의 특성이 요구된다.

표 9-2 21세기 리더십 모형

현재	미래
리더는 소수, 주로 최고위층에 해당하는 관리자가 다수	모든 계층에 리더가 존재 소수의 관리자
목표설정으로 리드함 단기 목표, 투자수익률	비전을 통해서 리드함 장기적 성장
저가격 고품질을 위한 다운사이징 벤치마킹	독특성과 차별적 역량의 영역을 창조
변화에 반응적으로 대처	미래에 대한 예견과 창조
위계적 조직의 설계자	수평적이고 분산된 대학형 조직의 설계자 사회적 건축가
개인에 대한 지시와 감독	개인에 대한 임파워먼트와 격려, 팀워크의 촉진

소수 의사결정권자들이 정보 독점	내부 및 외부 파트너를 포함한 다수에게 정보가 공유됨
리더는 행동을 통제함	리더는 코치
리더는 안정 추진자	리더는 변화 추진자
갈등을 해결하고 조직 문화를 유지함	변화의 일정을 수립하고 위험 감수 문화의 기술적 기반의 변화를 리드함
좋은 관리자 육성	미래 리더 육성, 리더의 리더

출처: 김원석 역(2005). 워렌베니스의 리더와 리더십. p.268.

③ 가정에서의 리더십 훈련 전략

태핀더(Taffinder)가 제시하는 리더십 훈련의 과정을 가정생활에 적용하여 간단히 소개한다.

■ **가정구성원에게 상황과 목표를 인식시키기**: 리더는 중요한 문제에 가정구성원의 관심을 집중시키는 것으로 '상황을 부과' 한다.
- 우리 가정의 현재 상태에 대해서 분석하고, 가정구성원들에게 우리 가정이 나가야 할 방향과 추구해야 할 목표를 제시한다.
- 우리 가정에서 중요한 목표가 무엇인지 보여준다.
- 가정구성원들이 항상 균형감각을 가질 수 있게 하며 일상의 일들 중 어떤 일이 중요하고 어떤 일이 중요하지 않은가를 구별할 수 있도록 해준다.

■ **위기를 기회로 만들기**: 리더는 위기를 받아들여 기회를 창출하고 변화에 필요한 것이 무엇인지 모색한다.
- "~하면 어떨까" 라는 질문으로 기회에 초점을 맞춘다.
- 일단 일을 시도한다. 그러면 해결하지 못할 문제가 없다는 것을 입증할 수 있다.
- 목표에 도움 되지 않는 활동은 중단한다.

■ **과감하고 실험적인 사람되기**: 리더는 가정구성원에게 활력을 준다.
- 안일하고 지루한 환경을 바꾸어 가정구성원들을 놀라게 한다. 예를 들면

물리적 환경을 정기적으로 변화시킨다거나 가정구성원들을 위한 깜짝 이벤트를 준비하는 방법이 있다.
- 과거를 잊고 미래를 대비하는 자세로 도약한다. 현재와 미래의 모습을 설계하고 지식에 투자한다.

■ 신념 갖기: 리더는 성취하고 싶은 목표에 대한 열정을 갖는다.
- 자신의 의견을 확립한다. 자신의 관점을 갖고 의견을 표현한다.
- 자신의 신념을 표현하라. 과감하게 입장을 이야기하고 확고하게 속마음을 보여준다.
- 가정구성원들과 정보를 공유하고 함께 문제를 찾아내며 약속을 이행하여 신뢰를 쌓는다.
- 있는 그대로 말한다. 솔직하게 이야기하고 문제에 정면으로 맞서며 정기적으로 현재의 상태를 점검한다.

■ 조직력 창출하기: 조직력을 이끌어 내는 것은 영향력을 행사하고 지식을 행동으로 옮기는 것과 관계가 있다. 가정구성원들을 적절한 활동으로 유도하고 모두가 협력해서 함께 일할 수 있도록 한다.
- 가정구성원에게 위임하거나 통제하기 위한 영향력 있는 방안을 사용한다.
- 가정구성원 스스로 의사결정을 하게 하고 의사결정을 행동으로 옮길 수 있도록 도와준다.
- 가정구성원들이 의욕적으로 지식을 향상시키고 그것을 바탕으로 가정생활에 도움을 주고 싶은 마음이 생기도록 한다.

(2) 협의

① 협의의 개념

카바라와 카바라는 협의를 둘 이상의 사람들 사이에서 평등한 힘 나누기와 의사결정을 가능하게 하는 수단이라고 정의하였다. 우리가 사용하는 '협의' 란 단어는 둘 또는 그 이상의 사람들 사이에 의견과 생각을 교환하는 것을 의미한다.

협의의 기본 전제는 서로가 다른 의견을 교환하지만, 협의의 과정을 거치면 각자에게 이익이 될 수 있는 결과를 도출해 낼 수 있다는 것이다.

학교나 직장에서 어떤 일을 수행하고, 문제를 해결해야 하는 상황에 사용되는 일방적인 지시, 충고, 명목상의 의견 조율 등은 표면상 문제를 해결할 수 있으나 감정의 상처를 남길 수 있다. 가정생활에서도 지시, 충고보다는 상호 존중, 의견청취가 부부 간, 부모자녀 간의 관계를 긍정적 방향으로 발전시킬 수 있다. 협의의 과정은 서로의 생각을 모으는 것으로 가정구성원 서로에게 이익이 되는 성공적인 해결점을 도달하기 위한 과정이므로 협의 과정을 거치면서 서로가 불쾌한 감정도 순화시킬 수 있다.

카바라와 카바라가 제시하는 가정에서의 협의과정을 요약하면 다음과 같다.

1. 협의 과제를 명확하게 밝힌다. 무엇을 협의하고자 하는가?
2. 관련된 사항은 무엇인가? 누가, 무엇을, 어디서, 언제, 왜 그리고 어떻게?
3. 윤리적, 도덕적, 사회적, 현실적인 면에서 무엇을 고려해야 하는가?
4. 가능한 해결책, 전략 및 그와 관련된 시간, 비용, 에너지 그리고 감정상의 비용은 어떠한가?
5. 모든 사항을 잘 검토하여 최선의 것을 선택하되 가능하면 만장일치를 이끌어 낸다. 서로 협력하여 결정사항을 실천에 옮긴다. 일단 결정이 내려지면 전폭적으로 따른다. 그러나 필요하다면 재평가를 통해 수정을 할 수 있다.

② 협의 능력의 개발

건강한 가정을 위해 양성 평등한 부부관계와 자녀의 의사를 수용하는 의사결정 방법을 찾는데 협의는 유용한 역할을 한다. 가정구성원들은 문제에 대한 합리적인 해결 방법을 함께 찾기 위해 서로의 의견을 경청하는 정서적 공동체가 된다. 협의의 기술을 이용해서 부부 간, 부모자녀 간에 새로운 형태의 상호작용을 시도해 볼 수 있다. 가정생활에서 협의 능력 개발을 위한 실천 전략을 카바라와 카바라가 제시하는 협의 능력 개발에 필요한 기본적인 자세와 기술을 중심으로 정리하면 다음과 같다.

• 상호 존중

협의에 참여하는 각 개인은 나이, 성별, 지위 또는 다른 차이에 상관없이 모든 상대방을 존중해야 한다. 다른 사람이 자신을 진심으로 존중하고 있다는 사실을 느끼게 되면, 편안하게 자신의 생각을 표현할 수 있게 된다. 다른 사람의 의견에 동의하지 않을 때도 정중하고 존중하는 태도로 표현한다. 협의에 참여하는 모든 사람의 자존심을 지켜준다는 태도가 중요하다. 협의 과정에서 서로를 공격해서는 안 되며, 자신의 생각에만 집착해서는 안 된다.

• 헌신적인 자세

'나한테 좋은 것이 무엇일까?' 하는 생각보다는, '우리 가정 전체를 위해 무엇이 좋은 것인가' 라고 생각해야 한다. '꼭 이렇게 해야 합니다' 라기보다는 '이것을 이렇게 하면 어떨까요? 이렇게 할 수 있겠지요' 라는 식의 표현을 사용한다.

• 적극적이고 효과적인 표현

나의 생각, 의견, 감정을 자유롭게 표현한다. 다른 사람의 마음을 다치게 할지 모른다는 생각 때문에 나 자신에 대한 표현을 솔직하게 하지 못한다면 성공적인 협의가 될 수 없다. 상호 존중을 바탕으로 솔직한 자기표현이 필요하다. 또한 자신의 생각을 정리하여 정확하게 표현하는 방법을 익히는 것도 중요하다.

• 인내심

인내심은 마음의 평정을 유지하고 나의 의견에 대한 반대 의견을 끝까지 듣는 침착함을 의미한다. 협의 과정을 통해 의견이 조율되는 것을 기다리는 끈기, 당황스러운 상황에서도 화를 내거나 불평하지 않는 자기조절의 능력을 말한다. 일정 수준 이상의 인내심을 갖기 위해서는 많은 훈련이 요구되며 협의 과정이 인내심 훈련의 기회가 된다.

• 경청

단순히 다른 사람의 말을 듣는 것뿐 아니라 그 사람이 말을 통해 드러내는 감정을 느끼는 것도 중요하다. 말을 통한 협의에 앞서 상대의 감정을 헤아려 보면 상대의 부정적인 감정 속에 문제해결의 실마리와 긍정적인 행동 가능성을 찾아

낼 수 있다.

• 독창성

협의과정에서 해결 방안이나 아이디어를 구할 때는 창조적인 생각을 표현할 수 있도록 자유로운 분위기를 만들어야 한다.

3) 가정 전체적 자원

가정 전체적 자원은 가정이라는 하나의 생활공동체가 존재할 때 생성되는 인적자원이다. 가정자원관리에 체계론을 접근시킨 대표적인 학자들인 디컨과 화이어버(Deacon과 Firebaugh)는 가정의 응집력과 적응력을 가정체계와 환경과의 상호작용을 통해서 가정체계를 유지 발전시키는데 필요한 요소(응집력, 적응력, 의사소통, 관리행동의 기능성)들로 보았다. 이들의 접근에 따르면 응집력과 적응력은 가치, 목표지향성 등에 영향을 주어 관리 과정에 대한 피드백을 촉진할 수도 있고, 제한할 수도 있는 중요한 요소이다.

우리 사회는 세계 어느 사회보다도 정치, 경제, 사회적으로 급속한 변화를 겪고 있고 가정도 이러한 변화의 한 가운데에 위치하고 있다. 가정의 응집력과 적응력은 변화 관리의 중요한 요소로서 가정 전체적 인적자원이다.

(1) 가정의 응집력

응집력은 가정의 구성원이 가정 내의 다른 구성원들과 어느 정도 분리되어 있고 어느 정도 연결되어 있는가를 의미하는 것으로 가정의 구성원들이 서로 느끼는 정서적 유대감의 정도로 표현될 수 있다. 응집력은 학문적으로 Olson, Sprenkle, Russell의 Circumplex model의 중심 개념으로 연구되었으며, 가정의 응집력은 가정구성원들 간의 정서적 유대, 가정의 하위체계들과 외부 환경과의 경계, 협력이 이루어지는 대상과 정도, 가정 공동의 시간과 가정구성원 개인의 사적인 시간의 허용 정도 등 여덟 가지 영역으로 구성되어 있다.

응집의 정도에 따라 과잉분리, 분리, 연결, 밀착의 4단계로 구분한다. 가정의 구성원들이 과잉분리나 밀착의 단계에 있을 때 보다 심하지 않은 '분리' 또는 적당히 높은 수준으로 '연결' 되어 있는 경우 독립과 연결이 균형을 이룬다고 본다. 이렇게 균형을 이룰 때 그 가정이 스트레스 상황이나 변화에 보다 잘 적응할 수 있다.

(2) 가정의 적응력

변화에 대한 적응력은 개인 누구나 가지고 있는 인적자원이지만 그 정도의 차이는 크다. 새로운 상황에 대해서 얼마나 빠르게 반응하는지, 어떤 방식으로 반응하는지가 변화에 대한 적응력의 차이를 가져온다. 가정을 하나의 체계(system), 단위(unit)로 볼 때 가정도 개인처럼 변화에 대한 적응력을 가진다.

학문적으로 가정의 적응력은 "상황적으로 또는 발달단계상 발생할 수 있는 스트레스에 대응해서 가족체계의 권력구조, 역할관계, 관계규칙 등을 변화시킬 수 있는 능력(Olson et al., 1983; 최정선 · 이정우, 1999에서 재인용)" 으로 정의된다. 가정의 적응력은 가정의 구성원들이 자신의 의견을 주장하는 방식, 리더십의 유형, 가정구성원들 사이의 협상 능력, 역할 확립 및 역할 분담 등 여섯 가지 하위 영역으로 구성된다. 가정은 변화 능력 정도에 따라 수준을 구분할 수 있는데, 여기에는 경직된 가정, 구조화된 가정, 융통성 있는 가정, 혼돈된 가정의 네 가지 수준으로 구분될 수 있다.

건강한 가정은 양쪽 극단, 즉 적응력이 매우 낮아서 경직된 가정이나 변화에 지나치게 반응해서 혼돈된 가정보다는 적응이 적절히 구조화된 가정 또는 융통성 있는 가정이라고 할 수 있다.

생각해볼 문제

1. 가정의 인적자원 중 지식기반사회에서 중요성이 대두되는 인적자원 두 가지를 생각해 보고, 그 이유를 설명해 보자.
2. 외모지상주의, 건강강박증과 관련된 사례(신문기사)를 찾아서 읽고 인적자원 관리적 측면의 대안을 제시해 보자.
3. 가정생활에서 활용할 수 있는 가정구성원들의 리더십 개발 전략을 제시해 보자.
4. 가정의 응집력 또는 적응력이 과도하여 나타날 수 있는 부작용을 설명해 보자.

참/고/문/헌

김상준(2004). 부르디외, 콜만, 퍼트남의 사회적 자본 개념 비판. 한국사회학, 38(6), 63-95.

박미석 · 김경아(2006). 가정생활건강성 향상을 위한 가정리더십 프로그램 개발 및 실시. 한국가족자원경영학회지, 10(3), 113-130.

배종석(2006). 사람기반 경쟁우위를 위한 인적자원론. 서울: 홍문사.

서성교(2003). 하버드 리더십 노트. 서울: 원앤원북스.

서지원(2006). 사회자본으로서의 가족자원에 대한 이해와 활용방안. 한국가정관리학회지, 24(3), 1-14.

송혜림 · 정영금(2006). 건강가정 주부 CEO리더십개발. 한국가족자원경영학회 2006년도 추계학술대회 워크숍 자료집. 51-170.

워렌베니스 저, 김원석 역(2005). 워렌베니스의 리더와 리더십(원제: Leaders). 서울: 황금부엉이.

정우일(2005). 리더와 리더십. 서울: 박영사.

최정선 · 이정우(1999). 도시주부의 가족응집력, 적응력이 가정관리 스트레스에 미치는 영향. 한국가정관리학회지, 17(3). 63-81.

칼릴 카바라 & 수 카바라 저, 김영경 역(2002). 행복한 가정 성공한 가정(원제: Creating a Successful family). 서울: 프로방스.

폴 태핀더 저, 신현승 역(2002). 리더십 훈련(원제: The leadership Crash Course). 서울: 넥서스BOOKS.

Goldsmith, E. B. (2005). *Resource management for individuals and families*. Thomson Wardsworth: Belmont, CA.

건강길라잡이(www.hp.go.kr).

보건복지부(www.mohw.go.kr)

강북구 보건소(www.ehealth.or.kr)

CHAPTER

10

시간자원관리

1. 시간의 개념과 구조
2. 시간관리의 배경 요인과 이론
3. 건강가정의 시간자원관리

CHAPTER 10

시간자원관리

정보화 사회에서 가정에 제공되는 정보의 양이 증가하고 한정된 시간 내에 처리해야 할 정보가 많아지나 가정구성원의 감소와 역할의 다양화로 가정 내 역할 부담과 시간제약이 증가한다. 시간은 건강가정의 목표를 달성하고 구성원의 욕구를 충족시키는데 필수적인 자원인 동시에 유한성을 특징으로 하는 자원이다. 그러므로 한정된 시간자원을 투입시켜 건강가정의 목표와 욕구 충족을 달성하기 위해서는 시간관리가 필요하다.

이 장에서는 시간과 시간관리의 개념에 접근하여 시간자원의 특성을 이해하고, 시간관리를 해야 하는 이론적 근거로서 대표적인 시간관리이론을 소개하며, 건강가정의 상황에 따라 적용할 수 있는 시간관리전략을 제시한다.

1. 시간의 개념과 구조

1) 시간의 개념

시간은 모든 인간에게 공통적인 자원이며, 일정하게 지속적으로 주어진다는 점에서 우리에게 많은 가능성을 제공한다. 그러나 누구에게나 매일 일정 양이 새롭게 주어진다는 특성으로 인해 건강가정의 구성원들이 시간을 자원으로서 인식하고 관리해야 하는 필요성을 간과할 수 있다. 이와 같이 시간이 자원으로서 갖는 다양한 특성을 통해 시간의 개념과 중요성을 살펴보기로 한다.

① 유한성

시간은 누구에게나 공평하게 하루 24시간씩 주어진다. 시간은 개인이 노력하거나 선택하지 않아도 매일 새롭게 공급받을 수 있으므로 시간자원을 적극적으로 사용하거나 배분하려는 의식을 가지지 않을 수도 있다. 그러나 주어지는 시간의 양과 흐름을 조절할 수 없으며, 자신에게 주어진 시간 이외에는 사용할 수 없다는 점에서 유한성을 갖는다.

② 저장불가능성

대부분의 자원은 사용하지 않으면 저장하거나 가치를 보존할 수 있으나, 시간은 저장할 수 없다는 한계를 가진다. 즉, 시간은 미래를 위해서 현재의 사용을 연기하거나 저축할 수 없으며, 지나간 시간을 되돌려 사용할 수 없다.

③ 연속성

시간은 인간의 의지나 상황과 관계없이 일정한 속도로 진행되는데, 24시간이 모여 하루가 되며, 하루하루는 일주일, 한달, 사계절 등으로 연속적으로 진행된다. 이러한 연속성 속에서 현재와 미래의 시간들은 일정한 속도로 과거의 시간으로 흡수된다. 시간의 연속적인 흐름 역시 우리가 통제할 수 없으며, 시간 사용을 장단기적으로 계획하고 분배하는 활동을 통해서만 조절할 수 있다.

④ 결합성

시간은 그 자체로서 의미를 가지는 자원이나 다른 자원을 사용할 때 반드시 시간이 동시에 사용된다. 즉, 개개인이 자신의 능력을 발휘하거나 돈을 쓰고자 해도 시간이 없다면 이러한 자원을 사용할 기회가 없게 된다. 따라서 시간은 우리가 가지고 있는 금전, 기술, 경험, 에너지 등의 자원이 사용될 때 항상 동시에 관련된다는 의미에서 시간자원을 결합자원, 중심적 자원으로 이해해야 한다.

이와 같이 시간은 자원으로서 여러 가지 한계점을 가진다. 동시에 결합성과 같이 독특한 특성을 가진 만큼 그 특성을 최대한 활용하여 주어진 시간을 어떤 활동에 배분하고, 일정한 시간 내에 무엇을 하는가에 따라 개인의 성취 정도가 달라지고 생활의 질이 규정될 수 있다. 그만큼 건강가정과 구성원의 삶의 목표를 달성하는 과정에서 시간은 중요한 역할을 하는 자원이다.

2) 시간의 구조

시간자원은 유한성 내에서 필수적인 생리적 시간과 의무적인 노동시간, 그리고 잔여시간인 여가시간으로 구성되므로 개인에 따라 시간 사용에 큰 차이가 없는 것으로 보일 수 있다. 그러나 개인의 역할에 따라 노동시간의 양과 내용이 다르고, 가치에 따라 노동과 여가에 대한 인식에 차이가 있다. 이를 이해하기 위해 시간의 구조를 살펴보기로 한다.

(1) 생리적 시간

생리적 시간은 수면, 식사, 휴식, 목욕, 몸단장 등의 기초적인 활동에 소비하는 시간으로 에너지를 재생산한다. 생리적 시간은 인간으로 살아가기 위해 꼭 필요한 필수적인 시간이므로, 지나치게 줄이거나 불규칙하게 사용하면 생활 리듬이 깨어지게 되어 생리적 · 심리적 혼란이 발생하거나 질병을 일으키기 쉽다.

① 수면시간

수면은 인간의 활동 중에서 가장 많은 시간을 소비하는 활동이다. 개인차는 있으나 일반적으로 인간은 하루 중 약 1/3을 수면으로 보낼 만큼 큰 비중을 차지하고 있다. 그러나 필수적인 시간이므로 시간을 줄이거나 시간대를 조절하는 데 한계가 있다. 또 인체의 생리적 기능들은 특히 수면시간에 의해 가장 큰 영향을 받는다.

② 식사시간

식사시간은 에너지를 공급하는 생리적인 의미 이외에 가정구성원이 함께 하는 저녁식사나 주말의 경우 시간을 공유하며 가정의 단란을 꾀할 수 있는 여가시간으로서의 의미를 가지기도 한다. 또 직장인의 점심시간이나 퇴근 후 업무를 위한 저녁식사는 일의 연장선에 있으므로 노동시간으로 볼 수도 있다.

③ 휴식시간

휴식시간은 심신의 회복과 에너지 재생산을 목적으로 하는 시간이다. 그러나 휴식시간에는 단순히 쉬는 것뿐 아니라 쉬면서 음악을 듣거나 텔레비전을 보는 등의 활동을 동시에 하기 때문에 여가시간과 엄격히 구분되기 어려운 특성을 가지기도 한다.

(2) 노동시간

노동시간을 정의하는 데는 크게 두 가지 관점이 있다. 노동시간을 임금 산정을 위해 규정할 경우 노동시간에는 정규 근무시간과 이를 위한 준비시간, 작업장소에서의 짧은 휴식시간 등이 포함되며, 작업 중 식사시간이나 출퇴근시간은 제외된다. 반면 '국민생활시간조사' 와 같이 시간사용 내용을 조사하기 위해 하루를 생활 필수, 노동, 여가로 나누는 경우 노동시간은 일, 통근 및 가사를 포함한 시간으로 본다. 이와 같이 노동시간 및 수입노동시간에 대한 정의와 측정 범위는 목적에 따라 달라진다.

① 수입노동시간

수입노동시간은 근무, 통근, 근무 중 휴식 및 식사시간과 부업노동시간 등 수입을 획득하기 위한 시간으로, 근로자들의 하루 생활은 수입노동시간을 중심으로 영위될 만큼 의무적이며 많은 시간을 차지한다. 그러나 최근에는 수입노동시간의 양상에 변화가 일어나고 있는데, 주 5일 근무제 도입으로 직장인들의 수입노동시간이 전반적으로 감소되고 있다. 또 정보통신기술의 발달로 출퇴근을 하지 않고 가정에서 업무를 처리하는 재택근무나 조기 출근제, 선택근무 시간제를 도입할 경우 출퇴근시간을 감소시키고 근무시간에 융통성이 생기면서 수입노동시간을 변화시킬 수 있다.

② 가사노동시간

노동이란 넓은 의미에서 자신 또는 남을 위해 측정할 수 있는 결과를 산출하는 생산활동으로 정의된다. 일부에서는 노동이 갖는 교환가치에 초점을 두고 취업노동만을 노동으로 간주하며, 가사노동은 교환가치를 갖지 못한다는 이유로 노동의 범주에서 제외시키기도 한다.

그러나 베거(Becker)와 같은 경제학자들은 가정구성원들의 욕구를 충족시키기 위해 가정에서 구매한 상품이 소비되기까지에는 가사노동자의 시간과 노력이 부가되어야 한다는 점을 지적하고 있다. 즉, 가정에서는 구입한 재화에 가사노동자의 인적자본과 시간을 투입하여 가정구성원의 효용을 증대시킬 수 있는 최종소비재를 생산해 내고 이를 통해 궁극적인 만족을 얻는다는 의미에서 가사노동을 생산활동으로 볼 수 있다는 것이다.

가사노동시간은 가정구성원의 기본적인 욕구를 충족시키고 노동력을 재생산하기 위해서 가정에서 이루어지는 노동에 소비하는 시간으로 정의나 분류에 다소 차이가 있다. 예를 들면, 동일한 활동이라도 가사노동자의 인식이나 목적에 따라 달라질 수 있는데, 수예품이나 옷을 필요에 의한 일로 인식하여 만들 경우 가사노동으로 볼 수 있지만 취미생활로 만들 경우 여가활동시간으로 간주한다. 또 자녀양육시간을 가사노동에 포함시키기도 하고, 이를 가사노동과 구별하여 의식주 생활관리나 가정관리활동만을 가사노동시간으로 간주하기도 한다.

(3) 여가시간

여가시간은 생리적 시간과 노동시간을 제외한 나머지 시간으로 개인이 자신의 의지에 따라 자유롭게 사용할 수 있는 시간이다. 여가시간은 자유시간과 거의 같은 의미로 사용되기도 하나, 이에 대해 반론이 제기되기도 한다. 즉, 여가시간을 단순히 자유롭고 일을 하고 남는 잔여시간으로 간주하지 않고, 자유시간 중에서도 여가가치의 추구에 사용된 부분만을 여가시간으로 보아야 한다는 선택의 측면을 강조하는 견해도 있다.

이와 같이 여가시간을 자유시간 중에서도 여가가치를 추구하거나 특별한 활동을 선택한 시간으로 정의했을 때 여가시간의 양은 축소될 수 있으나, 최근 우리 나라에서도 생활 수준의 향상과 주 5일 근무제의 도입에 따라 여가가 생활에

표 10-1 휴무 실태에 따른 주요 행동별 · 성별 시간활용(평균 시간, 2004)

(단위: 시간:분)

	주 1일 휴무		주 2일 휴무(주 5일 근무)	
	평일	토요일	평일	토요일
• 수면	7:24	7:34	7:14	8:27
• 일(수입노동)	7:23	5:59	7:01	2:17
• 가사노동 1	0:55	1:08	1:05	1:59
• 교제 및 여가활동	3:20	4:11	3:28	6:04
교제 활동	0:40	0:51	0:42	0:59
일반인의 학습	0:04	0:03	0:07	0:12
미디어 이용	1:35	1:59	1:33	2:51
종교 활동	0:04	0:05	0:05	0:07
관람 및 문화행사 참여	0:01	0:04	0:01	0:11
스포츠 및 집밖 레저	0:16	0:17	0:18	0:34
취미 및 그외 여가	0:39	0:49	0:40	1:03
• 이동	1:59	2:08	2:10	2:02

1. 가정관리 및 가족보살피기 포함

출처: 통계청(2005). 2004년 생활시간조사결과.

서 중심적인 요소가 되면서 표 10-1과 같이 여가시간이 늘어나는 추세이다.

시간의 구조는 이상과 같이 서로 다른 목적과 효과를 갖는 세 가지로 구분될 수 있으나, 연관관계 속에서 사용목적과 사용자의 가치 판단에 따라 엄격한 구분이 어려운 문제가 발생하기도 한다. 예를 들어, 생리적인 시간에 속하는 휴식과 여가시간을 구분하기 어렵거나, 목적에 따라 가사노동으로 볼 수도 있고 여가로 인식될 수도 있는 반여가의 개념이 성립된다. 따라서 시간 사용과 목적에 대한 구성원의 인식과 가치 판단이 중요하다. 이때 시간 사용에 부여하는 가치는 건강가정과 구성원의 가치를 반영해야 한다. 노동과 여가에 대한 구성원의 가치를 고려하고, 여가시간을 공유하는 노력을 통해 건강가정의 가치와 목표를 달성하려는 시관관리의식이 필요할 것이다.

놀토 다이어리

주 5일 근무에 이어 주 5일 수업이 시범적으로 실시되면서 어린 자녀를 둔 가정에서는 학교를 가지 않는 토요일, '놀토'를 어떻게 보내는가 하는 새로운 고민에 빠졌다. 앞으로 주 5일 수업이 전면적으로 시행되면 학부모들은 매주 토요일마다 걱정거리를 갖게 되는데, 놀토 다이어리를 활용해 보자.

놀토 다이어리란 특별한 형식을 갖출 필요는 없지만, 구성 팁을 소개한다.

첫 페이지: 우리 가정의 행복 보관함
언제 – 2008. 2. 17
어디서 – 경주
누구와 – 나, 남편, 주호
어떻게 – 아침식사 후 출발, 승용차를 타고 경부고속도로로
무엇을 – 황룡사 유적지 탐방 후 주호 생일기념 식사
어떤 일이 있었지? – ……
비용 – ……

둘째 페이지: 우리 가정의 놀이 역사
뭘 하고 놀았지?
가장 즐거워하는 여가활동은?
그 여가활동이 즐거웠던 이유는?
지금까지 하지 않았던 여가활동 중에서 가정구성원과 함께 하고 싶은 다섯 가지는?

셋째 페이지: 우리 가정의 놀이 약속
우리는 앞으로 이렇게 하겠습니다.
–자기계발을 위해 ____ 는 ____을 배우겠습니다.
–좋은 놀이습관을 위해 _____ 는 _____를 _____ 시간 줄이겠습니다.
–문화생활을 한 달에 _____ 번 이상 하겠습니다.

출처: www.hueman.co.kr

2. 시간자원관리의 배경 요인과 이론

시간은 없어서는 안 될 자원임에도 불구하고 일정량이 주어지므로 자원으로서의 가치를 인식하지 못하는 경향이 있다. 그러나 시간은 사용하는 사람에 따라 다른 산출결과를 낳는다는 점에서 시간에 대한 새로운 인식과 관리가 필요하다.

1) 시간자원관리의 새로운 패러다임

시간관리는 자기관리의 한 부분이다. 적게는 몇 시간의 관리에서 시작되어 궁극적으로는 자신의 삶 전체를 관리하는 것이다. 넓은 의미에서의 시간관리란 주어진 모든 시간을 최선으로 활용하여 최대의 효과를 거두는 것이며, 좁은 의미의 시간관리는 효율적인 활동을 하기 위해 시간의 낭비를 막고 시간을 잘 조직하는 행동을 말한다.

최근 우리 사회에서는 시간에 대한 인식과 시간관리의 패러다임이 변화하는 여러 가지 계기가 있었다. 생활 수준의 향상과 삶의 질에 대한 인식, 주 5일 근무의 제도화 등이 그 계기로 작용했는데, 주 5일 근무제와 삶의 질을 중심으로 시간관리에 대한 인식의 변화와 가정생활에 미치는 영향을 살펴보자.

(1) 삶의 질에 대한 인식의 변화

경제적 성장과 물질적 풍요로부터 얻게 되는 만족에 한계를 느끼면서 개개인은 객관적인 생활 상태나 물질적 충족에 만족하지 못하고 질적인 삶과 주관적 만족을 추구하는 방향으로 인식이 전환되고 있다.

시간을 자원으로 인식하고 시간자원을 효율적으로 사용하고 관리함으로써 생활의 질 향상에 기여할 수 있다. 단기적으로는 가사노동시간의 낭비를 줄이고 한정된 시간을 효율적으로 사용함으로써 가정구성원의 시간관리의 산출과 만족감을 극대화시킬 수 있다. 또 가사노동과 취업노동, 여가에 대한 적절한 시간 배분을 통해 노동과 여가의 균형, 취업노동과 가사노동의 균형, 가정구성원의 개인적 시간 사용과 전체의 시간 공유 등 전반적인 삶의 균형을 이룰 수 있다. 장기적으로는 일생에 걸친 시간배분과 이를 실현하기 위한 시간관리를 통해 구성원과 건강가정의 목표 달성과 가치 실현에 기여할 수 있다.

장기적인 목표와 가치 실현에 기여하는 시간관리, 가정구성원들이 시간과 활동을 공유하는 시간 배분, 다양한 활동에 대한 시간 배분의 균형 등과 같이 시간과 시간관리에 대한 새로운 인식을 가짐으로써 삶의 질이 향상될 수 있다.

'시간부족 사회' 온다

"시간이 가장 값지고 희귀한 자원 중 하나가 된다." 티머시 맥(Timothy Mack) 세계미래회의(WFS) 회장은 "미래엔 한정된 시간 안에 경험해야 할 것이 너무 많아 먹는 것과 보는 것 등 경험한 단위에 투자하는 시간이 점점 짧아진다."고 말했다. 그래서 앞으로 시간이 돈보다 값진 자원이 되는 '시간 부족(Time Famine · 시간 기근) 사회'가 올 것이라고 예언했다.

- 시간이 희귀 자원이라니?
  "초고속 열차와 비행기, 시공간을 뛰어넘는 인터넷이 등장했지만 도리어 인간들은 갈수록 바빠진다. 이유는 정해진 시간 안에 처리해야 할 정보가 너무 많아졌기 때문이다. 실시간으로 변하는 기술도 따라잡아야 하고, 덩달아 1인당 노동생산량은 엄청나게 늘고, 시간당 임금도 높아졌다. 시간이 돈이라는 얘기다.
- 시간의 부족현상은 어떻게 나타나는가?
  "요즘 생일 축하 파티를 패밀리 레스토랑 직원들이 불러주는 짧은 축하 노래와 인스턴트 음식으로 때운다. 맥도날드 드라이브 스루(Drive Through: 차에 탄 채 음식을 주문하고 받는 서비스)를 찾고, 운전하면서 샌드위치를 먹는다. 앞으로는 이런 현상이 더 심해질 것이다."
  "일에 있어 극도의 효율성을 추구하다 보면 여가의 부족을 느낀다. 인간은 이 불균형을 맞추기 위해 레저에도 효율성을 추구하려고 든다."
  "여유 있는 배낭여행 대신 단시간에 많은 것을 경험하는 '패키지 투어'가 인기를 끌고 있다. 시간이 많이 투입되는 글쓰기나 명상보다 스트레스를 단번에 날리기 위한 드라이브, 쇼핑에 대한 선호가 높아지고 있다. 시간이 아까워 보다 많은 것을 하려다 보니 생기는 현상인데, 오히려 스트레스와 피로가 더 누적된다."
  "사람들은 점점 더 외롭다고 느끼고 있다. 인터넷에서 의사소통을 하지만 정을 쌓긴 힘든 공간이다." "미국에서도 마이 스페이스(myspace), 드롭샷(dropshots) 같은 친구나 가족들을 위한 커뮤니티가 인기를 끌고 있다. 하지만 컴퓨터가 우리를 하루에 16시간씩 묶어 놓지만 않았더라면 그런 커뮤니티가 애당초 필요 없지 않았을까? 직접 찾아가면 되니까 말이다. 부모님을 찾아뵐 시간이 없으니까 인터넷에 사진을 올리고 댓글을 다는 것이다. 또 이렇게 인터넷에서 최소한의 안부를 묻고 지내니까 실제로 얼굴을 볼 필요성을 덜 느끼게 되고……."

출처: 조선일보(2007. 1. 15.)

(2) 주 5일 근무제와 삶의 질

우리 나라에서는 공기업과 금융, 보험 및 1,000명 이상의 종업원이 있는 대기업을 시작으로 2004년 7월부터 주 5일 근무제가 의무적으로 도입되어 본격적인 주 5일 근무시대가 열렸다. 주 5일 근무제는 1997년 고용 창출과 근로자의 삶의 질 향상을 위해 도입이 검토되어 오다가, 1998년 외환위기를 극복하기 위한 일환으로 일자리 나누기의 필요성이 제기되면서 본격적으로 논의를 시작하였다.

주 5일 근무제의 도입으로 인해 근로자에게 미치는 영향은 여가활동구조의 재편성, 여가소비의 증가, 삶의 질 향상 등으로 집약된다. 휴일이 늘어남에 따라 생활 패턴이 직장 중심에서 가정 중심, 여가 중심으로 변화되면서 개인이 다양한 여가활동을 추구할 수 있고, 여가활동의 다양화는 가정 중심의 여가문화를 조성하여 가정의 응집성과 가정구성원의 관계에 긍정적인 영향을 미칠 수 있다.

전반적으로 주 5일 근무제는 노동시간의 단축을 통해 근로자의 삶의 질을 향상시킬 수 있는 계기로 평가되고 있다. 대중소비의 단계에서 물질적 혜택이 보편화되자 물질적 풍요로부터 얻게 되는 정신적 만족과 질적 욕구에 한계를 느끼면서 개개인은 정신적 삶과 삶에 대한 주관적 만족에 가치를 부여하게 되었다. 이때 주관적 만족은 개성이 반영된 생활이나 가치를 부여하는 활동으로부터 얻을 수 있는데, 여가시간이 증가되면서 개인의 개성을 반영한 여가활동이나 가족여가활동, 사회 참여, 자기계발과 교육의 기회를 줌으로써 생활에 대한 만족과 삶의 질이 향상될 수 있는 것이다.

그러나 여가시간의 증가가 반드시 여가생활의 질적 향상이나 다양화를 가져오는 것은 아니며, 여가활동의 증가는 여가비의 지출을 증가시키므로 증가된 여가시간 동안 자기계발이나 목표 달성을 위한 활동에 적극적으로 시간을 배분하는 여가의식이 필요하다. 이러한 의식과 함께 가정구성원은 지금까지 일과 직장 중심의 생활에서 개인의 삶과 가정을 위한 생활로 시간을 투자하고 주휴 2일 동안 다양한 활동에 시간을 배분하는 새로운 시간관리 패러다임으로 전환하는 과정에 있다.

삶의 질에 대한 인식이 노동과 여가에 대한 시간관리의식을 자극하는 동기로 작용하였다면, 주 5일 근무제는 의식적인 시간관리를 실천할 수 있는 기회를 만들어준 셈이다.

2) 시간자원관리이론

시간관리에 대한 이론적 접근은 각 학문 분야에 따라 개별적으로 시도되어 왔기 때문에 각 분야의 특성과 목적에 따라 매우 다르다. 따라서 이 절에서 소개하는 각 이론의 특성을 이해하고 각 건강가정의 상황이나 구성원의 필요에 적합한 이론을 적용하는 것이 바람직할 것이다.

(1) 체계론을 이용한 시간관리

시간관리의 과정에 체계론을 적용하면, 시간관리의 투입, 과정, 산출의 결과를 통해 시간 사용의 효율성을 증진시키고 나아가 체계의 목표를 달성할 수 있다.

① 투입

a. 요구와 목표

시간자원의 관리가 필요한 근본적인 이유는 인간의 욕구는 무한한 데 비해 이 욕구를 충족시켜 줄 수 있는 시간자원은 한정되어 있다는 유한성에 기인한다. 또 가정구성원의 시간 사용은 다른 구성원이나 타인에 의해 제한되기도 한다. 따라서 시간의 유한성은 시간관리를 요구하는 요인이다.

시간관리의 또 하나의 투입요소는 목표이다. 건강가정의 구성원들은 일정 기간 내에 여러 가지 목표들을 동시에 달성하기를 원하므로 이를 위해서는 여러 목표에 시간을 효율적으로 배분함으로써 보다 높은 만족을 얻기 위한 시간관리 목표를 갖게 된다. 구체적으로는 노동시간의 최소화, 합리적인 시간관리, 시간사용의 균형 등을 들 수 있다.

• 노동시간의 최소화

노동시간의 최소화는 시간관리의 기본적인 목표이다. 노동시간을 가능한 한 줄여서 절약된 시간을 다른 활동에 투입시켜 한정된 시간 내에 더 많은 활동을 성취하고, 시간 사용의 만족도를 최대화시키는 것이 시간관리의 목표이다.

• 시간 사용의 균형

시간은 노동, 휴식, 여가의 세 가지 활동에 적절히 배분되어야 한다. 더 나아가 개인의 시간이 개인적 시간과 사회적 시간으로, 가정 내 시간과 가정 외부의 시간으로 각각의 활동에 균형을 이루도록 배분되어야 한다. 예를 들어, 과거의 직장인들은 근무시간 이후에도 야근이나 회식에 이르기까지 지나치게 일 중심으로 시간을 사용한 결과 자신만의 여가시간이나 가족과 같이 보내는 시간이 적어 생활의 질에 부정적인 영향을 미쳐왔다. 따라서 개인적 시간이나 가정 내 시간을 보다 많이 배분하고 활동 간의 균형을 이루어야 한다.

b. 자원

시간관리의 목표를 달성하는데 사용될 수 있는 자원에는 개인이 가지고 있는 인적자원과 주변적인 환경적 자원이 있다.

• 인적자원

시간관리에 효과적으로 사용될 수 있는 인적자원으로는 자기훈련, 감독기술, 융통성 등이 있다. 자기훈련은 활동을 완수하는데 필요한 의지력으로, 시간관리에 대한 높은 성취동기와 실행의지를 갖게 한다. 감독기술은 한 가지 활동에 여러 사람이 참여할 때 일의 분담과 시간배분 개인과 전체의 관련성 등을 지도하며 감독하는 기술이다. 융통성은 시간계획을 실행할 때 요구되는 조절능력으로, 예기치 못한 사건이 발생했을 때 계획을 연기하거나 다른 가정구성원에게 위임함으로써 시간을 융통성 있게 조절하는 과정이 필요하다.

• 환경적 자원

시간계획이 잘 실행되기 위해서는 행동의 진전을 도와주는 상황적 조건, 즉 환경적 자원이 필요하다. 예를 들면, 가사노동을 신속하게 할 수 있도록 작업의 순서에 따라 배치된 시스템 키친 설비나 적절한 공간, 일하기에 적합한 날씨 등이다.

② 과정

a. 계획

시간관리에서 계획은 시간을 목표에 맞게 사용하기 위해 필요하다. 시간계획은 건강가정 전체의 목표와 구성원 개개인의 목표를 반영한 것이어야 하며, 목표를 근거로 매일 또는 매주, 한 달, 일 년의 활동을 중심으로 시간계획을 세운다.

시간계획을 세우는 단계는 다음과 같이 이루어진다.

1단계 가정의 매일 또는 매주의 특별한 활동이나 계절적 활동, 일 년 단위로 이루어지는 명절이나 휴가 등을 나열한다.

2단계 매일 정해진 일, 고정적으로 이루어지는 일을 확인하여 계획의 전체적인 구조와 일하는 유형을 파악한다. 또 이를 중심으로 계획의 다른 부분을 결정한다.

3단계 매일, 매주의 시간계획을 완성한다.
2단계에서 확인된 매주의 특별한 일 또는 계절적인 일 등의 시간계획을 가정구성원의 필요와 일하는 사람의 자유시간, 동반자의 활동시간 등에 맞추어 확정짓는다.

4단계 시간계획상 각각의 일을 누가 할 것인가를 결정한다. 이때 가정의 구성원들이 모두 계획에 참여하고 같이 의논하는 것이 중요하다.

다음의 표는 대학생의 생활시간계획표의 한 유형으로 주간계획은 그 주의 일과표에 반영함으로써 매일의 생활에서 장단기계획을 실행할 수 있다.

표 10-2 대학생의 일과표(예)

시간	일과
7 : 00 ~	기상 및 세면
7 : 30 ~ 8 : 00	아침식사
8 : 00 ~ 9 : 00	등교
9 : 00 ~ 11 : 00	오전 수업
11 : 00 ~ 12 : 00	도서관에서 리포트 작성
12 : 00 ~ 1 : 00	친구들과 점심식사
1 : 00 ~ 2 : 00	도서관에서 책 대출, 독서
2 : 00 ~ 5 : 00	오후 수업
5 : 00 ~ 6 : 00	도서관에서 리포트 자료 검색
6 : 00 ~ 8 : 00	동아리 친구들과 저녁식사 및 활동계획
8 : 00 ~ 9 : 00	하교
9 : 00 ~ 10 : 00	부모님과 TV 뉴스 시청
10 : 00 ~ 12 : 00	동영상 강의 듣기와 복습, 친구들과 채팅
12 : 00 ~	취침

표 10-3 대학생의 주간계획표(예)

월	화	수	목	금	토	일
1. 수업 2. 수업 및 리포트 작성을 위한 인터넷 검색 3. 도서대출 4. 학원수강	1. 수업 2. 리포트 작성 3. 헬스 4. 토익자습	1. 수업 2. 동아리 정기 회의 참석 3. 학원수강	1. 수업 2. 리포트 작성 3. 봉사활동 4. 헬스 5. 토익자습	1. 수업 2. 학원수강 3. 친구들 모임 (식사, 영화보기)	1. 아르바이트 2. 휴식 · 낮잠 3. 가족등산, 가족외식, 4. 독서 5. 방 정리	1. 어머니와 아침식사 준비 2. 아르바이트 3. 다음주 주간계획표 작성 4. 다음주 수업 예습과복습 5. 친구들과 채팅, 블로그 꾸미기

b. 수행

• 시간계획의 실행 및 조정

시간계획이 이루어지면 그것을 실행에 옮기게 되는데, 실행단계에서 점검과 조정이 이루어져야 한다. 즉, 계획에 따라 시간 사용이 잘 실행되고 있는지를 점검하는 것이 필요하며, 계획했던 것이 그대로 실행되지 않았거나 실행상의 문제점이 발견되었을 때는 계획했던 행동의 순서나 표준을 조정하는 단계가 뒤따라야 한다. 예를 들어, 계획을 실행하는데 예상보다 시간이 너무 많이 걸려 여러 가지 활동을 전부 실행할 수 없다면 우선순위에 따라 순위가 낮은 활동을 포기하거나 수행표준을 낮추는 조정을 하는 것이다.

• 시간계획의 평가

시간계획의 평가는 실행과정에서도 이루어진다. 즉, 시간계획을 실행하는 과정에서 계속적인 평가와 성취 정도를 검토함으로써 계획이 제대로 진행되고 있는가를 확인하는 것이다. 예를 들어 평가 결과 시간 필요량이 너무 많은 것으로 평가되었다면 기존 계획을 수정하거나 다음의 시간계획을 수립할 때 이를 반영한다.

③ 산출 및 피드백

a. 산출

시간관리의 산출 결과는 목표의 달성 정도와 시간 사용에 대한 만족도 두 가지 측면에서 평가될 수 있다. 즉, 투입단계에서 설정했던 노동시간의 최소화라는 목표를 시간계획을 통해 어느 정도 달성했는가의 측면과 달성 결과에 대해 얼마나 만족하는가의 측면이다.

b. 피드백

산출 결과에 따라 다음의 시간관리에 다시 적용하거나 조정을 위해 반영되는 과정이 피드백이다. 시간 사용의 결과를 통해 두 가지의 피드백이 이루어질 수 있는데, 투입요소의 피드백과 관리과정의 피드백이다. 먼저, 시간관리를 요구하는 상황을 제대로 이해하고 목표를 잘 설정했는가의 관점에서 평가한 결과는 다음 시간관리 때 투입요소로 반영한다. 둘째, 수립한 시간계획이 실행 가능한 것이었으며, 실행에 무리가 있을 때 조정이 제대로 이루어졌는가를 평가한 결과는 다음 시간관리의 과정, 즉 계획과 수행에 반영한다.

(2) 시간배분이론

시간은 우리의 의지와 상관없이 연속적인 흐름을 갖고 있다는 점에서 통제할 수 없다. 우리가 시간을 통제하는 것은 다양한 일에 시간을 배분하는 방식이나 사용하는 양을 조절함에 의해서만 가능하다. 그러나 한정된 시간으로 경쟁적인 용도와 목적을 갖는 다양한 활동에 적정량의 시간을 배분하는 것은 상당히 어려운 문제이다. 노동과 여가의 배분, 노동시간 중 취업노동과 가사노동에 대한 가정의 시간배분에 대해 알아본다.

① 취업노동과 가사노동의 시간배분

가정이란 시장재화와 가정시간을 결합하여 새로운 상품을 만들어 내는 생산의 단위이며, 가정구성원들은 화폐소득을 획득할 수 있는 취업노동과 가정상품을 생산해 내는 가정생산활동에 자신의 시간을 배분한다. 브라운에 의하면 주부는 취업노동과 가사노동에 시간을 배분할 수 있는데, 취업노동에 배분한 시간으로부터 획득한 소득으로 재화와 용역을 구입해 가정구성원들을 만족시킬 수 있으며, 가정노동에 시간을 배분함으로써 직접적으로 구성원들에게 만족을 줄 수 있다.

그러므로 가정은 취업노동과 가사노동을 통해 모두 만족을 산출할 수 있으나, 현실적으로 가정은 시간제약과 예산제약을 동시에 받고 있다. 즉, 가정구성원이 취업노동과 가사노동에 사용하는 시간은 상호 대체적이므로 시간제약하에서 취업노동에 투입된 시간은 다른 효용을 얻는 데 사용될 수 없으며, 가사노동에 투입된 시간의 양은 가정상품의 생산을 결정짓는다. 또 예산제약하에서 가정이 취업노동을 통해 벌어들이는 근로소득은 구매할 수 있는 시장재화의 총량을 결정한다. 그러므로 가정은 시간제약하에서 취업노동과 가사노동에 시간을 배분해야 하며, 그 결과 산출된 근로소득과 가정상품의 양과 질은 가정구성원의 효용을 결정하는 것이다.

따라서 가정이 시간제약하에서 시간자원을 취업노동에 배분할 것인가 가사노동에 배분할 것인가의 결정은 단지 시간배분의 의사결정이 아니라 시간배분을 통한 가사노동과 소득의 선택이며, 나아가 총 효용을 극대화시키기 위한 경제적 배분으로 볼 수 있다. 결과적으로 취업노동을 통해 획득한 소득으로부터 얻는 시장효용과 가사노동을 통해 산출되는 가정생산효용을 비교하여 총 효용을 극대화하는 방향으로 시간을 배분하는 것이 건강가정의 시간배분이다.

② 노동과 여가의 시간배분

취업노동과 가사노동에 사용하는 시간이 상호 대체적인 것처럼 노동과 여가에 대한 시간배분도 상호 대체적으로 이루어진다. 즉, 가정이 시간제약하에서 노동을 많이 할수록 소득은 많아지는 반면 여가시간이 줄어들게 된다. 여가 또한 효용을 주기 때문에 가정구성원은 노동에 시간을 배분함으로써 얻게 되는 근로소득을 통한 효용과 여가를 통한 효용 간에 적절한 선택을 해야 한다. 즉, 소득과 여가효용의 적절한 조합을 선택함으로써 총 시간제약하에서 일정한 시간을 노동에 배분하여 소득을 확보하고 여가에도 시간을 배분하여 효용의 극대화를 추구해야 할 것이다.

그러나 노동시간의 단축이 반드시 적극적인 여가시간으로 이어지는 것은 아니며, 개인의 여가시간의 증가는 여가의 능동화나 개성화를 가져올 뿐 아니라 쾌락화나 과소비화를 조장할 것이라는 주장도 제기되고 있다. 따라서 노동시간의 단축이 의미있는 여가활동에 배분하는 시간을 증가시켜 궁극적으로 삶의 질 향상으로 연결되기 위해서는 가정구성원들의 일과 여가에 대한 뚜렷한 가치와 균형잡힌 삶에 대한 가치 인식이 먼저 이루어져야 한다.

노동시간과 여가시간의 변화 양상: 일 감소, 여가 증가

통계청에서 발표한 2004년 전 국민 생활시간조사 결과에 의하면 20세 이상의 성인이 의무적인 활동에 사용한 시간(수입노동, 가사노동, 학습, 출퇴근 등)은 8시간 5분이며, 수입노동에 종사한 시간은 4시간 2분으로 5년 전인 1999년에 실시된 생활시간조사에서 수입노동시간이 4시간 28분이었던 것에 비해 26분 감소하였다.(표 참조) 또 20세 이상 성인의 여가시간은 5시간 22분으로 남자(5시간 33분)가 여자(5시간 11분)보다 22분 더 많이 사용하였으며, 1999년에 비해 16분 증가한 것으로 조사되었다. 따라서 5년 전에 비해 수입노동시간은 약간 감소한 반면 여가시간은 증가한 것으로 나타난다.

(단위: 시간:분)

	전체			남자			여자		
	2004	1999	증감	2004	1999	증감	2004	1999	증감
필수 생활시간	10:34	10:18	0:16	10:35	10:18	0:17	10:34	10:18	0:16
수면	7:49	7:47	0:02	7:52	7:51	0:01	7:47	7:44	0:03
식사 및 간식	1:37	1:33	0:04	1:39	1:34	0:05	1:35	1:32	0:03
기타	1:08	0:58	0:10	1:04	0:53	0:11	1:12	1:01	0:11
의무 생활시간	8:13	8:41	-0:29	8:01	8:27	-0:26	8:24	8:55	-0:31
일(수입노동)	3:26	3:43	-0:17	4:20	4:39	-0:19	2:34	2:47	-0:13
가사노동	1:52	1:56	-0:04	0:32	0:28	0:04	3:11	3:21	-0:10
학습	1:14	1:28	-0:14	1:19	1:34	-0:15	1:09	1:22	-0:13
이동	1:40	1:35	0:05	1:51	1:46	0:05	1:30	1:24	0:06
여가생활시간	5:13	5:01	0:12	5:24	5:14	0:10	5:03	4:47	0:15
미디어 이용	2:19	2:23	-0:04	2:22	2:29	-0:07	2:16	2:18	-0:02
교제	0:52	0:53	-0:01	0:47	0:48	-0:01	0:56	0:57	-0:01
취미및그외여가	0:59	0:52	0:07	1:14	1:04	0:10	0:45	0:40	0:05
기타	1:03	0:52	0:11	1:01	0:54	0:07	1:06	0:52	0:14

출처: 통계청(2005). 2004년 생활시간조사 결과.

(3) 시간사용-배분모델

펠드만(Feldman)과 호닉(Hornik)은 시간배분에 있어 차이가 있는 것은 자원의 이용가능성으로, 이때 자원은 시간, 금전, 공간으로 요약할 수 있다고 하였다. 즉, 인간의 모든 활동에는 시간, 금전, 공간의 세 가지 자원이 사용되나 그 정도는 매우 다양하다. 따라서 이 세 가지 자원의 이용가능성은 개인의 시간배분 결정과 나아가 활동을 제약하게 된다.

시간 범위 안에서 기초적인 활동의 선택은 시간의 네 가지 구성요소인 일과 생리적 활동, 가사노동, 여가활동 간에 시간과 금전, 공간 자원을 배분하는 것으로 이루어진다. 또 특별한 활동은 특별한 환경적 요인이나 개인의 주관적인 의미, 즉 자신의 복지에 필수적인 욕구를 충족시키고 최대의 만족을 얻는 방향으로 선택된다.

이 모델은 가정과 구성원이 시간을 사용하고 특정 활동을 선택할 때 시간뿐 아니라 여러 가지 다른 자원과 환경적 요소를 종합적으로 고려함으로써 개개인의 상황에 적합한 선택을 할 수 있다는 점을 강조하고 있다.

이상의 이론 중 체계론은 건강가정과 구성원들이 가지고 있는 다양한 목표와 자원을 조화시켜 구체적인 시간계획을 세우고 이를 실행하여 얻은 산출결과를 평가하여 지속적으로 시간관리를 해나가는데 피드백시킴으로써 장단기 목표를 달성해 나가는데 도움이 될 수 있다는 점에서 효과적이다. 또한 시간배분이론은 건강가정의 구성원이 자신의 시간을 노동과 여가에, 또 노동시간을 취업노동과 가사노동에 적절히 배분함으로써 구성원들의 만족을 극대화시키고자 할 때 유용하다.

시간사용-배분모델은 가정구성원의 시간과 다양한 자원, 환경을 종합적으로 고려하여 특정활동에 시간을 배분한다는 점에서 현실적이고 구체적인 지침이 될 수 있다.

3. 건강가정의 시간자원관리

건강가정의 실생활과 가정구성원의 시간관리에 쉽게 적용할 수 있는 시간관리전략과 기법에 대해 소개하면 다음과 같다.

1) 활동의 중요도와 긴급도에 기초한 시간자원관리

시간을 요하는 활동들을 중요도와 긴급도의 관점에서 평가하여 다음의 네 가지 차원으로 구분한 후 시간 사용의 카테고리를 만든다. 그리고 네 가지 차원의 활동들 중 어떤 것을 먼저 해야 하는가의 우선순위를 결정하여 우선순위에 따라 행동함으로써 시간낭비를 줄이고 중요한 활동에 먼저 시간을 배분하도록 하는 전략이다.

① 중요하고 긴급한 활동

급하고 중요한 일로서 즉각적인 처리가 요구되고 또 결과도 중요한 일들이다. 기간이 정해진 프로젝트나 시험 등이 해당된다.

② 중요하나 긴급하지 않은 활동

중요한 일이나 시간적으로 급하지 않기 때문에 우선적으로 하지 않으면 무기한 연기될 수도 있다. 예를 들면, 가족에게 사랑하는 마음을 표현하는 것이나 미래를 위해 전문적 기술을 배우거나 자격증을 따는 일 등이다.

③ 긴급하나 중요하지 않은 활동

마감시간이 정해져 있는 일과 같이 시간의 제약이 있으나 우선순위에 있어서 중요도가 덜한 일로서, 백화점의 세일 기간 마지막 날에 사고 싶던 옷을 사는 것을 예로 들 수 있다.

④ 긴급하지도 중요하지도 않은 활동

시간적으로 긴급을 요하지 않으면서 중요성도 크지 않은 일로서 인터넷에 접속하여 여러 사이트를 기웃거리거나 친구와 전화로 잡다한 이야기를 나누는 것 등이 해당된다.

이상의 네 가지 차원으로 활동들을 분류해 보면 일반적으로 중요하지는 않지만 긴급한 일을 처리하느라 중요한 일을 미루는 경향이 있으며, 일을 즉시 수행하게 만드는 요인은 중요성보다는 긴급성인 것을 알 수 있을 것이다. 또 중요하지도 긴급하지도 않은 활동에 많은 시간을 보낸다는 것을 발견할 수 있다. 따라서 수행의 우선순위를 설정해서 그것에 따라 행동할 필요가 있는데, 우선순위는 가정구성원의 목표와 가치관에 근거해 판단한다.

표 10-4 중요도와 긴급도에 의한 활동 차원

	긴급함	긴급하지 않음
중요함	I. 활동 • 위기 • 급박한 문제 • 기간이 정해진 프로젝트	II. 활동 • 예방, 생산적 활동 • 인간관계 구축 • 새로운 기회 발굴 • 중장기 계획
중요하지 않음	III. 활동 • 작업을 방해하는 사소한 일 • 전화, 우편물 • 비생산적인 회의 • 인기 있는 활동	IV. 활동 • 바쁜 일 • 일부의 전화, 우편물

2) 시간자원관리전략

각 건강가정이나 구성원들이 시간을 투입시켜야 하는 역할 수행이나 가사노동 수행의 상황에 맞추어 구체적으로 적용할 수 있는 행동전략으로 역할관리전략이나 가사노동 시간관리전략이 있다. 이 두 가지 전략은 시간관리행동을 가정자원의 관리적 측면에서 파악하여 시간의 효율적인 사용과 시간 절약을 목표로 한다는 점에서 동일하다. 그러나 역할관리전략은 여러 역할을 동시에 수행하는 데서 발생하는 역할 갈등을 감소시키는 데 초점을 맞추며, 가사노동 시간관리전략은 가사노동을 수행할 때 발생하는 시간제약과 시간부족을 해소하는 데 중점을 둔 전략이다.

(1) 역할관리전략

현대사회에서 가정구성원 개개인에게 부여된 역할의 다양성과 높은 역할 표준으로 인해 역할 과중을 느끼거나 역할 수행에 있어 시간제약을 경험하는 일이 많다. 이러한 문제는 근본적으로 역할 과중에서 비롯되므로 다음과 같이 역할을 감소시키는 노력을 시도하거나 그것이 어려울 경우 여러 역할과 관련된 일을 더 조직적으로, 효율적으로 처리함으로써 다양한 역할에 대응하는 전략이 필요하다.

① 책임 감소

근본적으로 직장과 가정에서 여러 가지 역할을 수행해야 하는 역할 과중에서 벗어나기 위해 다른 구성원에게 책임의 과중함을 알려 더이상 책임을 맡지 않는 방법이다.

② 위임

자신이 하던 역할을 가정에서 남편이나 자녀, 또는 고용인, 직장에서 동료나 부하직원 등이 대신 수행하도록 맡기는 방법으로, 역할구조와 관계를 변화시키는 전략이다.

③ 조직화

해야 할 일이 많을 때 시간을 계획적으로 사용하거나 다양한 활동의 중요성에 따라 우선순위를 정해 처리하는 것과 같이 일을 더 조직적으로 함으로써 불필요한 시간낭비나 에너지 소모를 감소시키는 전략이다.

④ 분할

일의 성격과 전후관계를 기초로 주변 상황을 적절한 상태로 만들어 역할 수행을 활성화하는 것이다. 예를 들어 직장 일과 가정 일을 엄격히 분리하여 직장에서는 직장 일만, 가정에서는 가정 일에만 전념함으로써 역할 수행의 효율성을 증진시키는 것이다.

⑤ 방해의 방지

타인의 시간 침해나 방해를 사전에 차단함으로써 일의 능률을 올리고 역할을 집중적으로 수행할 수 있도록 하는 전략이다. 이메일 발신이나 답장을 모두 일정 시간대에 모아서 함으로써 이메일로 인해 수시로 일이 중단되는 것을 방지하거나 사전 약속제로 일을 처리함으로써 갑작스런 방문이나 일의 발생에 대처하는 것을 예로 들 수 있다.

⑥ 미루기

자신에게 주어진 많은 역할을 모두 철저히 수행하기보다 역할요구를 조절하는 전략으로, 가정과 직장에서 일시적으로 많은 역할 수행을 요청받았을 때 해야 할 일이 너무 많아 중요하지 않다고 생각하는 일을 연기하거나 생략함으로써 역할에 대한 요구를 줄이는 것이다.

(2) 가사노동 시간관리전략

가사노동의 효율성을 증진시키기 위해 시간을 효율적으로 관리하거나 절약하는 방법을 말한다. 취업주부가 가사노동 수행에 어려움을 겪는 경우나 가사노동의 부담을 가정구성원들이 분담할 때 근무나 학업 등 의무적 시간과의 균형을 고려하고자 할 경우 다음의 구체적인 전략들이 건강가정의 가사노동 수행에 도움이 될 수 있다.

① 가정구성원의 분담

가사노동을 가정구성원 간에 분담하는 전략은 가정 내 인적자원을 활용하는 좋은 시간관리전략의 하나이다. 주부는 분담을 통해 가사노동 부담을 줄이고 시간제약을 완화시킬 수 있으며, 구성원 간에 역할을 공유한다는 의식도 가질 수 있다.

② 가사노동의 사회화

가정구성원의 욕구 충족을 위해 가정 내에서 수행해야 하는 가사노동을 줄이는 전략으로 시장재화나 서비스, 기계화로 대체함으로써 가사노동에 투입되는 시간과 에너지를 감소시키는 것이다.

과거에는 일일이 사람의 손으로 수행되었던 가사노동이 편리한 가전제품의 개발과 보급으로 기계로 대체되거나 다양한 시장재화, 가사보조자나 전문가의 서비스로 대체되면서 가능해진 것으로, 가사노동시간을 경감시키는 효과가 있다.

③ 가사노동 수행방식의 효율화

작업의 표준화나 합리화 등의 기본 원칙을 가사노동에 적용시켜 시간의 효율성을 증진시키는 방식이다. 즉, 일하는 순서를 미리 정해놓거나 필요한 도구를 항상 일정한 위치나 장소에 둠으로써 머뭇거리거나 도구를 찾기 위해 시간을 지연시키는 방해 요소를 없애고 일을 조직적으로 수행하는 것이다.

④ 가사노동 수행표준의 조정

가사노동을 수행하는 주부나 그 외의 가정구성원이 기대하는 가사노동의 표준이 시간제약을 유발시킬 수 있다. 그러므로 가사노동의 부담이나 시간과 관련된 가사노동의 양과 질에 대한 표준을 조정하는 것이다. 예를 들어 식사준비시간을 줄이기 위해서는 식생활에 대한 표준을 낮추어 반찬 수를 줄이거나 외식, 편의식품을 이용하는 것이다.

⑤ 생활시간 배분의 조정

가사노동시간을 줄이기 위한 여러 가지 전략들을 활용할 수 없을 때 시간에 대한 압박을 해결하기 위해 가장 쉽게 선택할 수 있는 전략이 여가시간이나 수면시간을 조정하는 것이다. 예를 들어, 취업주부가 늦은 퇴근으로 인해 가사노동시간을 확보하지 못할 때 다른 전략들을 활용할 수 없다면 자신의 여가시간이나 수면시간을 줄여서 가사노동을 하는 것이 가장 쉬울 것이다.

이상의 전략 중 가정구성원의 분담이나 사회화 전략은 가정생산의 양과 질을 그대로 유지하는 방법인 반면 수행표준의 조정 전략은 양과 질을 변화시키게 된다. 또 분담이나 사회화는 타인의 도움을 받는 전략인 반면 생활시간 배분의 조정은 타인의 도움을 받을 수 없기 때문에 선택할 수밖에 없는 수동적인 전략이라는 특징이 있다. 이와 같이 다양한 전략들은 각 가정의 상황과 가사노동의 부담에 따라 가사노동시간을 경감시키기 위한 선택이 가능하다는 점을 시사해 준다.

성공적인 시간관리를 위한 팁

위의 시간관리전략이 어렵다면 실생활에서 다음과 같이 쉽게 적용해 보자.

1. 행동과 공간을 조직하라.
2. 위임하라.
3. 나의 바이오리듬을 체크해서 능률이 최고에 이르는 시간을 이용하라.
4. 일에 도움이 되는 적절한 도구를 찾으라.
5. '아니오' 라고 말하는 법을 배우라.
6. 일에 집중하라.

생각해볼 문제

1. 사용 목적에 따라 가사노동시간으로 볼 수도 있고, 여가시간으로 볼 수도 있는 활동의 예를 들어보자.
2. 나의 주간 시간계획표를 작성해 보고, 문제점을 찾아보자.
3. 이번 주에 해야 할 활동들을 중요도와 긴급도에 의해 구분해 보고, 우선순위를 결정해 보자.
4. 자신이 다양한 역할을 수행해야 할 때 가장 쉽게 적용할 수 있는 역할관리 전략을 찾아보고, 그 전략(들)을 사용했을 때의 효과를 구체적으로 나열해 보자.
5. 가사노동 사회화전략의 예를 우리 가정에서 찾아보자.

참/고/문/헌

김외숙 · 조희금 · 두경자(2000). 시간의 사용과 관리. 파주: 교문사.
두경자(2002). 생활시간 어떻게 관리할 것인가. 서울: 신광출판사.
문숙재(1996). 생활시간연구. 서울: 학지사.
이기영 · 조영희 · 송혜림 · 이승미(1998). 생활설계론. 파주: 교문사.
임정빈 · 지영숙 · 문숙재 · 이기영 · 이연숙(2004). 가정관리학. 서울: 신정.
통계청(2005). 2004년 생활시간조사 결과.

Brown, C.(1982), "Home Production for Use in a Market Economy", in B. Thorne and M. Yalom, ed., Rethinking the Family, New York and london: Longman.
Feldman, L. P. & J. Hornik(1981), The Use of Time : An Integrated Conceptual Model, Journal of Consumer Research, vol, 7, march, 407-419.

조선일보(2007년 1월 15일.)

CHAPTER

11

경제적 자원관리

1. 건강한 가정을 위한 경제적 자원관리의 필요성
2. 가정의 경제적 자원과 소비
3. 경제적 자원관리의 실제

CHAPTER 11

경제적 자원관리

건강한 가정의 경제적 자원관리는 가정이 소유하고 있는 경제적 자원을 보다 효율적으로 사용할 수 있도록 사전에 준비하고 계획하여 실행하는 과정을 말한다. 경제적 자원관리는 가정에 경제적 어려움이 있을 때만 하는 것이 아니라, 가정의 전반적인 경제적 문제를 해결하고 목표를 달성하기 위해 일생 동안 지속해야 하는 과정이다. 가정의 현재 복지 수준뿐 아니라 미래의 복지 수준 향상이 건강한 가정의 경제적 자원관리 목표이다.

이 장에서는 건강한 가정을 위한 경제적 자원관리의 필요성, 가정의 경제적 자원의 개념과 종류, 소비와 지출의 개념을 간략하게 소개한다. 개념적이고 이론적인 부분보다 실생활에 적용할 수 있는 경제적 자원관리의 방법과 기술을 제시하고, 실제 가정생활에서 활용할 수 있는 수행 전략을 제안하고자 한다.

1. 건강한 가정을 위한 경제적 자원관리의 필요성

1) 건강한 가정을 위한 경제적 자원관리

가정의 건전한 경제활동은 건강한 가정의 기본적이고 중요한 요소이다. 가정경제의 건전성은 가정구성원의 필요(needs)와 요구(wants)를 충족시키기 위하여 충분하고 안정된 소득원을 가지고 합리적인 소비 · 지출 활동을 할 때 확보된다고 할 수 있다. 가정이 장기적 또는 단기적으로 필요로 하는 것과 원하는 것을 구분하고, 이를 충족시키는 것이 가정의 경제적 자원관리의 목표가 된다.

건강한 가정은 가정의 특성을 반영하여 가정생활주기별로 요구되는 적절한 경제적 목표를 세우고, 이를 달성하기 위한 소득의 안정성, 충분성의 확보와 합리적인 지출계획을 가지고 있어야 한다. 또한 계획한 것을 실행에 옮길 수 있는 대안들을 평가하여, 가장 잘 달성할 수 있는 실행방안을 선택 수행하는 능력이 요구된다. 마지막으로 계획 수행의 결과 당초 설정한 목표를 얼마나 달성하였는지 평가하고, 이를 다음 계획에 반영할 수 있다면 경제적 자원관리의 건강성을 추구하는데 큰 무리가 없을 것이다.

2) 경제적 자원관리의 필요성

건강한 가정을 위한 경제적 자원관리의 필요성을 구체적으로 살펴보면 다음과 같다(강이주 외, 1999).

① 가정생활주기 전체의 경제적 안정성

전체 가정생활주기를 놓고 볼 때 가정의 수입과 지출이 항상 균형을 이루는 것은 아니다. 어느 시기에는 지출보다 수입이 많아 흑자를 기록하지만 어느 시기에는 지출이 수입보다 많아 적자가 되는 시기도 있다. 어느 한 시점의 흑자 또는 적자를 판단하기보다 전체 가정생활주기를 보고 소득의 잉여분이 발생하는 시기에는 지출과잉으로 인한 부족분이 발생할 시기를 대비한 저축 등의 목표 설정이 필요하다.

② 불의의 사고에 대한 대비

우리는 살아가면서 교통사고, 질병, 산업재해 등 예기치 못한 사고로 인한 소득의 감소나 중단을 경험할 수 있다. 개인적인 사고뿐 아니라 악화된 경제환경으로 인한 대규모 실직, 갑작스런 자연 재해로 인한 피해 등도 가정소득의 안정성을 위협하는 요소이다. 이러한 사고에 대비하고 최소한의 경제적 안정을 위해서는 미리 경제적 자원에 대해 계획하고 준비하는 것이 필요하다.

③ 은퇴 후 필요한 경제자원의 확보

과학 및 의료기술의 발달로 인한 평균수명 연장은 은퇴 후 생애 기간이 늘어남을 뜻하며, 은퇴 후는 은퇴 전보다 적은 소득으로 생활해야 한다는 것을 의미한다. 이러한 평균수명의 연장으로 늘어난 노후생활 기간의 안정성 확보를 위해 장기적인 은퇴계획에 따른 경제적 준비가 필요하다.

④ 급변하는 경제생활 환경에 대한 적응

과거와 달리 국내의 경제적 상황, 경기변동뿐 아니라 세계화로 인한 다른 나라들의 경기변동이 우리 가정 경제에 미치는 영향력이 커져가고 있다. 새로운 금융상품들이 빠르게 쏟아지고 있고, 금융 관련 정보들이 넘쳐나고 있어 급변하는 경제환경 속에서 건전한 가정경제를 꾸려가기 위한 가정의 정보탐색이 절실하다.

2. 가정의 경제적 자원과 소비

1) 가정의 경제적 자원

(1) 소득

① 소득의 개념

일반적으로 가정의 소득이란 일정 기간 내에 가정으로 들어와서 가정의 실질적인 자산 증가를 가져온 현금 및 현물의 수입을 말한다. 소득과 유사한 개념으로 수입이 있는데, 수입은 소득보다 광범위한 개념으로, 소득 외에도 가정의 순자산을 증가시키지 않으면서 가정에 유입되는 화폐가치, 예를 들면 예금을 찾은 돈이나 재산 및 유가증권을 매각한 대금, 빌린 돈 등을 포함한다.

② 소득의 유형

■ **화폐소득**(money income)

화폐소득은 일정 기간 내에 가정에 유입되는 화폐의 총 가치이다. 화폐소득은 다음과 같이 다양한 기준으로 분류할 수 있다. 소득원에 따라 근로소득, 재산소득, 사업소득, 이전소득, 비경상소득으로, 세금 부과 전후에 따라 세전소득과 세후소득, 물가수준의 반영 여부에 따라 명목소득과 실질소득 등으로 분류할 수 있다.

통계청에서 농·어가를 제외한 전국의 가구를 대상으로 표본을 추출하여 매월 실시하는 '가계조사'에는 소득원에 따른 소득 분류를 사용하고 있다. '가계조사'는 대상가구의 수입과 지출을 조사하는데, 각 가구의 소득을 〈표 11-1〉과 같이 소득원에 따라 분류하여 조사한다.

표 11-1 가계조사의 소득항목 분류

소득	근로소득	가구주, 배우자 및 기타 가구원의 근로소득
	사업소득	가구주, 배우자 및 기타 가구원의 사업소득
	재산소득	이자소득, 배당소득, 부동산 임대소득, 기타 비재산소득
	이전소득	공적연금, 기타 사회보장수해, 사적 이전소득
	비경상소득	경조소득, 퇴직금 및 연금일시금, 기타 비경상소득

출처: 통계청 홈페이지(www.nso.go.kr).

■ 실소득(real income)

실소득은 일정 기간 동안 가정이 획득했거나 사용할 수 있는 재화와 서비스의 양, 다시 말하면 가정구성원의 효용을 증가시키기 위해 소비된 재화와 서비스의 화폐가치를 말한다. 따라서 실소득은 화폐소득 외에도 가정구성원의 효용증가에 기여하는 피용자 편익, 자본이득, 가정생산물, 소유한 내구재의 사용가치 등을 포함한다.

이러한 비화폐 소득은 이론적으로 가정 실소득의 범주에 포함되지만 측정하기가 매우 어렵다. 따라서 특정 목적으로 사용될 경우를 제외하고는 가정소득이라 할 때 화폐소득을 지칭하는 것이 일반적이다.

(2) 자산

① 자산의 개념

가정의 자산(혹은 부)은 현재 소득을 사용하지 않고도 재화와 용역을 획득할 수 있는 수단을 제공해 줌으로써 가정의 소비에 영향을 미친다. 즉, 자산은 재화와 용역을 획득하기 위해 사용할 수 있거나 또는 매매되어 화폐소득을 획득할 수 있는 수단으로 금융자산, 동산, 부동산을 포함한다. 주택이나 자동차 등의 자산은 가정에 사용 가치를 제공하는 것으로 가정소비와 관련을 갖는다.

② 자산의 유형

■ 고정자산과 유동자산

현금으로 얼마나 빠르고 쉽게 전환될 수 있는가 하는 유동성을 기준으로 자산을 분류한다. 고정자산은 현금화시키기 위해 어느 정도의 기간이 필요하고 현금화하기 위해 별도의 수수료를 필요로 하기도 한다.

■ 실물자산과 금융자산

자산의 물리적 유형에 따라 토지, 주택, 각종 설비와 내구재 등 유형의 자산을 실물자산으로, 현금과 요구불 예금, 저축성 예금, 주식과 채권 등 무형의 자산을 금융자산으로 나눌 수 있다.

■ 투자자산

자산가치의 상승이나 부가되는 파생소득을 주목적으로 보유하는 자산을 투자자산이라고 부르기도 한다. 투자자산은 개인이나 가정이 미래에 희망하는 경제적 수준을 유지시키는데 공헌하게 되는 자산으로 주식, 채권과 같은 직접 투자자산과 펀드와 같은 간접 투자자산, 연금, 퇴직금 등이 포함된다.

(3) 신용

신용은 미래의 어느 시점으로 지불을 연기하고 재화와 서비스를 구매할 수 있는 능력 또는 미래의 어느 시점으로 상환을 연기하고 현금을 빌릴 수 있는 능력을 말한다. 즉 현재 우리 가정이 보유한 지출 가능한 현금이 없더라도 상품을 구매할 수 있는 능력이며 빌릴 수 있는 돈의 규모, 조건 등을 포함하므로 신용은 가정에서 관리해야 할 중요한 경제적 자원이다.

신용은 소득이나 자산처럼 가시적인 것이 아니기 때문에 개인의 신용도를 판단하기 위해서 다양한 정보가 활용되며 이를 신용정보라고 한다. 신용정보는 개인식별정보, 개인신용거래정보, 신용능력정보, 공공기록정보 등으로 나뉘며, 구체적인 내용은 〈표 11-2〉와 같다. 신용정보에는 일반적으로 신용을 낮출 것이라 생각하는 대출금의 연체, 부정대출 등의 큰 사건들뿐 아니라 신용카드 거래, 공공요금 체납, 납세실적 등 일상적인 경제생활과 관련된 정보들도 포함한다. 따라서 가정의 경제적 자원관리 차원에서 개인의 신용을 높이는 것은 중요하며, 신용을 높이기 위해서는 가정의 일상적인 경제생활에 대한 적절한 관리가 필요함을 의미한다.

표 11-2 신용정보

정보의 종류	내용
식별정보	성명, 주소, 주민등록번호, 성별, 국적 및 직업에 관한 정보
개인신용거래정보	대출금 등의 연체 혹은 용도 외 유용 사실 어음 또는 수표거래정지처분을 받은 사실 신용카드 대금 미결제 등 신용거래질서를 문란하게 한 사실 부정하게 대출을 받는 등 금융거래질서를 문란하게 한 사실 대출, 보증, 담보제공, 가계당좌예금개설 및 해지 사실 당좌예금, 신용카드, 할부금융, 시설대여 등의 금융거래 사실
신용능력정보	개인의 재산 · 채무 · 소득의 총액, 납세 실적
공공기록정보	심판 · 결정정보 조세 또는 공공요금 등의 체납 정보 주민등록에 관한 정보

출처: 신용회복위원회(www.crss.or.kr).

2) 가정의 소비

가정자원관리에서 소비는 생활단위인 가정의 욕구를 충족하기 위해 그 가정이 소유한 자원으로 재화와 용역을 획득하고 사용하는 것을 의미한다. 즉 소비는 가정의 경제적 복지를 유지, 향상하기 위해 재화와 용역을 획득하는 것, 획득된 재화와 용역을 사용하는 것을 포함하는 것으로, 재화와 용역의 단순한 사용행위가 아니라 재화와 용역을 구매하는 과정과 사용하는 과정을 포함하는 개념이다. 가정의 소비는 획득, 사용, 그리고 사용 후 남은 재화에 대하여 처분하는 것을 포함하는 일련의 과정으로 정의한다.

일상생활에서 소비(consumption)와 지출(expenditure)은 혼용하여 사용하는 경우가 많다. 그러나 소비가 생산과 대비되는 개념으로 사용되는 것과 달리 지출은 가정의 수입과 대비되는 개념으로 쓰인다. 지출은 일반적으로 어떤 목적을 위하여 금전을 지급하는 모든 경우를 말한다. 따라서 지출을 소비지출과 비소비지출로 구분해 볼 수 있다. 소비지출은 가정에서 가정구성원의 생활에 필요한 재화나 용역을 구입한 대가로 지출되는 일체의 비용을 말하며, 비소비지출은 조세(직접세), 각종 사회보험료, 이자지출, 교육비 송금, 기타 다른 가정에 대한 송금액 등을 포함한다.

건강한 가정을 위한 경제적 자원관리에서 합리적인 소비는 매우 중요하다. 가정 지출의 대부분이 소비지출의 성격을 띠고, 가정구성원의 선호와 욕구가 반영된 의사결정을 필요로 하는 경우가 많다. 따라서 우리 가정의 주어진 소득 범위 안에서 가정구성원의 욕구를 합리적으로 충족시켜 주는 소비생활이 이루어져야 가정경제의 건전성을 확보할 수 있다.

3. 경제적 자원관리의 실제

건강한 가정을 위한 경제적 자원관리의 실제는 가정관리의 체계적인 접근법을 적용할 수 있다. 경제적 자원관리를 투입, 과정, 산출과 피드백의 단계로 나누어 살펴보고, 각 단계별 실제 활용 가능한 관리 전략을 제시하고자 한다.

1) 경제적 자원관리-투입

건전한 가정경제를 위한 경제적 자원관리의 첫 번째 단계는 가정의 현재 재산 상태와 수입과 지출의 흐름을 파악하는 것, 즉 활용가능한 자원에 대한 평가로 시작한다. 가정의 경제적 자원관리를 통해서 달성하고자 하는 목표를 구체적으로 규정하는 작업도 투입 단계에서 이루어져야 한다. 더불어 가정의 경제적 자원을 필요로 하는 가정생활의 사건과 위험에 대한 인식도 있어야 한다.

(1) 가용자원의 평가

우리 가정에서 활용 가능한 경제적 자원은 어떠한 것들이 있는지, 우리 가정의 현재 부채는 어떠한지, 자산은 어떤 종류로 얼마나 있는지, 우리 가정의 소득은 어떤 형태로 얼마가 들어오는지, 지출은 어떤 형태로 어떻게 나가는지 등의 현재 가정 경제에 대한 철저한 점검이 필요하다. 재산상태표, 가계수지표 등의 간단한 표를 작성하여 가용자원의 상태를 점검하고 이를 근거로 평가 분석할 수 있다.

① 재산상태표 작성 및 분석

재산상태표는 가정의 자산과 부채에 대해 알려주는 표이다. 정기적으로 자산과 부채 상태를 확인해 보는 것이 바람직하며, 적어도 일 년에 한 번은 재산상태표를 작성하여 가정의 경제적 목표와 이에 따른 경제적 자원관리 계획을 수립하여야 한다. 재산상태표는 가정의 부채의 종류, 규모, 상환예정일 등의 부채에 관한 정보와 자산의 종류, 규모 등 자산에 관한 정보를 알려준다. 또한 자산과 부채를 비교했을 때, 현재 가정이 보유한 순자산의 규모를 알려준다. 과거에 작성한 재산상태표와 현재 재산상태표의 비교 분석을 통하여 가정이 경제적인 면에서 얼마나 발전이 있었는가를 파악할 수 있다. 또한 재산상태표 분석으로 경제적 목표의 달성 정도를 파악할 수 있어 미래의 경제적 자원관리 계획을 세우는 데 도움을 얻을 수 있다.

■ 재산상태표 작성법

재산상태표는 자산, 부채, 순자산으로 구성되어 있다. 〈표 11-3〉의 재산상태표 예시를 참고하여 다음에 제시하는 방법으로 재산상태표를 작성할 수 있다.

가. 자산은 왼편에 기록

재산상태표의 왼편에 기록하는 자산은 크게 네 가지로 나누어진다.

- 화폐자산은 현금이나 쉽게 현금화할 수 있는 것이다. 예 현금, 빌려 준 돈
- 고정자산은 쉽게 현금화하기가 어렵다. 예 자동차, 집, 가구, 귀금속 등
- 투자자산은 부가적인 소득이나 가치가 증가될 것을 기대하고 구매한 것으로 미래의 생활표준을 유지하게 한다. 예 주식, 금, 부동산, 연금 등
- 기타 자산은 위의 분류에 속하지 않는 것이다. 예 전세보증금, 빌려 준 돈, 회원권 등

나. 부채는 오른편에 기록

재산상태표의 오른편에 기록하는 부채(타인, 금융기관 등에서 빌린 것)는 부채 상환일을 기준으로 크게 두 가지로 구분할 수 있다.

- 단기부채는 적어도 일 년 안에 갚아야 하는 부채이다. 예 개인 부채, 신용카드 부채, 아직 내지 않은 공공요금, 집세, 세금 등
- 장기부채는 몇 년에 걸쳐 갚아야 하는 부채이다. 예 자동차 할부금, 주택 융자금, 학자금 융자 등

다. 총자산-총부채=순자산

마지막으로 총자산에서 총부채를 뺀 것을 순자산이라고 하는데, 현재 우리 가정의 순자산 규모를 작년과 비교했을 때 변화 등을 평가하는 작업이 필요하다.

표 11-3 재산상태표 예시

<table>
<tr><td colspan="4">윤은혜 씨 가정의 재산상태표(2008년 3월 1일 현재)
-30대 초반의 자녀가 없는 맞벌이가정-</td></tr>
<tr><th colspan="2">자산</th><th colspan="2">부채</th></tr>
<tr><td>A은행 보통예금</td><td>112,000원</td><td>신용카드 사용액</td><td>230,000원</td></tr>
<tr><td>C종합금융 CMA</td><td>550,000원</td><td>전세보증금 대출 잔액(부모님)</td><td>10,000,000원</td></tr>
<tr><td>A은행 장기주택마련저축</td><td>1,840,000원</td><td></td><td></td></tr>
<tr><td>A은행 주택청약저축</td><td>3,300,000원</td><td></td><td></td></tr>
<tr><td>A증권사 적립식펀드</td><td>2,544,000원</td><td></td><td></td></tr>
<tr><td>A증권사 거치식 펀드</td><td>5,320,000원</td><td></td><td></td></tr>
<tr><td>P보험사 연금보험 총액</td><td>2,400,000원</td><td></td><td></td></tr>
<tr><td>내구재(현재가치)</td><td>3,000,000원</td><td></td><td></td></tr>
<tr><td>전제보증금</td><td>80,000,000원</td><td></td><td></td></tr>
<tr><td></td><td></td><td></td><td></td></tr>
<tr><td>자산 총계</td><td>99,066,000원</td><td>부채 총계</td><td>10,230,000원</td></tr>
<tr><td colspan="4">순자산(자산총계-부채총계): 99,066,000원-10,230,000원=88,836,000원</td></tr>
</table>

■ 재산상태표 분석법

재산상태표를 분석하면 가정의 경제적 상태가 얼마나 안정적인가를 알 수 있다. 재산상태표를 통해 자산, 부채에 대해 평가해 봄으로써 가정의 경제적 상태가 향상되고 있는지 또한 경제적 자원관리 목표를 어느 정도 달성하였는지를 알 수 있다.

기록된 재산상태표의 간단한 평가분석은 다음의 질문들에 답을 하는 것으로 가능하다.

- 각각의 자산을 어떠한 목적으로 소유하고 있는가?
- 자산 중 화폐자산, 고정자산, 투자자산의 비율은 어떠한가?
- 일 년, 한 달 안에 현금화할 수 있는 자산은 얼마인가?
- 각 자산의 내용이 다양하게 분산되어 있는가?

- 부채가 왜 발생했는가?
- 우선적으로 갚아야 할 부채는 무엇인가?
- 부채는 총자산에 비해 어느 정도인가?

② 가계수지표 작성 및 분석

재산상태표가 특정 시점에서 가정의 경제적 상태를 나타내는 데 비해, 가계수지표는 일정 기간 동안 가정의 경제적 거래를 요약하고 있다. 즉, 일정 기간 동안 가정의 총수입과 총지출을 나타내므로, 가계수지표를 통하여 특정 기간 동안 가정이 경제적 자원관리를 잘 했는가를 확인해 볼 수 있다.

■ 가계수지표 작성법

가계수지표는 가정의 수입과 지출을 월 단위, 연 단위로 기록하여 만들 수 있다. 〈표 11-4〉는 30대 초반의 자녀가 없는 윤은혜 씨 가정의 가계수지표이다. 〈표 11-4〉를 참고하여 다음에 제시하는 방법으로 가계수지표를 작성할 수 있다.

가. 수입은 왼편에 기록

수입은 가계수지표의 왼편에 기록하는데, 가구주 및 기타 가구원의 봉급, 보너스, 연금, 장학금, 이자소득, 배당금(투자에서 발생한), 부동산이나 기타 소유물의 가격 변화에 의한 차액, 임대료 등의 모든 소득을 기록한다. 또한 가정의 순자산을 증가시키지 않았으나 지정한 기간에 들어온 화폐가치(소득 외 수입), 예를 들면 빌린 돈 등도 수입에 기록한다.

나. 지출은 오른편에 기록

지출은 가계수지표의 오른편에 기록하는데, 크게 고정지출(fixed expenses), 변동지출(variable expenses)로 나눌 수 있다. 고정지출은 매번 액수가 정해진 것으로 그 금액을 줄이기가 어려운 데 비해, 변동지출은 가정의 경제적 자원관리를 통해 어느 정도 통제가 가능한 것이다.

고정지출에는 주거비(월세, 주택융자금 상환), 자동차(할부금), 보험료, 저축(규칙적 계획에 의한), 투자(매월 투자계획에 의한), 연금, 세금 등이 있다. 가정의 지출

중 이것을 제외한 나머지는 변동지출로 볼 수 있으며 특히 여유가 있을 때마다 하는 저축은 변동지출이 된다.

다. 수입-지출= 순잉여(순손실)

수입에서 지출을 뺀 나머지가 +면 순잉여, -면 순손실이 된다. 가정은 소득이 지출보다 많은 순잉여를 추구한다.

표 11-4 가계수지표 예시

<table>
<tr><td colspan="7">윤은혜 씨 가정의 6월 가계수지표(2008년 3월 1일~8월 31일)
- 30대 초반의 자녀가 없는 맞벌이가정-</td></tr>
<tr><th colspan="3">수입 항목</th><th colspan="3">지출 항목</th></tr>
<tr><td rowspan="6">소득</td><td rowspan="2">윤은혜 씨 급여(세후) *</td><td rowspan="2">1,810,000원</td><td rowspan="6">고정지출(저축/보험/투자)</td><td>주택청약저축</td><td>100,000원</td></tr>
<tr><td>장기주택마련저축</td><td>160,000원</td></tr>
<tr><td rowspan="2">김승원 씨 급여(세후)</td><td rowspan="2">1,523,000원</td><td>새마을금고 적금</td><td>50,000원</td></tr>
<tr><td>A증권 적립식펀드</td><td>300,000원</td></tr>
<tr><td rowspan="2">P펀드 환매이자</td><td rowspan="2">80,000원</td><td>연금보험</td><td>200,000원</td></tr>
<tr><td>종신보험</td><td>100,000원</td></tr>
<tr><td rowspan="13">소득 외 수입</td><td rowspan="13">P펀드 환매</td><td rowspan="13">600,000원</td><td rowspan="12">소비지출</td><td>식비</td><td>490,000원</td></tr>
<tr><td>주거(전세금 상환)</td><td>500,000원</td></tr>
<tr><td>광열/수도</td><td>35,000원</td></tr>
<tr><td>가구/가사용품</td><td>120,000원</td></tr>
<tr><td>의류/신발</td><td>145,000원</td></tr>
<tr><td>보건/의료</td><td>60,000원</td></tr>
<tr><td>교육</td><td>100,000원</td></tr>
<tr><td>교양/오락</td><td>220,000원</td></tr>
<tr><td>교통/통신</td><td>165,000원</td></tr>
<tr><td>윤 씨, 김 씨 용돈</td><td>300,000원</td></tr>
<tr><td>기타</td><td>12,000원</td></tr>
<tr><td>경조사비(엄마 환갑 포함)</td><td>600,000원</td></tr>
<tr><td>비소비 지출</td></tr>
<tr><td colspan="2">수입 총계</td><td>4,013,000원</td><td colspan="2">지출 총계</td><td>3,557,000원</td></tr>
<tr><td colspan="6">순잉여(수입 총계-지출총계): 456,000원</td></tr>
</table>

* 세전소득을 기록하는 경우는 지출항목에 근로소득세, 국민연금, 건강보험료 등이 포함된다.

■가계수지표 분석법

가계수지표는 일정 기간 동안 가정의 소득원의 종류, 크기, 규칙성 등 소득에 관한 정보와 지출의 종류, 크기, 지출 항목별 비율 등 지출에 관한 정보를 알려준다. 기록된 가계수지표를 통하여 가정의 소득과 지출에 대한 간단한 평가를 할 수 있다.

- 기록한 소득 이외에 가능한 다른 소득은 없는가?
- 소득의 안정성은 어느 정도인가?
- 소득은 지출에 비해 적정한가?
- 꼭 필요한 곳에 지출을 하고 있는가?
- 특별히 과다 지출비목은 없는가?
- 고정지출의 비율이 높기 때문에 변동지출이 제약을 받지 않는가?

(2) 경제적 자원관리 목표 설정

경제적 자원관리 목표를 세우기 위해서는 먼저 가정의 가치관, 장단기 목표, 목표의 우선순위 등이 고려되어야 한다.

① 경제적 자원관리 목표

가정의 경제적 자원관리 목표는 효율적인 경제자원관리를 통한 가정구성원의 만족과 효용을 극대화시키는 것이다. 개별 가정이 만족하는 경제적 수준은 각기 다르지만, 일반적인 경제적 자원관리의 목표는 소득 및 부의 극대화, 효율적 소비의 실천, 삶의 질 향상, 재무적 안정감의 도달, 은퇴와 상속을 위한 부의 축적 등으로 요약된다.

실제 가정생활에서 경제적 자원관리 목표는 매우 구체적인 형태로 설정해야 실효성이 있다. 예를 들면 '20××년까지 현재 시가 2억 원 상당의 주택 구매', '대학 졸업 때까지 독립을 위한 전세금으로 3000만 원의 목돈 마련' 등의 구체적인 금액, 시한, 용도를 포함하는 것이 일반적이다. 경제적 자원관리 목표는 단순히 돈을 모으는 것 자체가 목표가 아니라 가정구성원의 구체적인 필요와 요구를 충족시키는, 즉 용도가 구체적이고 분명할 때 달성하기가 쉽다.

② 목표의 수립

■ 단기목표와 장기목표

실제 경제적 자원관리 목표를 수립할 때, 크게 단기목표와 장기목표로 나눈다. 단기목표는 경제적 자원관리 계획을 할 때 1개월에서 일 년 이내에 달성해야 하는 목표를 말한다. 장기목표는 목표 달성을 위해 일 년 이상의 기간이 필요한 목표를 말하며, 주택마련, 자녀 대학 교육비 마련, 은퇴 후 생활자금 마련 등 장기적 준비가 필요한 목표들이 장기목표에 속한다.

단기목표 안에 장기목표 달성을 위한 하위 목표들이 포함되는 것이 일반적이다. 장기목표가 수정되면 수정된 부분이 단기목표에 반영되어야 하며, 현재 경기상황의 변동, 가정생활에서 예기치 못한 사건의 발생 등으로 인한 단기목표의 수정은 장기목표에 반영되어야 한다. 예를 들면 10년 후에 2억 원을 마련하는 것을 장기목표로 세웠는데, 갑작스러운 실직으로 인한 소득원의 상실은 장기목표의 수정을 불가피하게 한다. 이렇듯 단기와 장기로 나누어서 경제적 자원관리 목표를 설정하지만 두 목표는 매우 밀접한 연관성이 있음을 알 수 있다.

■ 경제적 자원관리 목표 수립 시 고려할 사항

• 가정생활주기

가정의 생활주기는 경제적 자원관리 계획에서 고려해야 할 중요한 요소이며, 특히 장기목표 수립의 중요한 참고자료가 된다. 결혼을 가정의 시작이라고 하면, 자녀의 출산 및 교육, 주택 마련, 자녀의 결혼, 은퇴 등 끊임없이 크고 작은 생활사건이 있게 되며 그때마다 목돈을 필요로 한다. 이는 평소의 소득으로는 충당하기가 어려우므로 꾸준한 준비가 필요하다. 또한 가정의 규모가 커졌다가 줄어드는 시기, 가정의 소득이 증가하다가 감소하는 시기 등 가정생활주기에 따른 변화도 가정의 경제적 자원관리 계획에 반영되어야 한다.

• 기회비용

모든 경제적 결정에서 우리는 가치가 있다고 생각하는 것을 얻기 위해서는 무엇인가를 포기해야만 한다. 기회비용이란 자원을 현재의 용도가 아닌 최선의 다른 용도에 사용할 때 얻게 되는 자원의 가치를 말한다. 예를 들어, 미래의 구매나 또는 장기적인 경제적 안정을 위해 투자하려면 현재의 소비를 포기해야만 한다. 반대로 우리는 미래의 소득에서 지불되는 신용카드를 이용해서 값비싼 물품을 구매하여 사용할 수도 있다. 자원이 가장 효율적으로 사용되었다면 최선의 대안의 가치는 현재 사용된 가치보다 작거나 혹은 같을 것이다.

• 화폐에 대한 시간가치

일반적으로 사람들은 미래의 현금보다는 현재의 현금을 더 선호하는데 이를 유동성 선호라고 한다. 화폐란 시간이 지남에 따라 그 가치가 달라지는 것이므로 현금 흐름의 발생 시점이 다를 경우 화폐의 시간가치를 고려하여야 한다. 예를 들어 투자결정을 할 경우 투자가치의 평가는 현금유출과 현금유입의 발생시기가 다르기 때문에 이들을 동일 시점의 가치로 환산해 주어야 한다. 이를 위해서는 현재 또는 미래에 발생하는 현금 흐름을 미래 일정 시점의 미래가치로 환산해 주어야 한다.

• 경제상황

전반적인 경제상황, 경기변동 등도 가정의 재무계획을 수립할 때 고려해야 할 사항이다. 예를 들면 물가가 오르면 가정의 소득도 물가가 오른 만큼 높아져야 현재의 구매력을 유지할 수 있다. 이자율은 쉽게 말하면 돈의 비용이다. 가정이 저축을 많이 하여 사회 전반적으로 투자가 많아지면 이자율은 떨어지는 반면에 가정, 기업, 정부 등이 돈을 많이 필요로 하면 이자율은 올라가게 된다. 이자율이 가정의 경제적 자원관리에 미치는 영향력은 두 가지 측면, 즉 저축이나 투자를 하여 얼마나 소득을 얻을 수 있는가 하는 채권자의 입장, 다른 하나는 대출을 받거나 신용을 이용하는 채무자의 입장이 있다. 가정의 경제적 자원관리에 있어서 현재의 경제상태뿐 아니라 미래의 경제상태에 대한 정보가 있어야 한다. 실제로 경기상태는 주기적으로 변하고 있는데 이를 경기순환이라 한다. 경기순환은 호황기, 후퇴기, 불경기, 회복기로 나누어진다.

(3) 사건과 위험의 관리

가정에서 일어나는 대부분의 생활 사건들은 경제적 자원관리를 통한 해결을 필요로 한다. 가정생활주기에 따라 예상 가능한 생활 사건들(예 자녀 학교 입학, 자녀 결혼, 은퇴 등)은 경제적 자원관리 계획에 포함하여 준비 관리할 수 있고, 때때로 장단기 경제적 자원관리 계획의 중요한 목표가 되기도 한다. 반면 가정생활에서 예기치 않게 발생하는 사건과 위험은 구체적인 발생시기, 발생규모를 예측할 수 없으므로 정확한 시기와 비용을 예측한 관리 계획은 어렵다. 그러나 가정의 전체 경제적 자원관리 계획의 중요한 부분으로 위험관리를 하여야 하며, 예금, 보험 등으로 대비할 수 있다.

2) 경제적 자원관리-과정

(1) 계획

가정의 경제적 자원관리를 위한 계획은 크게 소비를 위한 계획, 경제적 위험을 보호하기 위한 계획, 자산 축적을 위한 계획으로 나눌 수 있다(Garman and Forgue, 1994). 실제 가정생활에서는 위의 세 가지를 고려한 종합적인 경제적 자원관리 계획을 수립한다.

① 예산서를 이용한 계획

경제적 자원관리 계획의 기본은 예산을 세우는 것이다. 예산은 현재의 소득상태와 지출상태를 점검하고 이를 근거로 소득과 지출에 대한 항목별 예상액을 산정하는 방법으로 산출할 수 있다. 특히 지출예산은 가정의 단기, 장기의 목표를 점검하여 목표를 달성하는 방향으로 지출항목별 금액을 산정해야 한다. 지출예산은 저축 및 투자 수단 선택, 보험에 대한 계획, 소비지출계획을 포함한다.

〈표 11-5〉는 통계청 '가계조사'의 소비지출 비용 명세를 제시한 것이다. 이처럼 지출예산을 작성할 때 지출품목을 유사한 용도로 묶어서 항목별로 나누어 놓으면, 수행 후 평가 분석이 용이하다.

표 11-5 '가계조사'의 소비지출 10대 비목

비목	내용
식료품	곡물 및 곡물가공품, 육류, 어개류, 채소 및 해조류, 과실류, 유지 및 조미료, 빵 및 과자류, 차, 음료 및 주류, 외식
주거	월세, 주택설비 및 수선비, 기타 주거비
광열 · 수도	수도료, 전기료, 연료비
가구가사용품 및 가사서비스	일반가구, 가정용기기, 식기 주방용품, 가사잡화 및 소모품, 침구 및 직물제품, 가사서비스
의류 · 신발	의류, 직물 및 실류, 신발, 의류 및 신발 서비스
보건 · 의료	의약품, 보건 의료용품기구, 보건 의료서비스
교육	납입금, 교재비, 보충교육비, 문구류
교양 · 통신	서적 및 인쇄물, 교양오락용품기구, 교양오락서비스
교통 · 통신	공공교통, 개인교통, 통신기기, 통신서비스
기타 소비지출	담배, 이미용품, 이미용서비스, 잡비(축 · 조의금 등)

출처: 통계청(www.nso.go.kr).

합리적인 예산을 세우기 위해서 경제적 자원관리의 투입단계에서 만든 가정의 재산상태표와 가계수지표를 활용할 수 있다. 또한 우리 가정과 소득수준이 비슷한 가정의 평균적인 지출 수준, 항목별 지출 규모 등을 비교하여 우리 가정에 적합한 지출예산을 세울 수 있다.

표 11-6 윤은혜 씨 가정의 지출예산서(2008년 4월)

지출 구분	항목	지난 달 결산 내역	이번 달 예산	비고
고정지출	주택청약저축	100,000원	100,000원	
	장기주택마련저축	60,000원	60,000원	
	새마을금고 적금	50,000원	50,000원	
	A증권 적립식펀드	200,000원	500,000원	펀드 추가 불입: 상여금
변동지출	식비	490,000원	400,000원	외식비 삭감
	주거	500,000원	700,000원	전세금 상환 증액
	광열/수도	35,000원	35,000원	
	가구/가사용품	120,000원	120,000원	
	의류/신발	145,000원	150,000원	
	보건/의료	6,000원	100,000원	치과 진료 예정
	교육	100,000원	100,000원	
	교양/오락	220,000원	200,000원	

우리 가정의 씀씀이는?

우리 가정의 소비지출 규모를 다른 가정과 비교해 볼 수 있는 사이트가 있다.

통계청 홈페이지(www.nso.go.kr)에서 제공하는 '우리집 씀씀이 체험하기' 코너는 우리 가정의 소비지출 규모와 우리 가정과 비슷한 가정구성원 및 소득규모를 가진 가정의 평균적인 소비지출 규모를 비교할 수 있는 프로그램을 제공한다.

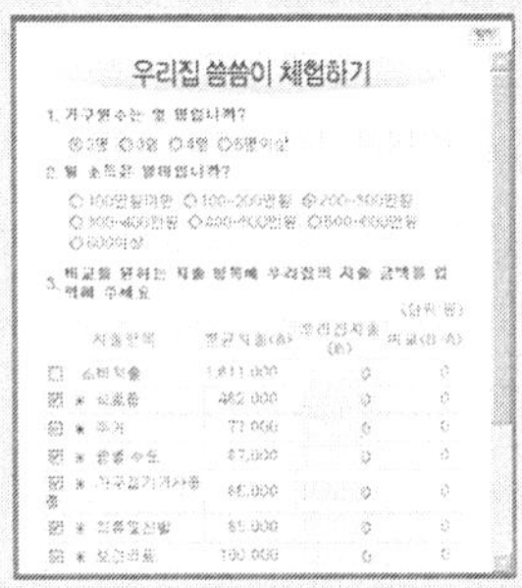

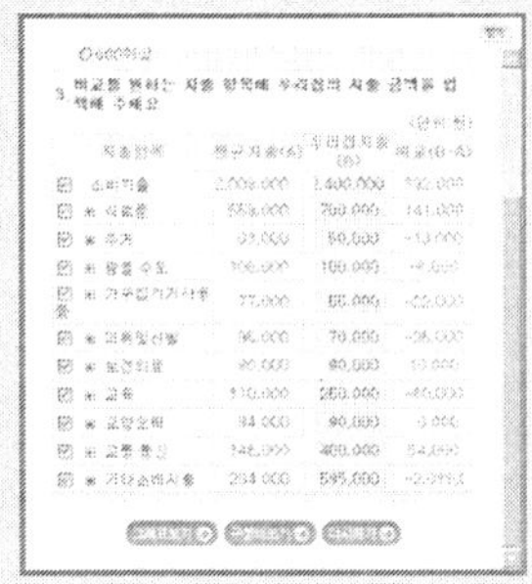

우리 가정의 가정 구성원의 수, 월평균소득, 소비지출의 전체 액수, 10대 비목에 대한 금액을 입력하면 아래와 같이 전국 평균과 비교한 결과를 얻을 수 있다. 이와 같은 분석을 통해서 우리 가정의 소비지출의 전체 수준, 비목별 수준이 우리 가정과 비슷한 다른 가정과 어떻게 다른지 점검해 볼 수 있다.

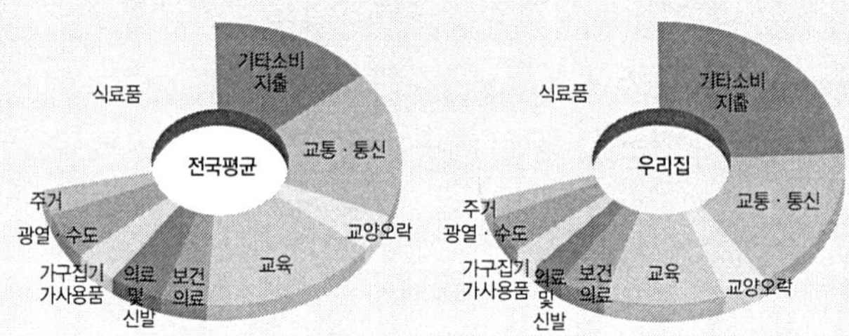

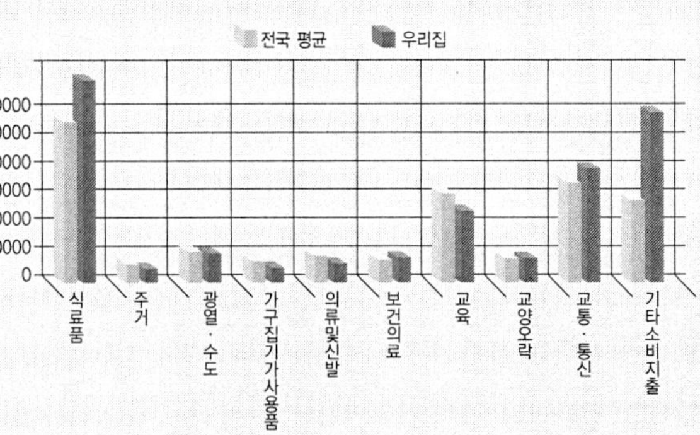

(2) 수행

가정의 경제적 자원관리에 있어서 수행은 가정의 경제적 목표 달성을 위해 계획된 예산에 맞게 소득 활동을 하고 지출하는 것이다. 경제적 자원관리는 매일매일의 실천이 중요하여 가계부 기록을 통해서 수시로 목표를 점검하고, 수입과 지출을 통제하는 것이 필요하다.

① 경제적 자원관리에서 가계부 활용의 의미

가계부에 매일의 수입과 지출을 기록하는 것은 경제적 목표 달성과 가정의 경제적 자원관리 과정 전반에 필수적인 활동이다. 가계부에 기록된 수입과 지출은 가계수지표 작성, 재산상태표 작성, 장단기 재무계획 시 필요자금, 예상소득 산정 등에 필요한 중요한 자료가 된다. 즉 가계부는 경제적 자원관리의 체계적 접근에서 산출을 평가하는 객관적 근거 자료이고 다음의 투입요소인 자원평가, 계획의 중요한 피드백 자료이다.

② 가계부 작성 요령

■ 초보자의 경우 우선 쓰는 것, 기록하는 습관을 갖기

기록 습관에 경제적 자원관리의 성패가 달려 있다. 수입과 지출에 대한 분석 비교, 수입 · 지출 패턴 등을 보려면 적어도 3개월은 기록을 해야 한다. 그러나 초보자의 경우 단 일주일이라도 꾸준히 기록하는 것을 목표로 한다.

■ 내가 매일매일 기록할 수 있는 도구를 선택하기

내가 가장 편하게 쓸 수 있는 것, 내가 항상 휴대하고 다니는 다이어리나 수첩에 매일매일의 수입 지출을 기록한다. 상시 컴퓨터를 이용하는 경우는 인터넷 포털 사이트나 주거래 은행의 인터넷 가계부를 이용하는 것이 좋다. 초보자들은 수첩이나 달력에 직접 그날의 수입지출 내역을 기록하는 것도 좋은 방법이다.

■ 현물로 받는 것도 수입으로 기록하기

매월 봉급으로 생활하는 가정의 한달 가계부를 보면 수입이 있는 날은 단 하

루뿐이고 거의 매일 지출만 기록된다. 이런 경우 가계부를 쓰는 동기가 없어지는 부작용을 막기 위해 현물로 받는 것을 수입으로 기록한다. 예를 들면 어린 자녀가 있는 가정의 경우, 장난감, 옷, 책, 이런 것들을 이웃이나 친지들로부터 물려받아서 사용하는 경우가 많다. 물려받지 않았다면 돈을 지불하고 구입해야 하기 때문에 현물 수입으로 기록하는 것은 당연하다.

■ 매월 수입과 지출을 분석해서 정리

매일의 기록이 어느 정도 습관화되었으면 매월 간단한 가계수지표를 작성해 보는 것도 좋다. 작성해서 평가하고 다음 달의 계획에 활용한다.

3) 경제적 자원관리-산출과 피드백

(1) 결산서를 이용한 산출의 평가

연간 월별 수입 · 지출 비교, 지출 항목별 월별 비교, 가능하다면 전년도의 수입 · 지출 추이와 비교 등을 통해서 계획한 목표가 어느 정도 달성되었는지를 평가할 수 있다. 이때 꾸준히 기록해 둔 월별 가계수지표와 과거와 현재의 재산상태표의 비교분석은 유용한 평가 자료가 될 수 있다.

당신은 금융 문맹 아닌가요?

'금융 문맹' 체크 리스트

1. 재테크 혹은 금융 관련 서적을 읽어본 적이 없다.
2. 은행 외 다른 금융회사를 방문해 본 적이 없다.
3. 금융회사 직원들로부터 어려운 금융 용어를 듣고도 자세히 묻지 않는다.
4. 보험은 무조건 만기에 원금을 돌려받아야 한다고 생각한다.
5. 이자율이 낮더라도 원금이 보존된다면 이익이라고 생각한다.
6. 불필요한 보험이라도 깨면 손해라는 생각에 무조건 유지한다.
7. 주로 단기 상품만 좋아하고, 장기 상품은 가급적 이용하지 않는다.
8. 금융상품 가입은 주로 다른 사람의 추천을 받고서 가입한다.
9. 펀드 투자는 원금 손실이 없다고 알고 있다.
10. 은행은 무조건 안전하다고 믿고 있다.
11. 세금을 아끼기 위해 비과세와 세금 우대, 소득공제 상품을 최대한 이용한다.
12. 금융상품 가입 때 충분히 알아보고 꼼꼼히 따져 가입한다.
13. 은행 · 보험 · 증권사에 각각 한 개 이상의 상품에 가입해 있다.
14. 신용카드 사용액을 항상 파악하고 있고 가급적 체크카드를 사용한다.
15. 예금자 보호제도에 의해 보호받을 수 있는 금융상품과 범위를 알고 있다.
16. 현재 가입해 있는 금융상품과 대출금의 이자율을 정확히 알고 있다.
17. 단리와 복리의 차이를 정확히 알고 있다.
18. 매일 경제기사를 읽는 편이다.
19. 자주 찾는 재테크 홈페이지가 있다.
20. 금융 관련 조언을 제때 해줄 전문가를 활용하고 있다.

1~8번: '예'는 0점, '아니오'는 1점
9~20번: '예'는 1점, '아니오'는 0점
■체크 결과
6점 이하: 심각한 금융 문맹
7~15점: 방심하면 금융 문맹이 될 수 있는 유형
15점 이상: 금융 환경에 적응하기 위해 꾸준히 노력하는 유형

출처: 제윤경, (주)희망재무설계 교육본부장(2006년 12월 28일, 한겨레신문)

4) 인터넷 가계부 활용

정보화 사회의 편리함을 이용한 경제적 자원관리 전략으로 인터넷 가계부 활용을 들 수 있다. 금융 포털 사이트나 은행에서 제공하는 인터넷 가계부는 인터넷 사용이 가능한 곳이면 어디서나 가계부 사용이 가능하다.

① 인터넷 가계부의 장점

인터넷 가계부는 단순히 소득과 지출을 기록하는 것뿐 아니라 가정의 경제적 자원관리의 계획(예산 수립), 수행(가계부 쓰기), 산출 및 평가(결산서 작성) 단계를 포괄한다. 수입, 지출 등의 합계, 지난달과의 비교 분석, 예산 달성 여부 등을 자동 계산하여 제공해 준다. 또한 은행권의 인터넷 가계부는 은행계좌나 신용카드를 등록해 놓으면 거래내역, 신용카드 사용내역이 자동으로 기록되는 편리한 점이 있다. 가정에서 가지고 있는 통장이나 신용카드가 여러 장인 경우 이것들을 통합 관리할 수 있다는 장점이 있다.

② 인터넷 가계부의 활용 전략

- 인터넷 가계부도 꾸준히 기록하는 것이 중요하다.
- 단순 기록도 중요하지만 예산을 수립하고 결산을 꼭 한다. 자동계산과 그래프 그리기의 장점을 활용한다.
- 은행권 가계부와 포털 사이트의 가계부를 함께 이용하여 각각의 장점을 활용한다.
- 자녀들에게는 한국은행에서 배포하는 인터넷 용돈기입장을 사용하도록 한다.
- 가정구성원이 함께 아이디를 공유해서 기록한다면 부부 공동으로 가정을 경영한다는 의미도 찾는다.
- 포털 사이트의 회원들과 가계부 기록에 대한 정보를 교환하여 가계부 기록에 대한 흥미를 유지한다.

인터넷 가계부 예시

〈인터넷 가계부: 일별 수입지출기록〉

〈인터넷 가계부: 예산 결산 기능〉

〈인터넷 가계부: 가계수지표 기능〉

생각해볼 문제

1. 가정의 신용이 정보화 사회의 중요한 경제적 자원이 되는 이유를 생각해 보고 우리 가정구성원의 신용 정도를 파악할 수 있는 방법을 제시해 보자.

2. 우리 가정의 장기 경제적 자원관리 목표 세 가지를 생각해 보고 우선순위를 정해 보자.

3. 1순위의 장기 경제적 자원관리 목표를 달성하기 위한 단기(1년간) 목표들을 정해 보자.

4. 인터넷 가계부를 두 종류 이상 찾아서 그 장점과 단점을 비교해 보자.

5. 내가 가장 쉽게 사용할 수 있는 기록도구를 선정하여 일주일간 가계부(용돈 기입장)를 기록한다. 사용해 본 결과 내가 사용한 가계부의 장점과 단점은 어떤 것이 있는지 비교해 보자.

참/고/문/헌

강이주 외(2000). 가계경제학의 이해. 서울: 신정.
고선강(2007). 가계부쓰기, 가족이야기(5). 인스미디어.
문숙재 외(2003). 신가정관리학. 서울: 신정.
이승신(2003). 가계경제분석. 서울: 신정.
정순희(2003). 소비자재정설계. 서울: 신정.

Garman, E. T. & Forgue, R.(1994). *Personal finance*. Houghton Mifflin Company.
Goldsmith, E. B. (2005). *Resource management for individuals and families*. Thomson Wardsworth: Belmont, CA.

모네타(www.moneta.co.kr)
신용회복위원회(www.crss.or.kr)
통계청(www.nso.go.kr)

CHAPTER

12

주거환경자원관리

1. 주거환경자원의 범위
2. 주거환경자원관리의 동기요소
3. 주거환경자원관리행동
4. 주거환경자원관리행동의 산출

CHAPTER 12

주거환경자원관리

주거환경은 우리의 일상생활을 수용하고 가치와 행동에 직접적인 영향을 미치는 환경이다. 주거환경은 넓은 의미로는 인간이 주생활을 영위할 수 있게 하는 경제, 사회, 자연적 조건들을 포함한 유형 · 무형의 외부적 조건이며, 좁은 의미로는 우리가 살고 있는 주거와 주거 내외부의 조건이다. 주거환경의 핵심이 되는 주거는 건강가정과 그 구성원의 기본적인 생활의 공간으로, 이를 포함한 주거환경은 정치적, 경제적, 사회문화적, 자연적 환경과 같은 외부 요인 및 가정구성원의 개인적 요인과 상호작용하여 형성된다.

1. 주거환경자원의 범위

관리의 대상이 되는 주거환경자원은 건강가정의 생활공간인 주거와 주거의 기능을 보완해 주는 근린환경, 그리고 자연환경으로 나눌 수 있다. 각각의 성격과 상호관계를 살펴보면 다음과 같다.

1) 주거

주거는 건강가정의 관리행동에 사용될 수 있는 자원 중에서도 대표적인 비인적 자원으로서 가정구성원의 주거욕구와 주거목표를 충족시키기 위한 기반이다. 또 주거는 건강가정이 소유하는 물질적 자원 중에서도 가장 고가인 자원으로 경제적 가치가 크다. 주거를 소유할 경우 가정구성원의 주생활이 안정되고 주거가치를 실현시킬 수 있는 가능성이 커지며 주거환경을 관리할 수 있는 권리가 주어지므로 전반적인 생활의 질 향상에 기여한다.

2) 근린환경

주거는 건강가정의 대표적인 자원이나 한 가정이 소유한 주거자원만으로는 가정구성원들의 주거에 대한 욕구나 목표를 충족시키기 어렵다. 주생활은 주거뿐만 아니라 주거가 위치해 있는 지역의 편의시설, 교육, 행정, 문화시설 등 지역사회의 환경에 의해 완성되기 때문이다. 그러므로 건강가정이 주거목표를 달성하기 위해 이용하는 자원은 주거자원으로부터 가정 외부의 근린환경으로 그 범위가 확대될 필요가 있다. 근린환경의 양과 질은 주거를 보완해 주는 가정 외 자원으로서 큰 의미를 갖는다.

그러나 가정의 근린환경을 구성하는 상업시설과 편의시설, 교육기관, 행정기관, 문화시설 등은 가정이 입지해 있는 지역의 위치와 규모에 따라 다르며, 심지어 한 아파트 단지 내에서도 행정구역에 따라 다른 초등학교에 배정될 만큼 차이가 발생한다. 이와 같이 건강가정의 주거욕구와 목표를 달성하기 위해 사용할 수 있는 근린환경자원의 양과 질에 차이가 있다. 그러므로 건강가정의 가치나 목표에 따라 자녀교육을 가장 우선시하는 주거목표를 설정하였다면 학교까지의 거리가 가깝거나 학군이 좋은 지역을 선택함으로써 근린환경자원을 최대화시키는 방향으로 주거환경을 조정해야 할 것이다.

3) 자연환경

건강가정이 위치해 있는 근린환경과 더 넓은 범위에서의 광역환경은 세부적으로 다양한 환경으로 구성되는데(3장 표 1 참조), 그 중 자연환경은 건강가정의 주거환경을 보완해 준다. 자연환경은 기후, 토양, 풍토 등의 자연자원과 자연으로부터 생산되는 나무, 돌 등의 재료 등을 통해 주거환경을 조성하는 데 영향을 미친다. 예를 들어, 우리 나라의 전통주택은 나무로 구성되는 목조주택인데, 이는 우리 나라의 풍토에서 가장 흔하게 구할 수 있는 재료가 나무이며, 석재가 나지 않았기 때문에 나무를 주재료로 하는 주택을 건축한 것이다.

한편 주거환경을 둘러싸고 있는 자연환경은 주거의 채광, 일조, 환기, 소음 등 실내환경을 조성함으로써 가정구성원의 건강한 생활에 직접적인 영향을 미친다. 또 자연환경은 주거환경에서 부족하기 쉬운 자연 체험의 장을 제공함으로써

로하스 주거문화

최근 아파트에 로하스(LOHAS: Life style of health & sustainability) 주거문화가 상륙하였다.

로하스는 개인건강을 중시하는 웰빙에서 한 발 더 나아가 환경보호 측면까지 고려한 '사회적 웰빙'을 뜻한다. 이를 아파트에 대입시켜 보면 '내가 잘먹고 잘 사는' 데서 '전 세대가 함께 행복해지는 친환경 주거공간'을 의미한다. 아파트에 보행자들이 함께하는 워커블 커뮤니티(walkable community), 생태연못, 실개천 등이 도입되는 것도 이런 로하스 열풍의 대표적 사례이다.

워커블 커뮤니티는 체력단련장, 명상휴게실 등 주민공동시설과 테마공원, 체육시설 등을 하나의 길로 엮어 이용자들이 함께 누릴 수 있도록 한 것이다. 또 생태연못, 물그림자공원, 등산마당 등 '생태공원'에서 자연을 만나고 건강을 꼼꼼히 챙겨주는 시설을 단지 안으로 옮겨놓은 것이다.

기존의 아파트에 적용했던 친환경적 마감재, 중수도시설, 베란다 외부정원 등 개인적 측면의 '웰빙' 트렌드를 넘어 입주자들이 '함께' 누리는 공동체적 의미의 웰빙을 추구하고 있는 셈이다.

건설사 관계자는 "로하스 열풍이 국내 주거문화를 여가 위주의 생활로 바꾸고 있다"며 "이러한 시대적인 트렌드가 공동체 주거문화를 다시 살리고 친환경 아파트를 선도할 것"이라고 말했다.

출처: 대전일보(2006. 9. 14)

가정구성원의 취미생활과 건강에 기여한다. 반면 가정구성원은 주생활을 영위하면서 다양한 자원을 소비하고 생활폐기물을 배출함으로써 자연환경을 황폐화시키고 있다.

이와 같이 건강가정의 주거환경은 자연환경으로부터 영향을 받을 뿐 아니라 영향을 미친다. 최근 공동주택에서도 주거에서 부족한 자연환경을 조성하고 입주자들의 건강을 위한 생태공원이나 등산마당 등을 조성하는 것이 그 예이다

건강가정이 살고 있는 주거와 이를 둘러싼 근린환경, 자연환경은 서로 호혜적으로 영향을 주고받는다. 이는 건강가정의 주거환경을 구성하는데 주거뿐 아니라 주거를 둘러싼 다른 자원과 결합함으로써 하나의 주거환경체계로 완성되며, 그 체계는 각각의 하위체계의 합보다 훨씬 크고 다양한 기능을 발휘할 수 있기 때문이다. 이러한 주거와 근린환경, 자연환경은 건강가정이 주거환경을 관리할 때 투입되는 자원으로도 이해할 수 있다.

2. 주거환경자원관리의 동기요소

건강가정의 주거환경자원관리를 유발시키는 동기요소로는 가정의 전체적인 가치와 목표에서 파생되는 주거욕구 및 주거가치, 주거목표가 있다. 주거욕구와 주거가치, 주거목표의 개념과 이들이 주거관리행동을 유도하는 동기로 작용하는 과정을 살펴본다.

1) 주거욕구

인간이 일생을 통해 바라는 주거와 관련된 욕구는 무수히 많은데, 가장 낮은 단계의 욕구가 적절하게 충족되지 않으면 더 높은 단계의 욕구는 거의 추구되거나 충족되지 못한다. 따라서 인간의 욕구는 각자가 처해있는 환경에 따라 단계적으로 일어나며, 하위 단계의 욕구가 충족되면 다음 단계의 욕구가 일어난다는

매슬로우(Maslow)의 욕구위계설을 주거에 적용시켜 설명할 수 있다.

① 생리적 욕구

인간이 생존을 위해서는 수면과 식사, 휴식 등을 필요로 하는데 이러한 생리적 욕구의 대부분이 주거 내에서 이루어진다. 즉, 인간의 생활을 의생활, 식생활, 주생활로 구분하지만 의생활이나 식생활의 많은 부분이 주거 내에서 이루어지면서 인간의 생리적 욕구를 충족시킨다. 따라서 인간은 가장 본질적이면서도 기초적인 욕구인 생리적 욕구를 해결하기 위해 주거를 필요로 하게 된다.

② 안전의 욕구

생리적 욕구가 해결되면 인간은 주거를 통해 자연재해로부터 안전이나 사생활 보호의 욕구를 충족시키기를 원하게 된다. 원시사회에서는 주거에서 추위나 더위, 비바람을 피하고 천재지변이나 맹수로부터 안전을 지키려는 욕구가 컸다면 현대사회에서는 범죄와 사고로부터 인명과 재산을 지키기 위한 안전의 욕구나 외부인으로부터 사생활을 보장받을 수 있는 집을 원한다. 주택에 도난 감지기나 경보기 등 방범장치, 보안장치를 설치하는 것도 안전에 대한 욕구를 충족시키기 위한 예이다.

③ 사회적 욕구

인간은 다양한 사람과의 접촉이나 여러 집단에 소속되어 사회생활을 해나가는 사회적 욕구를 가지고 있다. 이러한 사회적 욕구는 주거를 통해 실현될 수 있다. 우리 나라의 전통주택에서는 안방이 가족원이 모이는 공간으로, 사랑방이 남성들의 사교와 접촉의 공간으로 사회적 욕구를 충족시켰을 뿐 아니라 가정의 관혼상제를 모두 주거 내에서 치루었으므로 주거의 사회적 욕구 충족 기능이 매우 컸다고 하겠다.

현대사회에서는 가정의례의 간소화나 가사노동의 사회화가 상당 부분 진행되고 있으며, 특히 공동주택에는 외부공간이 없고 주거의 규모가 제한되어 있어 많은 사람들이 모여 관혼상제를 지내는 데 적합하지 않다. 반면 현대주택은 가정구성원의 안락함과 화목을 위해 사용하는 공간으로 그 개념이 바뀌어 거실이나 식당 등 공동공간에서 구성원 간의 유대를 다지며 모든 구성원이 자유롭게 사용할 뿐 아니라 이웃이나 친지와의 모임을 주선하여 사회적 욕구를 충족시킬 수 있다.

미리 만난 이웃

아파트 입주 예정자 924개 모임에 19만 명 … 주말 운동회 · 농장도 함께

경기도 화성시 동탄중학교에서는 특이한 마을 운동회가 열렸다. 내년 1월 말 완공되는 동탄지구 현대 아이파크 입주 예정자들이 스스로 연 운동회다. 바비큐를 하고, 가져온 쌀밥 · 육개장 등도 서로 나눈 '예비 주민'들의 마을잔치였다. 축구와 발야구를 비롯, 동(棟) 대항 이어달리기, 짝수동 대 홀수동의 줄다리기, 부인 업고 뛰기, 어린이 그림대회 등이 펼쳐졌다. 기념품으로 발코니에 놓을 화분도 나눠 가졌다.

■단지별 홈페이지도 개설

이들은 2년 전 아파트 당첨 직후 인터넷 모임을 만들었다. 그러다가 주말이면 화성의 농장으로 가 함께 원두막을 세우고 흙도 고르는 등 친분을 쌓게 됐다. 현대 아이파크뿐 아니다. 동탄지구의 아파트 단지 37개 모두에 이런 모임이 만들어졌다. 단지별 홈페이지 개설 프로그램을 지원해 주는 부동산 포털 '닥터아파트'는 "전국적으로 924개의 '입주 예정자 모임' 사이트가 있고, 가입 회원도 19만 명이나 된다."고 했다.

■수도꼭지 선택까지 꼼꼼히 참견

미리 만난 이웃들은 '건설감리관' 역할도 한다. 골조공사부터 마감까지, 발코니 모양부터 수도꼭지 선택까지 꼼꼼하게 '참견'한다. 설계도나 모델하우스와 슬그머니 달라진 것은 없는지, 시대에 뒤떨어진 옵션은 없는지도 살핀다. 동탄 신도시 입주 예정자 김기선(37 · 화성 병점) 씨는 "주민이 힘을 합쳐 건의해 아파트 외벽의 자재와 색깔, 주방 옵션을 최신형으로 바꿨다."고 했다.

■카풀도 생활화

이런 식으로 미리 만나 우의를 다지고 단결력도 과시해 온 주민들은 입주 후 모습도 화기애애하다. 2003년 8월 분양 후 '동백사랑'이라는 입주 예정자 모임을 만들어 활동하다가 지난 2월 입주한 경기도 용인시 동백지구도 그렇다. 전재현(40) 씨는 "단지 안에 형님 · 동생 하는 사람만 수십 명"이라며 "전에는 소주 한잔 생각나면 친구들을 만났는데, 요새는 위층 지석이네, 옆동 혜진이네로 간다."고 했다. '카풀(car-pool)'이 생활화되기도 한다. 김미현(35) 씨는 "출근길이나 외출 시각이 비슷한 이웃을 인터넷으로 찾아 함께 가곤 한다."고 했다.

출처: 조선일보(2006. 11. 8)

④ 자아존중의 욕구

인간의 자아존중감을 높이는 요소에는 성취감과 성공 등이 있다. 이러한 성취감은 보편적으로 직업에서의 성공과 지위의 획득으로부터 얻을 수 있다. 가정구성원이 소유하는 주거 또한 성취감과 사회경제적 지위를 부여하는 역할을 한다. 현대사회에서 사회적으로 성공한 사람은 좋은 환경을 갖춘 더 나은 주거를 선택하며, 좋은 주거환경에서 주생활을 영위함으로써 자아존중의 욕구를 충족시킨다.

⑤ 자아실현의 욕구

자아실현의 욕구는 매슬로우의 욕구위계에서 가장 높은 단계의 욕구이다. 그만큼 자아실현의 욕구를 충족시키기는 어려우며, 자아실현의 욕구를 충족시키는 방식도 다양하다. 주거를 통해 자아실현의 욕구를 충족시키기 위해서는 자아실현에 필요한 다양한 도구와 설비를 갖춘 취미실이나 개인실이 확보되는 것을 생각할 수 있다.

2) 주거가치

주거가치는 집과 주생활에 대해 가지는 바람직한 개념으로 가정구성원의 주거욕구 및 기호와 관련 있으며, 집과 생활환경을 선택할 때 반영된다. 개인의 주거가치는 사회경제적 지위나 교육수준, 기대의 정도에 따라 차이가 있으나 보편적으로 통용되는 주거가치는 다음과 같다.

① 경제성

주거는 가정구성원이 획득할 수 있는 자산 중 가장 큰 대상이기 때문에 주거에 대한 의사결정을 할 때 경제성이라는 가치 유형을 중요하게 생각한다. 주택구입 시 융자금을 포함한 가격이 지불능력과 맞아야 하며, 유지관리비 등의 주거비를 고려해야 한다. 또 원하는 시기에 주택을 팔고자 할 때 쉽게 팔 수 있으며 시간이 경과해도 감가상각이 적어 가치가 보존되어야 한다.

우리 나라에서는 장기상환을 조건으로 하는 주택모기지론제도가 보편화되어 있지 않아 자산이 없는 최초 구매자나 무주택자가 집을 구입하기 어려우며, 주택 가격이 단기간에 급등하는 현상이 나타나 주택 구입을 재산 증식의 수단으로 생각하는 경향이 있다. 이러한 환경하에서는 경제성이라는 가치를 중시하는 경향이 팽배해진다.

부동산 투자 열풍 해외로 확산

부동산 투자 열풍이 해외로 확산되고 있다. 10일 부동산 업계 등에 따르면 정부가 집값 폭등을 억제하기 위한 대책을 잇달아 쏟아내자 마땅한 투자처를 찾지 못한 부동산 투자자들이 해외로 눈을 돌리는 사례가 크게 늘고 있다.

원·달러 환율이 급락하고 올해 투자 목적의 해외 부동산 취득이 합법화된 데 이어 내년부터 해외 부동산 취득 한도가 300만 달러 이상으로 높아질 것이라는 소식이 최근 전해지자 해외 투자에 대한 관심은 갈수록 높아지고 있다. 해외 부동산 투자 열기가 높아진 데는 관련 광고도 한몫하고 있다.

이달 초 두바이를 방문해 아파트와 사무실 구매계약을 하고 온 모 씨는 "우리 나라에 투자해 봤자 별 이득이 되지 않을 것 같아 해외 부동산 투자를 마음먹었다."고 말했다. 그는 "두바이에는 취득·등록·보유세 등 세금이 전혀 없고 사무실의 경우 시세차익 외에 연 15% 정도의 수익률을 올릴 수 있는 데다 준공 전에도 전매가 가능하다는 점에 큰 매력을 느꼈다."고 털어놨다.

직접 투자뿐 아니라 해외 부동산을 대상으로 한 각종 펀드도 큰 인기를 누리고 있다. 대한투자증권이 10월 19일 내놓은 중국 선양의 주상복합 아파트 개발사업 관련 펀드가 출시 30분 만에 130억 원 어치가 모두 팔린 게 단적인 예다. 이렇다 보니 시중 은행도 앞다퉈 해외 부동산 설명회를 개최하거나 상담 서비스를 시작하는 등 발빠르게 움직이고 있다. 그러나 해외 부동산 사정에 어두운 국내 거주자들이 충분한 사전 조사 없이 섣불리 투자를 했다가는 큰 손해를 보거나 사기를 당하는 일도 있는 만큼 각별한 주의가 필요하다고 전문가들은 조언한다.

출처: 연합뉴스(2006. 12. 10)

② 안전

안전에 대한 가치는 원시시대에 인간이 집을 지을 수 있는 지혜와 수단이 없어 동굴이나 바위에서 비, 바람과 맹수의 위협으로부터 몸을 피했던 때부터 중시되었던 기본적인 주거가치이다. 현대사회에서는 기후나 풍토의 위험요인에 대한 예측과 대비가 가능해졌으나 여전히 홍수나 태풍, 폭설 등의 위험이 있으며, 도난이나 화재와 같은 새로운 위험요인이 발생하므로 건강가정의 안전한 생활을 위해서는 안전이라는 가치를 추구한다.

③ 건강

건강은 건강가정이 추구하는 가장 기본적이며 중요한 가치이므로 주거에서도 가정구성원의 심신의 건강을 유지하기 위해 건강하게 생활할 수 있는 환경이 갖추어져야 한다. 현대사회에서 주택건설기술이 점진적으로 발전함에 따라 주거의 냉난방, 조명, 환기 등의 환경적 조건은 눈에 띄게 개선되고 있다. 반면 공동주택의 고층화에 따라 일조조건이 악화되며, 인체에 유해한 물질을 함유하고 있는 건축자재를 사용하면서 새집증후군이 확산되는 현상은 가정구성원의 신체적, 정신적 건강을 위협하는 요인이다.

④ 가정 중심

핵가족 중심의 현대사회에서 주생활은 가정구성원 중심으로 영위된다. 과거에 확대가족이 보편적이었던 시대에는 주거가 대가족의 의생활이나 식생활을 해결하고 관혼상제를 치루는 공간이었다. 현대사회에서는 핵가족의 노동력 재생산과 휴식을 위해 구성원 각자의 프라이버시를 존중하고 가정 단란의 기능이 부각됨에 따라 주생활이 가정구성원의 요구와 필요를 지원하는 공간으로 존재하는 가정 중심적 가치관을 중시하게 되었다.

⑤ 환경의 쾌적성

건강가정의 주생활은 주변환경의 쾌적성이 더해짐으로써 더 보완될 수 있다. 즉, 주거가 입지해 있는 주변환경이 교육기관, 교통시설, 상업시설, 문화시설 등을 갖추고 있다면 쾌적하고 편리한 환경이라고 볼 수 있다. 최근에는 단지 내에 상업시설뿐만 아니라 운동이나 여가를 즐길 수 있는 운동시설, 은행, 어린이 놀이방 등의 생활지원시설을 갖춘 주상복합주택이 등장하는 것도 이러한 환경의 쾌적성에 대한 가치를 중시하기 때문이다.

⑥ 미와 개성의 표현

주거와 실내를 구성하는 스타일과 디자인, 가구와 장식품 등은 가정구성원의 미적 감각과 개성을 표현하는 대상이다. 생활수준이 향상됨에 따라 주거를 기본적인 거주와 생활을 위한 공간뿐 아니라 가정의 독특한 분위기와 개성을 표현하고 구성원의 미적 욕구를 충족시키는 대상으로서 의미와 가치를 두게 된 것이다.

⑦ 여가의 장소

집에서 여가를 즐기고 이를 위한 공간이나 시설을 갖추는 생활양식을 추구하는 가정에서는 주거를 여가의 장소로 보는 가치를 갖게 된다. 주 5일 근무제가 보편화됨에 따라 직장인의 여가시간이 확대되었으며, 주 5일 수업도 단계적으로 실시되고 있다. 여가시간이 증가함에 따라 가정 외부에서 즐기는 여가활동도 증가 추세에 있으나 여전히 주거는 가정구성원이 여가시간을 보내는 주요 장소이다. 따라서 집에서 구성원 개인이나 가족 공동의 취미를 지원하는 공간과 설비를 두고 주거에서 여가를 즐기는 가치를 중시하게 된다.

같은 시대에, 같은 사회에서 살아가는 개인들 간에도 추구하는 가치가 각기 다르듯이 다양한 주거가치가 공존하며, 각 가정과 구성원들이 필요한 욕구를 충족시키기 위해 중시하는 주거가치의 유형은 매우 다를 수 있다는 점을 시사해 준다. 그러므로 건강가정에서는 자신이 원하는 욕구를 충족시키는데 적합하고 실현 가능한 주거가치의 유형을 발견해 내며, 주거가치를 추구하는 방향으로 주거관리행동을 해나가야 한다는 데 의미를 두어야 할 것이다.

삼성건설, 고유 디자인 개발
아파트 전기 제품군 디자인 하나로 통일, 일본서도 우수성 인정

삼성건설은 래미안을 세계적 수준의 '명품 브랜드'로 부각시키기 위해 고유의 디자인을 만들고 있다. 삼성건설이 영국 탠저린사와 공동으로 개발한 '래미안 전기제품군 통합 디자인'은 국내에서 GD마크를 획득한데 이어 일본 굿디자인상도 수상했다. 이는 보수적이고 까다로운 일본에서도 디자인과 제품의 우수성을 인정받았다는 의미이다. 래미안 전기 제품군 통합 디자인은 아파트 실내의 여러 전기 품목(홈 오토메이션, 온도 조절기, 스위치, 콘센트 등)을 사용자 중심의 편안함이 느껴지는 디자인 컨셉으로 설계한 점이 특징. 사각형의 모서리 부분을 둥글게 처리하고, 전체적으로 밝은 색상을 사용, 따뜻하고 부드러운 이미지를 전달하는 데 주안점을 두었다.

▲삼성건설의 욕실 디자인

최근 각계 각층의 디자인 전문가들로 구성된 '디자인 네트워크'를 발족시킨 것도 디자인에 대한 삼성의 고집을 읽을 수 있는 대목이다. 디자인 네트워크에는 건축, 인테리어 전문가뿐만 아니라 디자인과 관련된 각 분야의 전문가들이 참여하고 있다. 삼성건설 디자인실 실장은 "사회 각계의 오피니언 리더들과 내부 디자인 전문 인력이 시너지 효과를 발휘, 삼성건설의 디자인 경쟁력이 더욱 강화될 것"이라고 말했다.

출처: 조선일보(2006. 11. 6.)

3) 주거목표

주생활을 일생에 걸쳐 지속하는 동안 건강가정의 주거목표는 가정의 생활주기의 단계에 따라 변화된다. 가정생활주기가 진전되면서 가정이 확대, 축소됨에 따라 가정의 가치와 목표, 경제력 등이 변화하므로 주거와 환경에 대한 목표도 달라지는 것이다. 건강가정의 생활주기에 따라 각 단계에서 중시되는 주거목표를 살펴보면 다음과 같다.

① 독신가족기

독신가족기는 결혼은 하지 않았으나 통학거리가 멀어 학교 근처에서 사는 대학생이나 직장인이 부모로부터 경제적 · 신체적으로 독립하여 사는 경우이다. 이 시기의 주거는 독신자 1인이 거주하므로 휴식기능을 주로 하게 되며, 생활의 편의를 위한 설비를 공동관리하거나 붙박이가구가 설비된 원룸, 오피스텔 등이 좋다. 또 통학과 통근의 편리를 도모하기 위한 목적이 있으므로 이동거리가 짧고 교통수단이 양호한 것을 주거목표로 고려할 수 있다.

② 신혼가족기

두 사람이 결혼에 의해 가정을 형성함으로써 주거를 필요로 하게 된다. 그러나 이 시기에는 주거를 소유할 만한 경제력이 없거나 주거소유보다는 직업 안정과 경력 개발을 우선적인 목표로 고려해야 하므로 부부의 경제력과 취업상태에 따라 다양한 주거대안 중 적합한 대안을 선택해야 한다.

신혼부부에게 주거는 생활의 근거지로서 보호기능, 휴식기능과 이를 지원하기 위한 가사기능이 요구된다. 또 근무지와 접근성이 용이하면 더 좋다. 우리 나라에서는 집값이 상대적으로 고가이고, 주택 구입 시 대출 자격이나 대출액이 매우 제한되어 있어 신혼부부가 주택을 마련하는데 어려움이 많다. 이 시기에는 가정구성원의 수가 많지 않으므로 주거문제를 심각하게 인식하는 상태는 아니다. 그러나 최근에는 주거를 조기에 마련하기 위해 출산을 연기하거나 부모와 합가를 시도하는 경우처럼 주택 소유는 가족계획이나 구성에도 영향을 미치는 중요한 목표가 될 수 있다.

③ 영유아 가족기

이 시기는 첫 자녀를 출산하기 시작하여 공교육을 시작하기 전까지의 단계이다. 이 단계에서는 모든 주거의 목표가 자녀양육을 위한 좋은 조건에 맞추어지는 것이 바람직하다. 자녀 수가 증가하고 자녀가 성장함에 따라 공간에 대한 요구도 증가할 뿐만 아니라 영유아기에는 대부분의 시간을 주거 내에서 보내게 되므로 쾌적한 실내 환경을 조성하고 놀이공간을 배려해야 한다. 또 자녀양육으로 인한 가사노동의 증가와 수납공간의 요구를 해결할 수 있는 주거가 편리하다.

④ 학령기자녀 가족기

자녀가 초 · 중 · 고등학교에 재학 중인 시기로 자녀교육을 위해 적합한 환경을 조성해 주는 것이 가장 중요한 주거목표가 된다. 우선 자녀가 학령기에 이르면 주거 내에서 침실과 같이 독립성을 요하는 공간이 확대될 필요가 있으며, 학교까지의 거리나 학군, 기타 교육시설 등을 포함하는 교육여건과 동네 분위기를 고려한 주변환경의 질을 목표로 하여 주거를 선택하게 된다. 또 이 시기는 전 단계인 신혼가족기나 영유아 가족기에 비해 긴 시기이므로 교육환경을 비롯한 환경적 여건이 적합한 경우 한 주거에서 계속 생활함으로써 안정적인 주생활을 유지하는 것도 중요한 주거목표가 된다.

⑤ 성인자녀 가족기

자녀가 대학생이나 사회인인 시기로 대부분 소유권은 확보된 상태이나 주거의 질과 규모, 투자가치, 사회적 지위 향상에 따른 지위표출욕구에 의해 주거규모를 확대시키거나 주거의 질과 근린환경을 향상시키려는 목표를 갖게 된다. 자녀교육을 위한 환경적 여건을 고려할 필요가 없어 주거이동이 용이해지므로 집값이 상대적으로 저렴한 도시 외곽지나 전원생활을 선택할 수 있는 것도 이 시기의 특징이다.

그러나 가정구성원 모두가 성인이므로 각자의 개인공간과 프라이버시가 요구되며, 기본적인 휴식과 보호의 기능 이외에 성인 구성원의 주생활을 지원할 수 있는 가사기능, 프라이버시, 개성을 충족시킬 수 있는 주생활양식을 확립하는 것이 이 시기의 주거목표가 된다.

⑥ 장년가족기

자녀의 독립, 입대, 결혼 등으로 인해 가족 수가 감소하고 장년의 부모만 남게 되는 시기이다. 이 시기의 주거는 보호와 휴식기능, 이를 지원하기 위한 가사기능이 주가 되며, 부모의 은퇴 이후에 대비한 은퇴계획에 따라 성인교육기능이 요구되기도 한다.

현재의 주거상황이 필요 이상으로 크거나 관리가 어려워 규모를 축소시킬 필요가 있으나, 독립한 자녀와 손자녀의 방문을 기대하거나 실제로 가족이 모두 모이는 기회가 잦아 부모에게는 큰 집을 그대로 유지하는 빈 둥지(empty nest)의 시기이기도 하다.

이 시기에는 그동안 자녀를 중심으로 이루어졌던 생활과 관심사가 부모의 생활과 노후준비로 재편성되어야 한다. 따라서 노후를 어떻게 보낼 것인가에 대한 생활계획과 노후를 대비한 주생활의 변화를 고려해야 한다. 즉, 장년가족기 후반에는 집의 규모를 줄이고 주거관리와 가사노동이 편리한 주거를 선택하는 것이 바람직하다. 또 노년기의 취미생활이나 교육을 지원받을 수 있도록 평생교육기관이나 복지관과 같은 사회적 시설이나 자녀와 가족원을 대신하는 새로운 사회적 연결망의 구축을 고려하여 이동을 하는 것도 한 대안이다. 한편으로는 자녀세대와 도움을 주고받을 수 있도록 자녀와 근거리에 있는 주거를 선택하거나 합가를 시도할 수도 있다.

⑦ 노인가족기

이 시기에는 타인의 도움 없이 스스로 생활할 수 있으나 신체적 능력이 저하되고 만성질병을 가지고 있는 경우가 많아 안전성과 생활의 편의를 목표로 주거를 선택할 필요가 있다. 즉, 일상생활을 위한 상가와 병원, 교통시설 등이 가까워 자녀나 다른 사람들의 도움을 받지 않고도 독립적으로 생활하는데 무리가 없어야 한다. 특히 대도시에서는 자연환경과 접할 수 있는 기회가 매우 적으므로 주변에 등산로나 산책로, 공원, 체육시설 등이 있다면 노인의 건강 유지와 취미생활에 도움이 될 것이다. 또한 자녀나 친척, 친지 등이 가까운 곳에 있어 자주 접할 수 있거나 비상 시 도움이 될 수 있는 곳이라면 더 바람직하다.

⑧ 주거의존기

자신의 생식가족이 해체되고 경제적, 신체적, 정신적으로도 독립된 주생활을 할 수 없는 단계로 자녀와 동거하거나 실버타운, 양로원, 노인전문병원 등의 시설에 의탁하는 시기이다. 우리 나라에서 실버타운이나 노인전문병원 등은 대부분 유료로 운영되므로, 개인이 유료시설에 입소하기 위해서는 경제적 부담과 자녀와의 합의 등 이 시기에 대비한 주거계획을 사전에 세울 필요가 있다.

주생활은 모든 생활의 기반이 되며 인간이 평생 동안 영위하는 것인 만큼 무수한 목표를 설정할 수 있다. 그러나 일반적으로 가정의 요구와 가치, 자원의 상태가 가정생활주기의 단계에 따라 변화되고 진전되므로 주거목표도 가정생활주기의 단계에 따라 설정되는 것이 보편적이다. 한편 최근의 가족해체나 다양성을 고려할 때 결혼하지 않은 독신자나 자녀 없는 가정 등 보편적인 핵가족 중심의 가정생활주기를 설정할 수 없는 가정의 주거목표는 핵가족과는 다른 관점에서 설정되어야 할 것이다.

3. 주거환경자원관리행동

건강가정의 주거환경자원관리행동은 가정구성원들이 원하는 주거와 주생활을 실현하기 위해 계획을 세우고 이를 수행하기 위한 주거행동을 하는 것으로, 가정의 자원관리 관점에서 본다면 주거욕구와 가치, 주거목표, 자원 등을 투입하여 관리과정을 진행시키는 것이다. 또 계획이 제대로 수행되지 못하거나 수행결과가 원래 계획한 것과 차이를 보일 때 이를 조정하는 과정이 뒤따른다. 즉, 건강가정은 주거계획을 세우고, 이를 행동으로 옮기며, 조정하는 과정을 통해 원하는 주거욕구와 주거목표를 달성해 가는 것이다.

여기서는 건강가정에서 주거계획을 세울 때 표준이 될 수 있는 주거규범의 개념을 소개하고, 주거환경관리행동을 주거선택행동과 주거관리행동, 주거조정으로 구분하여 소개한다.

1) 주거규범

주거가 가정구성원의 주거욕구나 목표를 충족시키려면 적정 수준을 갖추어야 하는데, 이러한 주거 적정성의 개념이 주거규범이다. 즉, 주거규범은 가정구성원이 적정 수준의 주거를 계획하고 선택할 때 기준으로 사용될 수 있는 개념이다.

주거규범은 개인, 가족, 문화의 차원에서 형성될 수 있으며, 크게 문화규범과 가족규범으로 나눌 수 있다. 문화규범을 따르려는 가정의 경우 문화규범이 곧 가족규범이 되며, 문화규범과는 다른 가족규범을 가지고 주거행동을 하는 가정에서는 가족규범이 그들의 주거규범이 된다. 그러나 대부분의 가정은 문화규범과 절충하면서 소속된 집단에의 사회화를 통해 가족규범을 고려한 주거규범을 갖게 되고, 이들 기준에 가까워지려는 방향으로 주거행동을 하게 된다.

주거규범의 속성으로는 소유권, 공간, 주거비, 근린환경, 주거의 질 등을 들 수 있으며, 이러한 주거규범을 통해 각 가정에 적정한 주거수준을 설정하는 것이 건강가정의 주거계획의 과정이다.

(1) 주거소유규범

가정구성원들이 주거 소유를 선호하고, 주거 소유를 위해 자금 마련이나 저축 계획 등의 행동을 실행하는 것이 주거소유규범이다. 주거를 소유해야 한다는 규범을 갖게 되는 데는 몇 가지 이유가 있다. 첫째, 자기 소유의 집을 가짐으로써 가정구성원의 주거요구 변화에 대처할 수 있고 생활이 안정되며, 주거에 대한 만족도가 높아진다. 둘째, 집값을 마련하기 위한 강제저축의 효과가 있으며 집값 상승이라는 인플레이션에 대처할 수 있다. 셋째, 주거 소유가 문화규범으로 정착된 사회에서는 사회적 지위와 권위에 긍정적인 효과를 갖는 것으로 기대됨으로써 가정구성원의 심리적 안정에 기여한다.

(2) 공간규범

공간의 규범적 적정성을 평가하는 데는 공간의 규모, 방당 사람 수, 필요 침실 수와 부족한 침실 수를 비교하는 방법들이 쓰인다. 이중 주택규모규범과 침실사용규범에 대해 알아본다.

① 주택규모규범

우리 나라의 주택건설촉진법에 의하면 국민주택의 규모를 단독주택의 경우 60㎡(18.1평) ~ 85㎡(25.7평), 아파트는 40㎡(12.1평) ~ 85㎡(25.7평)으로 규정하고 있다. 이 규모는 세계가족단체협의회의 기준에 따르면 5인 가족까지 쾌적하게 살 수 있는 규모이다.

② 침실사용규범

침실에 대한 요구는 다른 실에 비해 기본적인 것이다. 모리스(Morris)와 글래드하트(Gladhart)는 침실사용기준으로 부부는 1실 사용, 6개월 미만의 자녀는 부모와 동실 사용 가능, 18세 이상의 자녀는 1실, 9~17세의 동성이면서 연령차가 4세 이하인 형제나 자매는 2인 1실, 이성이라도 9세 이하이고 연령차가 4세 이하이면 2인 1실을 규범으로 제안하였다. 그러나 침실 사용에 대한 규범에는 문화에 따른 차이가 있으며, 동일 문화권 내에서도 생활수준의 향상에 따라 더 확대될 수 있다.

2) 주거선택행동

가정구성원은 주거를 소유하려는 규범을 달성하기 위해 자산이나 소득과 같은 경제적 자원을 투입하고자 한다. 그러나 가정은 한정된 자원을 가정구성원의 많은 욕구 충족을 위해 투입시켜야 하므로 일부의 자원만을 주거선택에 배분할 수 있다.

주거선택을 위해 투입될 수 있는 경제적 자원은 내적 요인과 외적 요인에 의해 영향을 받는다. 내적 요인이란 가정의 경제력과 주거를 선택함으로써 얻을 수 있는 투자이익, 그리고 투자비용 등이다. 예를 들어, 주거를 선택하고 구입하기 위해서는 막대한 자금이 필요한데, 이는 가정의 경제력으로부터 나온다. 즉, 어느 정도의 자산이 축적되어야 하며, 부족자금을 금융기관에서 대출받을 때 대출이자를 감당할 수 있는 소득수준이 전제되어야 한다. 또 투자이익이란 주거를 구입함으로써 기대되는 미래가치의 상승이나 다른 투자대안과 비교할 때의 상대적인 이익을 말한다. 부동산 경기가 침체기에 있을 때는 주거가치가 상승할 것으로 기대되기 어렵기 때문에 투자이익이 발생하지 않을 것이다. 따라서 주식이나 금융상품 등의 다른 투자대안이 수익성을 보장해 준다면 주거구입으로 인한 투자가치를 재고하게 될 것이다.

외적 요인은 거시경제적 측면에서 인플레이션, 이자율, 세율 등의 요인을 들 수 있다. 외적 요인은 총 통화량에 영향을 미쳐 주택시장에 유입되는 자금에 영향을 준다. 또 주택을 포함한 부동산 투자심리가 과열되는 양상을 보일 때는 주택금융정책이나 조세정책을 통해 부동산대출 금리나 부동산 거래 및 보유과세의 세율을 인상함으로써 자금의 유입을 막기도 한다.

이들 요인의 상호작용에 의해 가정은 주택 구입의 투자가치를 평가하고 시기를 선택하여 투자이익이 일반 금리의 수준과 주택 구입으로 인해 발생할 수 있는 위험을 합한 것보다 클 때 주택 구입을 선택하게 된다.

부동산대책은 계속된다

정부는 꺾이지 않는 수도권 집값 상승세에 대한 단기처방으로 그동안 기존 아파트에 대해서는 세금과 대출규제로 수요를 억제해 왔다. 부동산 관련 조세정책을 보면, 2003년 10 · 29대책을 통해 취득-보유-처분단계에서 부과되는 세금을 강화했다. 주택거래신고제를 도입해 취득단계의 세금인 취득 · 등록세를 올렸으며, 종합부동산세로 보유세를 크게 늘렸다. 1가구 3주택자에 대한 양도세율을 60%로 높이는 등 처분단계의 세금도 높였다.

이 같은 세제 강화는 2005년 8 · 31대책을 통해 더욱 강화되었다. 종합부동산세 부과대상이 9억 원 초과에서 6억 원 초과로 확대되고, 인별 합산에서 가구별 합산으로 바뀌었다. 과세표준도 시세반영률을 80%까지 높인 공시가격을 사용하기 시작했다.

양도세는 1가구 2주택(50%)까지 확대됐다. 6억 원을 넘는 고가주택의 세금 부담은 늘어나게 됐다.

정부는 과표(세금부과기준) 적용률도 매년 10%포인트씩 높일 계획이다. 따라서 집값이 한 푼도 오르지 않더라도 보유세(종부세 포함)는 눈덩이처럼 불어난다. 공시가격 10억 원 주택의 경우, 2005년 373만 8000원이었던 보유세가 2009년이면 814만 8000원으로 늘어난다. 정부 계획대로라면 2009년부터는 강남권의 30평대 아파트 소유자들도 연간 800만 원의 보유세를 내야 한다.

대출규제는 2003년 5 · 23대책을 통해 처음 도입됐다. 담보대출 비율을 60%에서 50%로 강화한 것이다. 또 같은 해 10 · 9대책을 통해 투기지역에 한해 40%로 더욱 강화되었다. 이같은 조치에도 불구하고 과잉 유동성이 해소되지 않자 2006년 3 · 30대책에서 총부채상환비율(DTI)이 추가 도입되었다. 투기지역 내 6억 원 초과 주택의 경우 DTI를 40%로 제한한 것이다.

또 2006년 11 · 15대책에서는 주택담보인정비율(LTV)과 DTI를 더 강화해 금융회사의 주택담보대출이 과다하게 주택시장으로 유입되어 주택 값을 부추기지 않도록 하는 정책을 내놓았다.

출처: 이데일리(2006. 11. 14),
조선닷컴(2006. 11. 23)

3) 주거관리행동

주거관리는 주택이 가지고 있는 물리적 조건을 유지 · 보전시키며, 쾌적하게 주생활을 영위할 수 있도록 인적 · 사회적 · 경제적 관리를 해나가는 것이다. 주거관리는 좁게는 주택의 유지와 보수를 의미하였으나 기술과 산업의 발달과 함께 주택의 구조, 설비, 기기 등이 복잡화, 전문화되어 가면서 그 범위가 확대되기 시작하였다. 또 공동주택이 보급되면서 관리비의 적정성, 공동시설과 공유공간의 관리, 여러 세대가 인접해 살면서 발생되는 공동생활의 문제들도 관리의 대상이 되었다. 우리 나라는 1972년 주택건설촉진법에서 공동주택관리에 관한 법률을 제정하면서 본격적인 공동주택 관리제도를 시행하고 있다.

공동주택의 주거관리의 내용은 유지관리, 운영관리, 생활관리 등이다.

① 유지관리

유지관리는 주로 주거환경의 물리적 조건과 상태를 보전하기 위한 청소 · 정리정돈 · 점검 · 수리 등의 행위이다.

② 운영관리

운영관리는 가정에서 주거관리를 효율적으로 수행하기 위해 필요한 인적자원과 물적자원을 운영하는 것이다. 운영관리를 통해 가정은 주거비를 경제적으로 사용하며 주생활의 수준을 향상시킬 수 있다.

③ 생활관리

생활관리는 개별 가정에서의 주생활의 능률화, 공동주택에서는 거주자 간의 생활문제가 그 대상이며, 문제 발생 시 조정과정이 생활관리의 내용이 된다. 그러나 주거관리의 세부 내용은 서로 배타적인 것이 아니라 상호 간에 밀접한 연관관계를 가지고 있으며, 궁극적으로 건강가정의 쾌적하고 만족스러운 주생활을 영위하기 위한 것이다.

4) 주거조정

주거환경관리를 수행하는 과정에서 가정구성원이 가지고 있는 주거목표가 충족되지 못하거나 사회에서 통용되는 주거규범과 차이가 있을 때 이를 해결하는 과정이 주거조정이다. 주거조정에는 다음과 같은 다양한 대안이 있으므로 각 대안의 장단점과 가정의 상황을 고려하여 적합한 조정대안을 선택할 수 있다.

① 규범적 적응

주거환경을 변화시키기 위해 주거이동을 하는 것과 같은 적극적인 조정이 불가능할 경우 주거욕구를 충족시키지 못하여 불만이 누적되게 된다. 따라서 불만을 노출시키기보다 주거규범을 낮추도록 하는 것이다. 즉, 가정의 주거규범을 변화시켜서 현재의 주거환경에 만족하도록 심리적으로 적응하는 것을 말한다.

② 구조적 적응

주거에 대한 요구와 필요는 가정구성원의 수와 세대 구성, 연령 등에 의해 발생되는데, 가정구성원의 요구에 맞게 주거를 변경시키지 못할 경우 분가, 합가, 출산 지연 등을 통해 가정구성원을 변화시키는 것이다.

③ 리모델링

주택은 시간이 지남에 따라 성능과 기능이 노후화되는데, 이러한 노후화를 완화시키고 기능을 향상시켜 건물의 수명을 연장시키는 방법이 리모델링이다. 즉, 노후화된 건물의 기능을 회복시키는 보수를 포함하여 건물에 새로운 기능을 부가하여 전체적인 기능을 더 향상시키는 활동을 의미한다.

리모델링의 경우 가정의 구성원들은 주거의 위치를 바꾸지 않게 되므로 경제적 · 심리적 · 육체적으로 부담이 적으면서도 긍정적인 효과를 가져올 수 있으나 자가 소유인 경우만 가능하다.

④ 주거이동

규범적 적응이나 구조적 적응, 또는 리모델링 등을 통해 가정구성원의 주거욕구를 충족시킬 수 없을 만큼 주거불만족이 심화되어 더이상 현재의 주거환경에 적응할 수 없을 때 주거이동을 시도해야 한다. 주거이동을 수행할 경우 불만족이 완화될 수 있으므로 가장 바람직한 방법은 주거조정방안이라 할 수 있다.

4. 주거환경자원관리행동의 산출

1) 주생활 양식

건강가정은 주거환경자원관리를 위해 주거욕구와 목표를 투입시키며 동시에 자원을 사용한다. 이렇게 투입된 욕구와 목표, 그리고 자원은 주거환경자원관리행동의 과정을 통해 산출 결과를 낳게 되는데, 주생활 양식은 다양한 산출 중 하나이다.

주생활 양식은 주거에 투입할 수 있는 인적 · 물적자원에 따라 달라지는 한편 건강가정의 가치와 목표에 따라 선택될 수도 있다. 또 주생활 양식은 건강가정이 생활하는 지역사회환경의 성격과 특성에 의해 영향을 받기도 한다. 예를 들어 가정의 구성원이 근무하는 직장에서 재택근무를 지원할 경우 SOHO(Small Office Home Office)라는 주생활 양식이 더 유용할 수 있으며, 비슷한 가치관과 생활요구를 가진 다른 가정과의 공동체 주거도 새로운 주생활 양식으로 선택할 수 있다.

(1) SOHO

컴퓨터와 인터넷의 발달과 보급으로 원거리 화상회의가 가능한 현대사회에서는 자신의 집을 사무실로 활용하는 재택근무자나 텔리워커(tele-worker)가 증가하고 있는데 이들을 위한 SOHO가 새로운 주생활 양식으로 등장하고 있다.

SOHO는 집에 사무공간을 두고 인터넷과 사무자동화기기를 이용하여 일을 주체적으로 하는 것이 특징이다. SOHO의 경우 한 주거 내에서 주생활과 업무라는 두 가지 생활을 동시에 영위해야 하므로 가정 내에 일할 수 있는 환경을 조성해야 한다. 일정한 근무시간을 지키면서 일할 때 다른 가정구성원으로부터 방해를 받지 않도록 생활공간과 분리된 조용한 업무공간을 별도로 할애해야 한다. 또 업무공간에는 컴퓨터와 복사기, 팩스 등의 사무자동화기기를 설치하고, 업무에 적합한 조명설비와 냉난방설비, 환기설비 등을 고려하며, 사무용가구를 구비하는 등 사무환경을 조성하는 배려가 필요하다.

이러한 근무방식의 변화는 근무자와 가정구성원의 생활방식을 변화시켜 독특한 주생활 양식을 만들어 내게 된다. 자영업자가 SOHO라는 주생활 양식을 선택할 경우 사무실을 별도로 임대하지 않아도 되는 경제적 이점이 크나, 가정구성원에게는 사무실 공간으로 인해 주생활 공간이 축소되거나 단란한 주생활 분위기를 유지하기 어려운 영향을 줄 수 있다.

그러나 주거 내에서 일함으로써 가정구성원과의 접촉이 많아지며 기혼여성의 경우 가사나 육아를 병행할 수 있는 장점이 있으므로 재택근무가 가능한 업종 종사자나 자영업자, 부부동업자, 기혼여성 등은 이 근무방식의 장점을 살리면 주생활양식뿐 아니라 전반적인 생활에서 이점을 누릴 수 있을 것으로 보인다.

(2) 코하우징

코하우징(Cohousing)은 개별 가정의 프라이버시를 유지할 수 있는 개인공간과 공동 생활공간인 공동 생활시설, 공동 옥외공간으로 구성된다. 현대사회에서 가정의 규모가 축소되고, 독신자나 한부모가정, 노인가정의 비중이 꾸준히 증가하고 있으며, 기혼 취업여성들은 대부분 직업과 가사, 육아를 병행하는 데 어려움을 겪고 있다. 이와 같이 유사한 생활요구를 가지고 있으나 이를 개별적으로 해결하기 위해 시간과 노동력을 할애하기 어려운 사람들이 시간을 절약하고 기구와 설비의 낭비를 줄일 수 있는 대안으로 모색한 것이 코하우징이다. 즉, 공동식사와 공동육아를 해나감으로써 가사노동과 육아를 효율적으로 해결할 수 있으며, 주방과 세탁장, 놀이터 등을 공동으로 설치함으로써 공간과 비용의 감소를 꾀할 수 있다. 코하우징에서는 공동조리와 식사가 중심적인 공동활동이 되나 시간이 많은 노인들은 사교활동이나 취미활동을 공유함으로써 사회적 상호작용의 기회를 가질 수도 있다. 서구에서는 자립적인 생활이 가능한 노인들이 선호하는 주생활 양식이기도 하다.

한편 생활의 요구를 해결하기 위한 목적 이외에 이념적 가치를 지향하기 위한 주생활 양식으로 코하우징을 선택하기도 한다. 대체 에너지 사용, 친환경, 자급자족을 추구하는 생태마을이 그 예이다.

2) 주거만족도

주거만족도는 주거환경자원관리행동의 또 다른 산출이다. 주거만족은 주거욕구가 충족되는 정도에 대한 주관적인 평가의 결과로서 거주자가 수행하는 평가의 과정에서 생긴다. 즉, 주거선택과정에서 가정의 사회경제적 요인과 가정구성

더불어 사는 공동체 '코하우징'

▲1985년 일본 교토시 라쿠사이(洛西) 뉴타운에 지어진 유코트(U-court) 전경

유코트(U-court)는 1985년 일본 교토시에 준공된 중층 고밀도 주거단지이다. 유코트란 이름은 아파트 3개 동이 U자형으로 붙여졌으며, 공용공간과 개별주택, 중정, 공원으로 구성되어 있다. 이곳의 특징은 48세대가 모두 가족구성과 생활 패턴에 따라 다른 평면과 실내디자인을 한 점이다. 공용공간은 취미교실, 공동 보육장소, 음악회, 담화의 장소로 이용되고 있으며, 중정에는 연못과 녹지, 모임을 위한 영역이 적절히 배분되어 있다. 공원은 각 동과 연속성을 가지고 있어 휴식공간으로 이용되고 있다. 개별주택은 자신의 이상에 따라 '화로가 있는 집', '시골집 같은 분위기', '아틀리에 같은 집' 등의 이미지로 출발하여, 현관 입구에서부터 거주자의 개성에 맞게 모두 달라 단독주택과 같은 느낌이다. 주민들은 한 달에 한 번씩 두 그룹으로 나누어 모이고, 테니스 팀, 농원, 음악감상 클럽, 미식가 클럽 등 다양한 공동활동을 한다. 아직까지 유코트는 주민들의 참여에 의한 코하우징의 걸작으로 평가되고 있다.

출처: www.jutech.co.kr
주거학연구회(2004), 안팎에서 본 주거문화, p.208.

원의 가치관, 문화적 배경 등이 작용하여 주거가 선택되고, 그 결과 주거만족이라는 산출을 낳는 것이다.

가정구성원은 주거를 선택할 때 주거에 대한 이상을 가지고 있으며, 주거욕구를 충족시키기 위해 주거에서 갖추어져 있기를 원하는 실질적인 사항을 구체적으로 고려한다. 따라서 가정이 주거에 대해 가지고 있는 욕구, 가치, 목표는 관리과정을 거치는 동안 어느 정도 충족되며, 충족 결과는 주거만족도의 형태로 산출된다. 높은 정도의 주거만족을 경험할 때 가정구성원의 욕구와 주거가 적정선에서 평형 상태를 이루게 되는데, 이러한 상태는 가정의 주거관리행동과 주거환경의 조화 상태로 볼 수 있다.

한편 주거가 가정구성원의 다양한 주거욕구를 충족시키지 못하거나 원하는 주거목표를 달성시키지 못할 때 주거에 대한 불만이 생겨 주거만족도가 낮아지며, 불만족의 상태가 심화되어 주거에 대한 적응이 더이상 불가능할 때 주거이동과 같은 조정을 고려하게 된다. 이와 같이 건강가정의 주거환경관리는 주거에 대한 투입과 과정을 거치는 동안 수행, 조정되며 산출된 주거만족도에 따라 유지되거나 변화되는 피드백이 계속된다.

생각해볼 문제

1. 현대적인 의미의 안전의 욕구와 이를 충족시킬 수 있는 주거설비의 예를 들어보자.
2. 다양한 주거가치 중 자신(우리 가정)에게 가장 적합한 주거가치 유형을 생각해 보자.
3. 자신의 가정이 속한 주거생활주기를 '성인자녀 가족기'로 볼 때, 이 단계에서 자신의 가정에 가장 잘 맞는 주거목표에는 어떤 것이 있는지 생각해 보고, 다른 가정의 경우와 비교해 보자.
4. 자신이 살고 있는 지역에서 이용할 수 있는 근린환경자원에는 어떤 것들이 있는지 찾아보자.
5. 나와 우리 가정이 가지고 있는 주거규범의 예를 찾아보자.
6. 우리 가정의 주거만족도를 점수(예: 100점 중 몇 점)로 표현해 보자.
7. 우리 가정의 주거만족도가 낮다면 이를 개선시키기 위해 주거욕구나 주거목표, 또는 주거자원을 변화시킬 수 있는 방법을 생각해 보자.

참/고/문/헌

신경주(2005). 신개념 주거학. 서울: 기문당.
이경희 · 윤정숙 · 홍형옥(1993). 주거학 개설. 서울: 문운당.
주거학연구회(2004). 안팎에서 본 주거문화. 파주: 교문사.
홍형옥 · 유병선(2003). 주거관리론. 파주: 교문사.

Gallogly, F. D.(1974), "Housing Decisions in Selecting a Residence in a Planned Townhouse Development", Home Economics Research Journal, Vol 2, No 4.

대전일보(2006. 9. 14)
연합뉴스(2006. 12. 10)
이데일리(2006. 11. 14)
조선닷컴(2006. 11. 23)
조선일보(2006. 11. 6)
조선일보(2006.11.08)
www.jutech.co.kr/

PART IV

다양한 형태의 건강가정과 자원관리

가정의 구성원은 단 하나의 획일적인 형태(The Family)라는 일반적인 견해에서 벗어나 다양한 형태(Families)로 존재할 수 있다. 이에 대해 Eichler(1988)는 다음과 같이 가정구성원을 정의한다. "가정을 이루는 구성원은 한 명 혹은 그 이상의 자녀를 포함하거나 포함하지 않을 수 있는 사회집단(예 자녀없는 부부)으로 구성되며, 자녀는 결혼생활에서 탄생할 수도 있고, 그렇지 않을 수도 있다(예 입양 아동, 배우자가 이전 결혼에서 낳은 자녀). 성인들의 관계는 결혼에 의한 것일 수도 있고 그렇지 않을 수도 있다(예 법적 부부). 그들은 같은 거주지에 살 수도 있고 그렇지 않을 수도 있다(예 주말부부). 성인들은 성관계를 가질 수도 있고 그렇지 않을 수도 있으며, 관계는 사랑, 매력, 경건함, 두려움처럼 사회적으로 패턴화된 감정을 가질 수도 있고 그렇지 않을 수도 있다."

이와 같이 다양한 형태의 가정과 이를 구성하는 구성원이 가정생활을 통해서 그들의 요구와 자원을 조정하여 목표와 목적을 달성하고 창조적인 생활을 하는 관리과정에 대해서 살펴본다. 여기서 건강한 가정은 각 유형에 따라 나타나는 자원관리상의 여러 가지 문제를 해결할 수 있는 능력과 방법을 가지고 있어야 한다고 전제하고, 각 가정의 유형별로 자원관리의 특징과 그에 대한 관리 지침을 제시한다.

CHAPTER

CHAPTER

13

맞벌이가정

1. 자원관리의 특징

2. 자원관리의 지침

CHAPTER 13

맞벌이가정

1. 자원관리의 특징

1) 일하는 엄마의 과중한 역할

우리 나라 여성들의 경제활동참가율은 지속적으로 증가하였으며, 특히 배우자가 있는 기혼여성들의 경제활동참가율은 2005년 현재 51.4%에 이른다. 일반적으로 '취업주부' 로 일컬어지는 일하는 기혼여성들의 가장 큰 문제는 다중 역할에 따른 과중한 부담이다. 취업주부들은 자신의 일과 가족의 전통적 역할을 모두 수행해야 한다는 요구를 받는다. 특히 어린이를 양육하는 책임을 대부분 어머니에게 돌리는 우리 사회의 이데올로기는 일하는 어머니들에게 종종 죄책감을 안겨주기도 한다.

표 13-1 혼인 상태, 성별 경제활동참가율

구분 연도	여성			남성		
	미혼	유배우	사별/이혼	미혼	유배우	사별/이혼
1990	46.5	49.2	39.3	43.9	89.6	57.0
1995	50.4	49.7	39.5	49.6	89.9	62.8
2000	47.0	51.2	38.8	50.2	85.5	61.8
2005	53.6	51.4	40.2	53.6	85.2	64.3

출처: 통계청. 경제활동인구 연보. 각년도.

대도시 맞벌이 부부를 대상으로 조사한 보고(1994, 한국생명)에 의하면, 맞벌이 부부의 문제점으로 아내는 육아(46.1%), 가사분담(33.1%), 남편의 반대(15.4%)와 시부모의 반대(12.1%)를 들었으며, 남편은 아내의 가사 소홀(35.3%), 육아(34%), 아내의 늦은 귀가(26%)와 내조 부족(25.1%)을 꼽아(이상 복수응답), 맞벌이를 하는 부인의 역할에 대한 남편의 기대가 매우 높은 것으로 나타났다. 이러한 상황에서 기혼취업여성들은 직장생활과 가정생활에서의 가중된 이중역할 부담을 담당해야만 한다.

여성부의 『2006 가족실태조사』에 의하면, 주부는 취업 유무와 관계없이 남편과 비교해 상대적으로 많은 가사노동에 참여하고 있으며, 특히 식사준비와 설거지 등 부엌 공간에서 이루어지는 가사에 참여 횟수가 높았다. 맞벌이가정의 남편은 홑벌이 가정의 남편에 비해 시장보기 영역에서만 참여도가 높게 나타나고 있을 뿐 집 안에서 이루어지는 가사노동은 여성의 몫임을 알 수 있다.

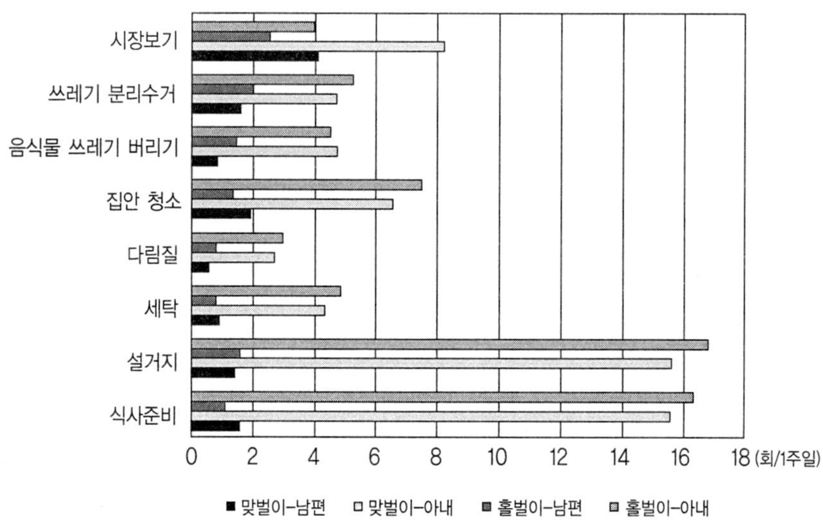

출처: 여성부. 2006 가족실태조사.

그림 13-1 가구특성별 가사노동의 평균 참여 횟수(1주일 기준)

미국의 한 사회학자에 따르면 미국의 맞벌이 주부들은 자신들이 육아와 청소, 요리, 쇼핑, 빨래, 설거지 등 가사노동의 70%를 하고 있다고 대답한 반면 남편들은 36.7%를 하고 있다고 대답해 아내들이 남편에 비해 두 배가량 많은 일을 하는 것으로 나타났다. 이때 가사분담률과 스트레스와의 상관관계를 조사한 결과 맞벌이 부부의 스트레스가 가장 적은 상태는 가사분담률이 45.8%일 때로 나타나, 정신적으로 건강한 생활을 하려면 맞벌이 부부 중 어느 한쪽도 가사의 45.8% 이상을 하지 않는 것이 좋으며 못다한 일은 사람을 고용하든지 자녀에게 시키되, 그도 여의치 않으면 그냥 내버려 두라고 조언한 바 있다. 이와 같이 퇴근하고 집에 와도 쉬지 못하고 집안일에 매달리는 주부들은 가사노동의 양 때문만이 아니라 남편과의 가사분담률이 불공평하기 때문에 스트레스에 시달리고 있는 것으로 나타났다.

그러나 오늘날 여성들의 역할이 다양해지고 복잡해지면서 남편들이 수행하는 역할도 과거와 똑같지만은 않다. 여성학과 여성운동의 보급으로 보다 진보적이고 의식이 깨인 남성들도 많이 등장하였으며 평등한 부부의 관계를 실천하고 있는 부부들도 많아졌지만, 교육받은 남성들 가운데 많은 경우는 '머리만 깨인' 진보적인 남편들로 판명된다. 이 남편들은 어느 정도 진보적인 성향 때문에 현대 여성과 짝을 이루어 살아가고 있지만, 여전히 남성들의 한계를 드러낼 때가 많다.

"남편은 나한테 무언가 자기 일을 하라고 해요. 아무 것도 못하는 것은 나한테 문제가 있다고 해요. 그러나 주위와 부딪히는 것도 원치 않고 아이가 최우선이길 바라지요." 어느 주부의 말이다. 이 경우 남편은 아이를 놀이방에 보내는 것도 반대하고 파출부를 부르는 데도 반대하고 시어머니의 심기가 불편해지는 것도 바라지 않는다. 이러한 남편들에게는 직업을 가진 아내와 전업주부인 두 명의 아내가 필요하거나 '슈퍼우먼' 이 필요한 것이다. 현실적으로 아내들은 여전히 남편들보다 더 많은 가사노동을 수행하고 있으며, 반복적이고 순환적이며 지루한 일을 거의 전적으로 수행한다. 이때 남편과 아내가 일을 어떻게 하면 평등하게 분담할 수 있느냐의 문제가 남는다. 일반적으로는 '50 : 50의 원칙' 을 제시할 수 있으나, 이러한 단순한 양적 비교는 거의 무의미하며 실제로 가능한지의 의문이 제기된다.

더욱이 최근 젊은 층의 맞벌이 부부들을 중심으로 나타나고 있는 3D현상- 부부별산제(Dutch pay), 아이낳기 미루기(Delay kids), 역할 공유(Double role)-은 맞벌이 주부들의 과중한 부담을 줄이고 평등부부를 실천하는 노력의 일환으로 풀이되지만, 또 다른 문제의 이슈로 등장하게 된다. 예를 들어 젊은 남성과 여성들의 결혼 및 출산에 대한 가치관의 변화 문제가 제기된다. 결혼에 대한 태도에서 '반드시 결혼을 해야 한다'는 의견이 1998년에 33.6%에서 2002년과 2006년에는 25.6%와 25.7%로 줄어들고 있다거나, 여성 한 명이 평생 동안 낳는 평균 출생아 수(합계 출산율)가 1960년 6명에서 지속적으로 낮아져 2004명에는 1.16명, 2005년에는 1.08명으로 낮아졌다고 보고되고 있기 때문이다.

표 13-2 합계 출산율의 변화(1960~2005년)

(단위: 명/여자 한 명당)

연도	1960	1970	1975	1980	1983	1985	1990	1995	2000	2001	2002	2003	2004	2005
합계 출산율	6.00	4.53	3.47	2.83	2.08	1.67	1.59	1.65	1.47	1.30	1.17	1.19	1.16	1.08

출처: 통계청(2005). 인구동태통계 연보. 각년도.

2) 열쇠아동의 보호

맞벌이 부부 가정의 역할분담에서 가장 중요한 영역 중 하나가 자녀양육에 대한 참여 부분이다. 전통적으로 자녀양육과 교육이 어머니의 역할로 규정되어 온 성역할 분담에서 볼 때, 어머니가 취업할 경우 자녀양육기에 다른 누군가의 도움이 절실히 필요하다. 실제 맞벌이가정의 자녀양육에서 어머니가 주양육자로 나타나는 비율(50.3%)은 전업주부 가정의 경우(85.2%)보다 훨씬 낮았으며, 대신 자녀의 조부모나 외조부모가 돌보거나 가사도우미 등 제3자의 역할분담이 이루어지고 있었다. 그러나 가장 심각한 문제는 맞벌이 부부 가정의 13.6%에 해당하는 가정에서는 특별히 돌봐주는 사람이 없다는 것이다.

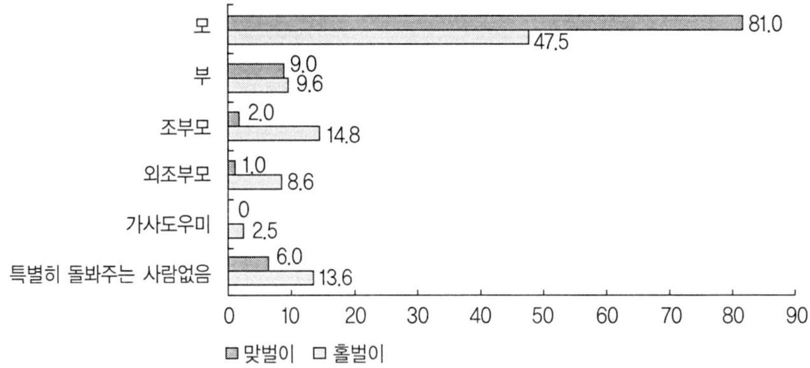

출처: 여성부. 2006 가족실태조사.

그림 13-2 부부취업 상태별 자녀의 주돌봄자

이러한 맞벌이 부부의 자녀양육의 문제는 '직접 문을 잠그고 집을 나오는' 열쇠아동(latchkey child)으로 나타나게 된다. 2006년 현재 방과후 보육에 대해 전체 보호대상 아동 700만 중 이른바 '열쇠아동' 또는 '자기보호아동(self-care child)'이라 불리는 미보호 방임아동은 210만여 명에 이르는 것으로 추산된다. 그 결과 초등학생 가운데 방과후에 학원을 이용하는 비율이 72.8%나 된다고 한다.

한편, 어머니의 취업이 자녀에게 미치는 영향에 대한 연구들은 생계유지를 위해 불가피한 취업을 한 여성이나 반대로 취업을 원하지만 실제적으로 취업을 하지 못하는 여성이 자신의 역할에 불만족하고 자녀와도 더 많은 갈등을 느끼는 반면, 자발적 선택에 의해서 취업을 하고 따라서 직업만족도가 높은 여성은 어머니로서도 만족한 역할을 한다고 지적한다. 실제 부모자녀관계는 양육시간보다는 양육의 질에 결정된다고 볼 때, 취업한 어머니가 퇴근 후 짧은 시간 아이들과 어떻게 함께 시간을 보냈으며 어머니뿐 아니라 아버지들의 참여가 얼마나 적극적인가의 문제가 중요하다.

비전 2030 방과후 활동 활성화 환영한다

(중략) 이런 아동을 자기보호 아동(self-care child), 열쇠아동(latchkey child)이라 한다. 매일 열쇠로 자기집 문을 열고 들어가는 아동을 묘사하는 말이다. 자기보호 아동은 어둠은 물론, 낯선 사람이 집 안으로 들어올 것 같은 초인종 소리, 전화벨 소리, 비 오고 천둥번개 치는 소리, 개짖는 소리 등 모든 소리가 두렵다. 특히 학령기 자기보호 아동은 왕성한 신체 활동과 높은 호기심으로 안전사고 발생이 우려되며, 유괴, 성폭행 등의 사건에 희생될 우려도 있다.

이들은 부모와 얘기할 시간이 부족해 자기문제를 의논할 기회를 놓치는 때가 많고, 점심을 스스로 해결해야 하므로 영양과 발육상의 문제가 발생하기 쉬우며, 학교 과제를 잘 못해가기도 쉽다. 또한 형제끼리 싸우는 경우도 빈번하며 교우관계에 충돌이 많고, 외톨이가 되는 아동도 많다고 한다. 물론 독립심이나 간단한 가사를 감당할 수 있는 능력은 오히려 뛰어나다.

방과후 활동비 지출에 따라 소득 계층별 교육격차가 심화되고, 빈곤의 대물림마저 초래할 수 있어 우리는 이를 더욱 국가적 문제로 고민해야 한다. 거기다 학교생활에 흥미를 잃은 탈학교 아동이나 청소년을 고려한다면 방과후 활동 지원은 이제 더이상 미룰 수 없는 시급한 국가정책의 하나가 아닐 수 없다.

이런 방과후 활동의 필요성에 대해 1990년대부터 방과후 아동지도라는 이름으로 꾸준히 지적되어 왔으나 별다른 정책적인 진전이 없다가 2004년부터 좀더 구체적인 국가 재정이 투자되기 시작되었다. 그런데 국가 장기종합전략인 '비전 2030' 발표에서 50대 핵심과제 중의 하나로 '방과후 활동 확대'를 포함하고 있어 참으로 시기적절한 정책으로 적극 환영한다. 이 안에 따르면 방과후 활동 수혜율이 2005년 32%이던 것에서 2010년 67%, 2020년 72%로 증가시켜, 2030년에는 전체 아동 · 청소년의 3/4에게 서비스를 제공하는 것을 목표로 삼고 있다. 올해 방과후 활동에 지원된 예산은 533억 원이며(특별교부금 포함) 내년에는 1,118억 원으로 대폭 확대된다고 한다.(중략)

현재 방과후 활동은 교육부의 방과후 학교와 보건복지부의 지역아동센터, 국가청소년위원회의 청소년방과후아카데미와 청소년공부방, 여성부의 방과후 보육 사업으로 각 부처마다 특성을 가지고 운영하고 있다. 이런 방과후 활동들이 법적 근거를 가지고 재정적 지원을 받으면 더욱 활성화될 것이다.

아동은 생존의 권리, 발달의 권리, 보호의 권리, 참여의 권리를 가지고 있다. 국가와 사회는 아동이 어떤 성장환경에 있어도 그것을 누릴 수 있도록 지원해 주어야 한다. 아동이 방과후 시간에도 적절한 성인의 보호와 교육을 받으며 자라고, 여가활동, 문화활동, 민주시민으로서의 역할과 자질을 함양하는 프로그램에 참여할 수 있어야 한다.

출처: 국정브리핑(2006. 12. 28.)

3) 비동거가정의 증가

산업화로 인한 사회의 전반적인 변화는 비동거가정이라는 새로운 유형의 생활양식을 창출하였다. 비동거가족은 시대별로 다양한 형태를 취하고 있는데 1980년 이후에는 그 양상이 복잡하게 변모하여 일부 가정구성원이 지방에 근무하거나, 자녀의 교육문제로 남편은 지방에 근무하고 자녀와 어머니가 대도시에 남는 형태의 주말가정, 그리고 최근에는 남편이 아닌 기혼여성의 취업으로 인한 맞벌이 주말부부가 나타났다. 이 중에서도 맞벌이 주말부부는 전문직 여성의 지속적인 증가 및 직업 이동성의 증가로 인해 계속적으로 증가할 것으로 예상된다. 2006년 현재 직장, 학업 등의 이유로 배우자나 미혼자녀가 다른 지역에 살고 있는 가구주는 21.2%이며, 더욱이 배우자와 따로 살고 있는 가구주는 4.7%로, 가장 큰 이유는 직장(70.1%)으로 나타났다.

표 13-3 분산가정 및 배우자와 따로 살고 있는 가구주 비율과 이유

(단위: %)

2006년	계	이유							
		소계	직장	학업	가족간 불화	건강상 이유	자녀교육 지원, 보육	군대	기타
분산가정 가구주	21.2	100.0	55.9	32.2	5.3	1.9	3.5	14.7	0.9
배우자와 따로 살고 있는 가구주	4.7	100.0	70.1	2.1	10.7	6.1	8.8	0.2	2.0

출처: 통계청. 2006년 사회통계조사.

맞벌이 주말부부는 부부 각각이 자신의 직업에 대해 강한 동기가 있고 아내의 직업 욕구에 대한 남편의 지지, 수입, 지리적 근접성이 높고, 자녀양육의 책임이 최소화될 때 자신들의 가정 유형에 대한 만족감이 높은 것으로 나타난다. 이들이 가질 수 있는 장점은 자신의 직업과 관련된 경력을 추구할 수 있고, 자신의 일

에 좀더 집중할 자유가 있다는 점 등을 들 수 있는 반면, 단점은 부부가 일상생활을 나누어 할 기회가 줄어듦에 따라 서로에 대한 친밀감이 줄어들기 때문에 상대방에 대한 비현실적인 기대를 가지기 쉽다는 것, 그리고 친구나 친지와의 접촉 기회가 줄어든다는 것을 들 수 있다. 또한 맞벌이 주말부부의 경우 서로가 만날 수 있는 시간이 제한되어 있으므로 주말에는 함께하는 사회적 관계나 만남이 매우 적고, 주중에는 기혼도 미혼도 아닌 상태여서 독신자들과의 친구관계도 맺기 어려우며, 기혼자들로부터의 초대 등도 줄어들기 때문에 사회관계망이 축소되는 것으로 보고된다.

맞벌이 주말부부들은 함께 동거하는 날과 비동거하는 날을 반복하는 동안에 생활이 구분되며, 그에 따른 시간 사용의 내용도 다르다. 가정구성원들과 떨어져 있다가 주말이나 휴일에 가정구성원들과 만나서 생활할 때 활동 영역이나 시간 사용은 차이가 있으며, 가정구성원들과 떨어져 있는 심리적인 거리감이나 친밀감 부족 등을 메우기 위해 더 많은 노력을 할 것으로 기대된다. 또한 배우자와 동거하는 남편의 경우 대부분의 가사노동 영역을 아내의 도움을 받거나 책임을 위임하는 반면, 배우자와 떨어져 생활하는 혼자 사는 남편들은 그 기간 동안 가사노동을 훈련하고 실행하는 데 더 많은 시간을 투자할 것으로 기대된다.

맞벌이 주말가정도 맞벌이가정의 한 형태이므로, 일반적인 맞벌이 부부와 그 특성들을 비교하는 것이 맞벌이 주말가정을 이해하는 데 도움이 된다. 가정구조상으로 볼 때, 맞벌이 주말가정과 맞벌이가정은 어머니의 취업으로 인해 자녀양육과 가정경제를 부부가 공동으로 책임지고 있다는 공통점을 지니고 있다. 그러나 주말가정의 경우 부부가 떨어져 사는 생활양식으로 인해서 생기는 가정과의 관계, 그리고 사회적 관계는 일반적인 맞벌이 부부와는 다른 양상을 나타낸다. 예를 들어 맞벌이 주말부부는 직업적 성취와 자아실현의 이유가 자녀교육보다 더 중요시 여겨지며, 이러한 가치관을 가진 부부가 맞벌이 주말가정의 생활양식을 택하는 것으로 나타났다. 맞벌이 주말부부의 남편과 아내는 일주일 중 떨어져 있는 동안 가사노동의 책임이 각자에게 있으며, 특히 남편들의 가사노동에의 참여나 시간은 동거하는 맞벌이 부부의 남편과는 다른 결과를 나타낸다. 맞벌이 주말부부의 불편한 점은 자녀양육과 교육의 문제이다.

2. 자원관리의 지침

1) 시간관리전략

맞벌이가정에서 취업주부의 과중한 역할부담은 시간을 경제적으로 사용하는 전략을 통해 해결될 수 있다. 스트로버(Strober)와 바인버그(Weinberg, 1980)는 취업주부가 시간을 경제적으로 사용할 수 있도록 다섯 가지 전략을 제시한 바 있다. 첫째, 가정생산의 양과 질은 그대로 유지하면서 취업주부의 가사노동을 고용인, 남편 또는 자녀의 노동력으로 대체하는 방법, 둘째, 가정생산의 양과 질은 그대로 유지하면서 자본재 기기로 대체하는 방법, 셋째, 가정생산의 양을 줄이고 질을 낮추거나 자신의 노동력을 더 효율적으로 사용하는 방법, 넷째, 자원봉사나 지역사회 활동에 할당하는 시간을 줄이는 방법, 다섯째, 여가나 수면에 할당하는 시간을 줄이는 방법 등이 그것이다.

일반적으로 전문직 취업주부가 하위직 취업주부보다 가사노동 시간관리전략을 적극적으로 수행하고 있다. 예를 들어 주부의 가사노동 수행방안에 관한 이승미(1989)의 연구는 전문직 취업주부는 비취업주부와 비전문직 주부에 비하여 시부모나 친정모의 도움을 가장 많이 받고, 가사대체용역의 고용 정도도 가장 높고, 가사노동을 시장생산물로 대체하는 경향도 높았다고 보고하였다. 또한 비취업주부에 비해 가사노동의 수행표준이 낮을 뿐 아니라 부족한 시간을 보완하기 위해 여가시간을 줄이는 경향을 보였다. 그리고 비전문직 주부는 자녀의 가사참여 정도가 가장 높고, 가사노동의 표준을 낮출 뿐만 아니라 여가시간과 수면시간까지도 줄이는 양상을 보였다. 또한 윤혜리(1996)는 취업주부의 시간관리전략 중에서 시간절약재화 및 서비스 이용 전략의 이용 수준이 낮은 결과를 보이고 있는 점은 취업주부가 편의점 · 서비스 이용이 습관화되지 않았을 뿐 아니라 그 상품과 서비스의 질적수준이 아직은 기대에 미치지 못하기 때문이며 경제적 이유로 취업한 주부 집단은 그 비용 부담 때문이라고 하였다.

따라서 먼저 시급하게 이루어져야 하는 것은 저소득 맞벌이가정의 시간관리

전략 사용 확대를 위한 방안이나 프로그램을 만들어 가정의 복지향상을 위해 제공되어야 할 것이다. 정부 차원에서도 하위직 노동 판매직에 종사하는 취업주부들을 위해 초과근무를 하지 않고 법적 근무시간만 노동하여도 생계가 보장되도록 최저임금제를 시행하는 대책과 함께 이들을 위한 자원확보의 사회적 방안이 강구되어져야 한다.

또한 취업주부의 심리적 복지감은 남편의 지지도와 시간 갈등에 의해 더 많은 영향을 받기 때문에 취업주부의 남편은 가부장적인 태도를 버리고 부인의 취업에 대해 긍정적 태도와 합리적인 역할분담을 통해 아내의 과중한 부담을 덜어주어야 한다. 국가 정책적으로도 이러한 과중부담을 갖고 있는 취업주부를 위하여 질 높은 탁아시설과 모자 복지시설 및 경제적 보조 등의 지원을 확대 보급하는 것이 필요하다. 사회경제적 지위가 높은 취업주부들은 화폐보다 시간이 더 가치 있는 자원이므로 시간을 단축할 수 있는 재화나 서비스를 이용함으로써 가사노동을 대체하는 전략의 활용이 필요하다. 또한 가사노동이 여성만의 일이 아니라는 사회적 인식과 함께 제사와 같은 의례적인 가사노동에 대한 수행표준을 낮추는 태도도 필요하다.

2) 공정한 노동분담

퇴근하고 집에 와도 쉬지 못하고 집안일에 매달리는 맞벌이 여성들은 집안일의 양 때문만이 아니라 남편과의 가사분담률이 불공평하기 때문에 더 불만족하게 된다. 따라서 부부관계가 만족스럽고 행복한 관계가 지속되기 위해서는 노동분담의 개념을 '공정성(fairness)'의 개념으로 이해해야 한다. 이것은 다시 말하면 '한 사람이 일어나면 다른 사람도 일어난다(One up, Both up)'와 같이 한 사람이 일하는 동안 다른 사람이 앉아서 쉬는 것은 불공정하다는 의미이다. 구체적인 전략을 제시하면 다음과 같다.

첫째, 부부는 함께하는 시간을 공유해야 한다. 예를 들어 집안일과 여가시간을 함께 공유하는 것이 필요하다. 부부가 퇴근하여 저녁을 먹고 함께 설거지를 끝낸 후나 주말 아침식사 후에 손을 잡고 뒷산이나 가까운 공원을 산책하며 마음을 나누는 대화라도 한다면 부부의 만족이 커질 것이다.

둘째, 부부 중 어느 한 사람만의 자녀가 아니라 '우리' 자녀라는 생각이 필요하다. 자녀양육에 대해서 대부분 아내의 책임과 의무가 크다고 생각하는 경우가 많은데, 자녀는 부부가 함께 키우며 자녀를 훌륭히 키우기 위해 노력하고 의논하고 관심을 나누어 갖는 것이 필요하다. 특히 아버지들이 자녀에게 아버지로서, 사회인으로서 역할 모델이 되어야 한다는 의식을 가지고 자녀와 함께 지내는 시간을 늘리도록 노력해야 한다.

셋째, 집안일에 대해 남편은 도와준다는 생각보다는 나의 일이라는 책임의식이 필요하다. 맞벌이 부부 남편들은 흔히 아내가 힘들어하는 경우 집안일을 일부 도와준다는 의식을 갖는다. 그래서 아내에게 생색도 내고 큰소리도 치면서 집안일을 한다. 아내 입장에서는 억울한 일이다. 가정일은 가정 모두의 책임이고 이를 가정구성원이 서로 나누어 갖는다면 누구 한 사람의 책임으로 부담스러

추석 후유증 해소, 가사분담이 최고

추석 연휴 후유증을 앓는 주부들에게는 선물보다 가사노동을 대신해 주는 것이 효과적인 것으로 나타났다. 아이파크백화점은 추석 연휴기간인 3일부터 7일까지 고객 1,523명을 대상으로 실시한 '주부들의 명절 증후군 해소법'에 대한 설문결과를 8일 발표했다.

조사결과에 따르면 명절 후 일상생활에 어려움을 느낄 정도로 심각한 후유증을 앓는 주부는 65%에 달하며 이들 대부분은 남편에게 선물보다는 가사분담을 원하는 것으로 나타났다.

후유증을 한번에 날리는 남편의 말은 "일주일 동안 집안일 내가 다 할게."와 같은 가사분담형(44.2%)이 가장 높게 나타났다. "힘들었지, 당신 맘 다 알아." 등 공감형(19.2%)이 뒤를 이었다. "갖고 싶은 거 다 사 줄게." 등 선물공세형(16.7%)은 3위로 상대적으로 낮게 나타났다. "사랑해 고마워" 등 애정형은 16%로 선물공세와 비슷한 응답률을 보였다. 또 주부들이 후유증을 없애기 위해 가장 하고 싶은 것은 '여행(34%)'으로 혼자만의 시간을 갖고 싶어하는 것으로 나타났다. '쇼핑(30.8%)', '가사노동 파업 후 쉬기(16.7%)', '체력회복을 위한 마사지(9.6%)', '맛있는 음식으로 몸보신(9%)' 등이 뒤를 이었다.

출처: 연합뉴스(2006. 10.)

워할 필요가 없다. 이제 남편이고 자녀고 모두 한 가정구성원임을 잊지 말고 서로 일을 나누어 한다는 인식을 갖도록 한다.

넷째, 이러한 원칙은 명절에도 적용되어야 한다. 주부들이 남편과 사이에서 가장 불공정하다고 생각하는 경우가 명절 때이다. 집에서는 남편과 아내가 어느 정도 공정하게 일을 나누어 하더라도 시댁 식구나 친지들 앞에서 남편의 태도가 변하는 경우가 많다. 우리 나라 주부들과 며느리들은 명절 때만 되면 '며느리 명절증후군' 을 앓는다는 보고도 있다. 부부가 함께 시장을 보고, 집안 청소도 함께 하며, 음식도 함께 준비하면 가정화목은 물론 부부사랑도 한층 깊어지게 된다. 특히 맞벌이가정에서는 남편이 아내와 같이 집안일을 분담하여 일찍 끝내고 같이 쉬는 가정문화를 만들어 나가야 한다.

한편, 배우자가 따로 살고 있으면서 주기적으로 만나 가정생활을 영위하는 맞벌이 부부 가정의 경우에는 이와 같은 일반적인 노동배분의 문제뿐 아니라 부부관계의 질을 높이는 문제도 함께 고려되어야 한다. 즉 평일 동안 각자 자립하여 생활을 영위하면서 가사노동과 직업생활을 분리하여 분담하다가 주말 동안 함께 있으면서 새로운 국면의 노동분담 형태에 맞닥뜨리게 되면 이로 인한 부부간의 갈등이 극대화될 수 있으므로 이를 해결할 수 있는 차별화된 전략이 요구된다.

맞벌이가정의 남편과 아내가 각자의 직업역할을 수행하면서, 가정을 건강하게 유지하기 위한 전략과 관리방법을 구체적으로 살펴보면 다음과 같다. 첫째, 맞벌이 주말부부의 남편들은 생활 주체자로서 자립하여 생활하기 위한 능력을 개발해야 한다. 남편들이 평일에 혼자서 지내게 되므로 의식주와 관련된 가사노동 영역을 스스로 해결해야 한다는 기대와는 달리 남편의 가사노동에의 참여도가 낮게 나타났다. 남편과 아내의 맞벌이로 인해 가정소득이 증가하였고, 이로 인한 만족감은 증가하지만 가사노동 영역을 계속 시장에 의존하게 된다면 지출의 증가로 나타날 것이다. 또한 남편들의 아내에 대한 가사노동 의존도가 계속 지속될 때 아내의 개인적인 측면에서 과중한 노동부담과 함께 부부관계나 결혼 만족도에 영향을 줄 수 있을 것이다.

둘째, 주말부부가 함께 거주하는 기간에 가정구성원의 관계나 부부관계의 친밀감을 높일 수 있도록 모든 활동 영역에서 함께 참여하도록 해야 한다. 주말부부 남편과 아내가 함께 생활하는 주말 동안에도 남편과 아내의 생활구조가 다른 현상을 나타내는데, 특히 가사노동활동과 교제 및 여가활동의 시간구조가 구분된다. 그러므로 직업상의 이유로 떨어져 있는 시간을 제외하고 가정구성원들이 함께 있는 시간 동안 집안일이나 여가활동을 함께 할 수 있도록 노력해야 할 것이다.

셋째, 주말부부 이외의 가정구성원의 관계에서도 부부관계의 질을 높일 수 있도록 노력해야 할 것이다. 주말부부로 살아가는 생활의 장점에 대해 남편과는 달리 아내들은 자유로운 느낌을 제시하였다. 이는 아내들이 남편과의 관계에서 자유로운 느낌을 갖지 못하는 경향이 많다는 사실을 말해준다.

3) 사회적 지원과 가정의 선택

맞벌이 부부의 자녀양육의 문제는 부부 간의 노동분담의 방법으로만 해결되기는 어렵다. 부부가 원칙적으로 공정한 노동분담을 합의하여 일정 기간 자녀양육을 위해 휴직을 하려고 하여도 법정 육아휴직제도나 모성보호제도가 정착되지 않은 상황에서 부부만의 의사결정으로 해결할 수 있는 문제가 아니다. 예를 들어 남녀고용평등법의 육아휴가제는 부모 모두가 사용할 수 있도록 1995년 7월

아버지에게도 육아휴직을 인정하도록

서울 서대문구 의료보험 조합직원인 한 공무원이 아내를 대신해 생후 3개월 된 아기를 기르기 위해 육아휴직을 신청했으나, '생후 1년 미만 영아를 가진 여직원에 한해 육아휴직을 할 수 있다'는 지역의료보험조합 운영규정 때문에 거절당하자 복지부장관 등을 서울 북부지방 노동사무소에 고소하는 사건이 있었다.

이에 복지부장관은 의료보험협회 등 33개 산하기관 남자직원들에게 생후 1년 미만 영아의 육아를 위해 휴직을 원할 경우 이를 허용한다는 방침을 밝혔다.

출처: 세계일보(1996. 9.)

확대 개정되었으나, 각 직장에서는 관련 규정이 고쳐지지 않아 아버지가 아이를 자신의 손으로 키우겠다는 권리가 무시되는 경우도 있었다.

가족지향 모델이 2인 소득가구(dual earner family)에 근거한 스웨덴의 경우, 출산 및 고용정책을 통해 여성의 노동 참여를 장려하고 양육과 고용을 병행할 수 있는 정책들을 시행하며 그 결과 가정 내 가사와 육아를 남녀가 분담하는 것을 용이하게 하는 것이 특징이다. 대표적인 정책으로는 부모보험제도나 육아휴직제도가 있다. 스웨덴의 부모보험(parental insurance)은 육아로 인한 휴직 시 소득을 보험급여 형태로 보전해 주는 제도로서 자녀 출산 후 1년간 수입의 80%를 보전해 준다. 또한 육아휴직제도는 아버지의 육아휴직 사용을 강조함으로써 양육책임의 양성평등의식을 구현하고 있다. 1995년에는 '어머니의 달과 아버지의 달'을 도입하였는데, 육아휴직 기간 15개월 중 한 달은 아버지가 사용하되 만약 사용하지 않은 경우 어머니가 대신 사용할 수 없고 그 휴가자격은 자동 소멸되도록 하였다. 2002년에는 전체 육아휴직 가능기간이 연장되면서 아버지에게 할당

『비전 2030』

여성/맞벌이부부: 출산 · 육아 걱정없이 일할 수 있는 여건 조성

■(사회생활) 일을 통해 자아를 실현하고 여성권한이 신장된 사회
- 여성경제활동 참가율: ('05)50.1 → ('10)55 → ('20)60 → ('30)65%
- 여성권한척도(UNDP, 80개국): ('05)59 → ('10)45 → ('20)30 → ('30)20위

■(임신 · 출산) 건강한 임신과 출산이 보장되는 사회
- 영아사망률(출생아 천 명당): ('02)5.3 → ('10)4.5 → ('20)4.0 → ('30)3.0명

■(육아) 양육비 걱정없이 질 높은 육아서비스를 받을 수 있는 사회
- 육아서비스 수혜율: ('05)47 → ('10)65 → ('20)67 → ('30)74%
- 육아비용 부모부담률: ('05)62 → ('10)42 → ('20)38 → ('30)37%

■(성평등) 모든 영역에서 남녀가 차별 없이 능력으로 인정받는 사회
- 남녀소득격차(여성소득/남성소득): ('03)0.48 → ('10)0.53 → ('20)0.60 → ('30)0.70

■(방과후 활동) 사교육비 부담없이 방과후에도 양질의 다양한 교육기회가 제공되는 사회
- 방과후 활동 수혜율: ('05)32 → ('10)67 → ('20)72 → ('30)75%

된 기간도 연장되었다. 2002년 이후 12개월은 부모 중 누구나 육아휴직을 받을 수 있도록 하였고, 그중에서 2개월은 어머니가 쓰도록 하였다.

우리 나라는 2006년 발표된 '비전 2030' 을 통해 출산이나 육아 걱정없이 여성들이 일할 수 있도록 육아서비스에 대한 사회적 부담률을 높이고, 저렴하면서 양질의 방과후 활동을 지원하는 등의 장기계획을 발표한 바 있다. 또한 출산과 취업의 이중부담으로 인해 출산을 늦추거나 자녀를 기피하는 문제에 대응하기 위해 2006년 6월 발표된 '새로마지 플랜 2010' 에서는 영유아에 대한 보육 및 교육비 지원 확대와 방과후 학교의 내실화를 통한 사교육비 억제정책을 중점적으로 추진하려는 계획을 가지고 있다.

이러한 정책환경의 변화는 결혼, 출산, 양육에 대한 가정의 의사결정에 영향을 미칠 것이며, 따라서 각 가정의 구성원들은 이러한 정책환경의 변화에 적극적으로 대응하고 유용하게 활용해야 할 것이다. 각 가정은 새로운 정보에 대해 개방적이며, 가정 내 자원과 결합하여 적극적으로 환경을 활용한다면 가정구성원간의 노동분담을 둘러싼 갈등을 줄이고, 가정의 건강성을 유지하는데 도움이 될 것이다.

생각해볼 문제

1. 최근 나타나고 있는 3D 현상(부부별산제, 아이낳기 미루기, 역할 공유)에 대한 의견을 서로 교환해 보자.
2. 맞벌이 부부의 자녀양육 문제를 해결하기 위해 개별 가정에서 선택할 수 있는 가정관리전략을 제시해 보자.
3. 맞벌이가정의 자원관리 특징을 설명하고, 이러한 가정을 위한 사회적 지원과 정책방향을 제시해 보자.

참/고/문/헌

김유경(2005). 가족원 특성에 따른 다양한 가족의 실태와 사회적 지원체계. 보건복지포럼(한국보건사회연구원) 103호, 47-72.

문숙재 · 윤소영 · 차경욱 · 천혜정(2005). 여가문화와 가족. 서울: 신정.

문숙재 · 윤소영(2003). 맞벌이 주말부부의 생활시간 분석. 한국가정관리학회지 21(2), 213-220.

문숙재 · 윤소영(2000). 결혼과 노동. 파주: 교문사.

여성부(2006). 2006 가족실태조사.

윤소영(2005). 저출산 가정의 출산율과 여성취업 경험. 한국가정관리학회지 23(2), 159-166.

윤소영 · 안창희 · 하은아 · 서선영 · 전혜인(2004). 맞벌이 부부자녀를 위한 방과후 아동지도 프로그램 제안 연구. 한국가족자원경영학회 8(3), 127-142.

윤혜리(1996). 취업주부의 시간관리전략과 심리적 복지감. 이화여자대학교 석사학위 청구논문.

이승미(1989). 주부가 지각한 시간제약과 가사노동의 수행방안: 전문직, 비전문직 주부와 비취업주부의 비교를 중심으로. 서울대학교 대학원 석사학위 청구논문.

통계청(2007). 2006년 사회통계조사.

통계청(2005). 2004 생활시간조사보고서.

통계청. 각년도. 경제활동인구연보.

통계청. 각년도. 사회통계조사보고서.

통계청. 각년도. 인구동태통계연보.

통계청. 각년도. 한국의 사회지표.

한국여성개발원(2003). 다양한 가족출현에 따른 쟁점과 가족관련법의 방향정립에 관한 연구.

CHAPTER

14

한부모가정

1. 자원관리의 특징
2. 자원관리의 지침

CHAPTER

14 한부모가정

한부모가정이란

한부모가정은 종래에 편부모가정이라고 칭했던 용어가 부정적인 결손의 의미를 내포하고 있다는 문제의식에 따라 1990년대 중후반부터 한 사람의 부모로 구성된 온전한 하나의 가정이라는 의미로 새롭게 불리우게 된 이름이다.

1. 자원관리의 특징

1) 경제적 자립 문제

한부모가정의 가구 수는 매년 증가하는 추세이며, 특히 편모와 미혼자녀로 이루어진 한부모가정이 편부와 미혼 자녀로 이루어진 한부모가정보다 약 3.7배가 많다. 즉 한부모가정을 모자가정과 부자가정으로 구분해 보면, 모자가정이 압도적으로 많은 수를 차지한다. 이는 자녀양육은 여성의 몫이라는 전통적 고정관념에 기인하는 바가 크다고 볼 수 있다. 그러나 부자가정보다 모자가정의 경우에는 경제적 곤란과 자녀양육이라는 이중부담에 노출되는 것이 일반적이며, 이로 인해 '빈곤의 여성화' 현상과 자녀교육의 어려움을 겪게 될 가능성이 높다.

표 14-1 가구주의 혼인 상태별 한부모 가구의 비율

(단위: 명, %)

연도		계	가구주의 혼인 상태				한부모 가구 비율
			유배우	사별	이혼	미혼	
한부모 가구 계	1985	847,796	253,954	443,012	50,107	100,723	8.9
	1990	888,823	226,731	497,837	78,861	85,394	7.8
	1995	959,972	216,067	526,320	123,969	93,616	7.4
	2000	1,123,854	252,917	502,284	245,987	122,666	7.9
	2005	1,369,943	-	-	-	-	8.6
편부+자녀	1985	-	-	-	-	-	-
	1990	-	-	-	-	-	-
	1995	172,398	50,666	68,022	51,080	2,630	1.3
	2000	219,997	58,227	64,058	92,810	4,902	1.5
	2005	286,923	-	-	-	-	1.8
편모+자녀	1985	-	-	-	-	-	-
	1990	-	-	-	-	-	-
	1995	787,574	165,401	458,298	72,889	90,986	6.1
	2000	903,857	194,690	438,226	153,177	117,764	6.3
	2005	1,083,020	-	-	-	-	6.8

출처: 통계청. 인구주택총조사보고서. 각년도.

한부모가정은 주로 사별, 이혼, 그리고 미혼모와 유기, 가출 등에 의해 발생한다. 한부모가정의 가구주 혼인 상태는 사별인 경우가 가장 많으나 이혼인 상태가 최근 들어 급격히 증가하고 있는 추세이다. 즉 한부모가정의 발생 원인이 이혼과 더욱 긴밀한 관계를 형성해 가고 있음을 알 수 있다. 한편, 한부모가정의 증가를 보이는 이혼은 성격 차이로 인해 가장 많이 발생하지만, 매년 경제문제로 인해 이혼하는 경향이 증가하는 추세를 나타낸다.

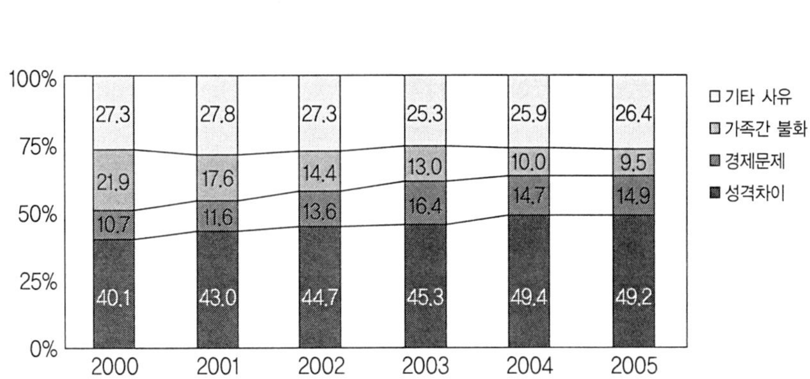

출처: 통계청(2006). 2005년 혼인 · 이혼통계 결과.

그림 14-1 이혼 사유별 구성비 추이

가정 해체라는 구조적 결손은 가정의 기능적 결손에 영향을 미치게 되고, 가정기능의 약화는 경제적 어려움 및 자녀양육상의 문제 그리고 부모 및 자녀에게 부정적이고 심리정서적인 영향을 미치게 된다. 한부모가정이 경험하는 가장 큰 문제는 경제적 어려움과 가정의 기능 수행상의 어려움이다. 경제적 문제는 다른 모든 문제와 연관되어 있으므로 한부모가정에서도 경제적 안정이 매우 중요하다.

특히 편모의 경우에는 남편의 상실로 인해 주수입원인 소득이 1/3에서 반 정도까지 감소되거나 상실되며, 특히 여성의 사회진출의 어려움으로 인해 이중의 경제적인 어려움을 경험하게 된다. 또한 일하는 편모는 직장에서 대부분의 시간을 보내야 하기 때문에 가정을 돌보거나 자녀를 양육할 시간이 절대적으로 부족하다. 부자가정에 있어서도 직장생활을 계속해야 함과 동시에 아내가 맡았던 가사까지 담당해야 하는데, 특히 옆에서 반드시 누군가가 돌봐주어야 하는 10세 이하의 어린 자녀가 있는 경우는 더 심각한 자녀양육의 어려움을 겪는다.

그러나 무엇보다도 이혼으로 인해 경제적 문제를 겪는 경우는 전업주부의 이혼이다. 전업주부들은 취업경력이 부족하고 취업을 통한 재산축적이 어렵기 때문에 이혼할 경우에 경제적인 문제에 부딪힐 위험이 가장 높다. 실제로 주부들은 이러한 이유 때문에 이혼은 희망하면서도 실행에 옮기기를 주저하는 경우가 많은 것으로 나타났다.

우리 나라의 경우 1990년 가족법 개정을 통해 재산분할청구권(민법 제839조의 2) 제도를 신설하여, 전업주부가 이혼할 경우에 결혼생활 동안의 재산 기여도에 따라 일정한 비율의 재산을 분할받을 수 있도록 규정하고 있다. 이때 재산분할청구권이란 원칙적으로 배우자 일방의 소득활동과 다른 일방의 가사노동이 한 가정 내에서의 역할분담이라는 점을 중시하여 혼인 중 부부가 함께 노력하여 이룩한 재산의 청산과, 또한 부부 공동체의 해체로 인하여 경제력이 약한 배우자에 대하여 이혼 후에도 능력이 있는 자가 부양의무를 지게 하여 양 당사자의 생활수준에 큰 차이가 생기지 않도록 하는 성격을 갖는다.

이혼 때 부부재산 똑같이 나눈다

앞으로는 전업주부라도 이혼 시 남편과 똑같이 재산을 나눠 갖게 되며, 이혼 전 1~3개월 동안 다시 한 번 생각할 기회를 갖는 이혼숙려(熟慮)제가 도입된다. 정부는 31일 국무회의를 열어 이 같은 내용의 민법 개정안을 의결했다. 민법 개정안이 이번 정기국회에서 통과되면 법안 공포 후 6개월 이내에 법적 효력을 갖게 된다. 이번 개정안은 현행 민법이 부부가 따로 재산을 소유하는 별산제를 채택하고 있어 명의를 갖지 못하는 측은 재산권을 보호받지 못하는 맹점을 해소하기 위한 것이다.

개정안은 부부평등 원칙에 입각해 부부가 공동의 노력으로 얻은 재산은 원칙적으로 균등하게 분할토록 규정했다. 전업주부의 가사노동 역시 '공동의 노력'으로 인정되나, 상속이나 증여 등으로 얻은 재산은 예외가 될 수 있다. 또 혼인 중이라도 재산 손실의 우려 등 일정한 사유가 있을 경우 재산분할 청구를 할 수 있도록 했다.

이와 함께 이혼숙려제를 도입해 양육해야 할 자녀가 있는 경우 3개월, 자녀가 없으면 1개월의 숙려기간이 지나야만 이혼이 가능하도록 했다.

출처: 국정브리핑(2006. 10. 31)

2) 가정구성원의 역할과 지위의 변화

한부모가정은 부부 가운데 한 사람의 결손이라는 새로운 국면을 맞이하게 되면서 가정구성원의 역할과 지위의 변화에 적응해야 할 필요성을 갖는다. 특히 모자가정의 어머니와 자녀는 공백 상태가 되어버린 아버지의 역할을 메꾸고 이를 분담해야 하는 긴장과 갈등을 경험하게 된다. 예전에 자신에게 기대되었던 역할기대(role expectation)와 이에 따른 역할수행(role performance)을 조정해야 하는 상황에 직면하면서 스트레스와 갈등 상황에 빠지게 된다. 모자가정에서 대부분의 어머니는 부양자로서 아버지 역할을 해야 함은 물론 자녀에게 아버지로서의 역할까지도 해야 한다는 긴장과 스트레스를 경험한다. 또 맏자녀가 아들인 경우는 자녀로서의 역할이 아니라 아버지로서의 역할을 기대받게 됨으로써 역할혼란(role confusion)을 경험하게 된다. 맏자녀가 딸인 경우도 어머니가 부양자로서의 역할을 수행하는 동안 다른 형제들에게 어머니로서의 역할을 기대받음으로써 역할혼란을 경험하게 된다.

특히 모자가정에서 대부분의 어머니들은 생계를 위해 직업에 전념하게 되는데, 이 경우 과중한 역할수행으로 인해 자신이 지칠 뿐만 아니라 자녀를 충분히 돌보아 주지 못한다는 죄책감 때문에 자녀양육에 있어 감정적으로 흐르기 쉽고 일관성을 기대하기 어렵다. 새로 조정되는 역할은 종전의 역할과 서로 모순되거나 과중하여 성격상 갈등이나 자아기능을 마비시킴으로써 전반적인 역할수행을 둔화시킨다. 특히 어머니의 역할혼란은 가정 전체의 결속력을 붕괴시킬 수 있으므로 어머니의 기능 강화가 무엇보다도 중요하다.

한편, 부자가정은 배우자의 가출이나 이혼에 의해 일차적으로 그동안 배우자에 의해 관리되어 왔던 가정관리를 아버지가 처리하고 조정하며 관리하는 가정관리의 재조정 과정을 경험한다. 물론 가정 안에 조부모와 같은 대리 관리자가 있으면 문제는 다소 완화된다. 그러나 대리 관리자도 없고 자녀가 어린 상태에서 직업과 병행해야 하는 부자가정의 아버지가 겪게 되는 당혹감과 그로 인한 스트레스 문제는 매우 심각하다.

갈 곳 없는 편부가정

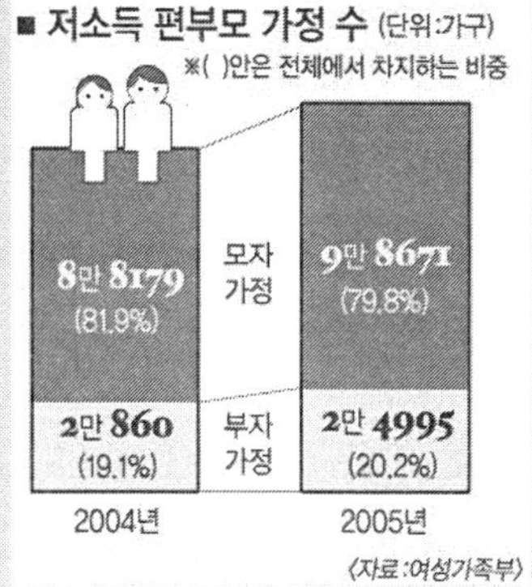

(중략) 아내 없이 혼자서 아이를 키우는 극빈층 남성들이 크게 늘고 있지만 이들을 수용할 복지시설이 전무해 결국에는 아이를 다른 가정에 입양시키거나 보육원에 맡기는 등 '가족 해체' 현상이 빚어지고 있다.

여성가족부에 따르면 지난해 말 기준 국내 저소득층 편부가정은 2만 4995가구로 전년 말 2만 860가구에 비해 19.8%나 늘었다. 이는 같은 기간 편모가정 증가율 11.9%를 크게 웃도는 것이다. 이에 따라 전체 저소득 편부모가정에서 편부가정이 차지하는 비중도 19.1%에서 20.2%가 됐다. 이런 현상은 오랜 경기불황과 이혼율 증가, 모성본능의 약화 등에서 비롯된 것으로 전문가들은 보고 있다. 사정이 이런데도 극빈층 편부가정을 위한 보호시설은 내년에야 겨우 한 곳 세워질 예정이다. 여성가족부 관계자는 "2004년 강원도에 부자원 건립이 추진됐지만 자치단체의 반대로 예산이 반납됐다. 아빠들은 술을 먹고 아이를 방치하는 경우가 많아 다른 지자체에서도 부자원 설립을 꺼린다."고 전했다.

사단법인 '한국 남성의 전화' 이옥이(55 · 여) 소장은 "혼자 아이를 키우며 경제적 어려움을 호소하는 남성들의 상담 건수가 지난해보다 50% 정도 증가했다. 특히 거주가 불안정한 경우가 많아 부자가정의 쉼터 개설이 시급하다."고 전했다. 이 단체는 최근 자체적으로 부자가정 쉼터를 세 군데 마련했지만 정부 지원은 갈수록 줄어들 판이다.

저소득층을 위한 모자원의 수는 2003년 40개가 된 이후 제자리걸음이고 내년도 시설 개 · 보수 예산은 올해(38억)보다 4억 원이나 줄었다. 정부 관계자는 "시설에 들어가는 사람과 그렇지 못한 사람의 형평성을 고려한 것"이라고 예산 삭감의 이유를 설명했다. 3년 전 부모가 자립할 때까지 임시로 아이를 키워주는 '가정위탁제도'가 마련됐지만, 봉사 지원자가 절대 부족하다. 서울시 가정위탁지원센터 이정영 팀장은 "시대가 변하면서 아이 양육을 엄마의 모성본능에만 맡길 수 없게 된 만큼 정부와 민간을 연계한 새로운 형태의 지원 대책이 필요하다."고 말했다.

출처: 서울신문(2006. 10. 23)

이때 배우자 부재로 인한 편부 또는 편모의 심리 · 사회적인 문제는 상실감과 소외감 등이다. 그동안 다른 한 배우자에게 집중되어 있던 정서적 유대감과 역할을 새로운 상황에서 표출해야 하는 과정에서 이러한 심리적인 문제를 겪는다. 예를 들어 편모는 자녀의 양육방식을 지지하고 의논해 줄 대상의 상실과, 가사와 육아 이외에 생계를 직접 담당하게 됨으로써 상당한 압박감과 긴장상태에 빠져 심리적으로나 성격적으로 어려움에 처하게 된다. 또한 남편과의 이별로 인한 상실감과 소외감은 주변 사람들과의 인간관계를 원만히 지탱하기 어렵게 하고 폐쇄적으로 만들어 조그만 충격에도 무기력한 상태에 빠지기 쉽다. 이러한 상실감은 오히려 과잉활동으로 전개되어 타인에 대한 불분명한 분노감이나 적대감과 같은 감정으로 발전하는 경우도 있다.

이러한 고립감이 심화되는 경우 한부모가정의 편부와 편모(특히 편모의 경우)는 불안과 우울, 소외감에 시달리게 된다. 즉 자신을 둘러싼 환경을 통제할 수 없다는 무력감과 세상에 대한 자신감의 결여, 절망감, 사회로부터의 거부감, 타인으로부터 지지받지 못하는 소외감, 부양자와 양육자로서의 자신의 역할에 대한 부정적인 평가, 자기 자신을 무능력하고 부적절한 존재로 느끼는 등의 과정을 통해 우울과 불안, 소외감에 빠져들 수 있다.

3) 자녀 부적응에 따른 가정구성원의 갈등

가정결손은 자녀들이 다양한 사회적 활동에 참여하는데 제약이 된다. 즉 가정결손은 자녀들에게 사회적 상호작용의 단절 또는 감소를 초래하여 대인관계상의 문제를 경험하는 것으로 나타나고 있다. 결손가정의 청소년은 양친가정의 청소년에 비해 낮은 수준의 사회적 기술을 보이고 있으며, 친구가 적고 친구와 보내는 시간이 적은 것으로 나타났다. 가정의 결손으로 인한 가정환경의 변화, 이사 등의 물리적 공간의 변화로 인한 사회적 관계망의 단절은 한부모가정의 청소년에게 사회적 지지를 감소시키고 대인관계상의 문제를 발생시키는 것이다.

한부모가정의 원인이 부모의 사망에 의한 것인지 아니면 이혼에 의한 것인지에 따라 자녀에 미치는 영향은 다르다. 일반적으로 사망에 의한 한부모가정보다

이혼이나 별거에 의한 한부모가정의 자녀들이 더 심한 정서적 불안이나 열등감을 보인다. 이는 부모가 이혼하였을 경우, 이혼 이전에서부터 부모들 간의 갈등과 불화를 계속 경험해 왔고 이혼 후에도 이러한 갈등과 불화의 여파가 계속될 수 있기 때문이다. 2005년 현재 우리 나라 부부의 이혼 당시 미성년 자녀(20세 미만)가 있는 이혼은 전체의 63.3%이며, 미성년 자녀가 있는 이혼 중 미성년 자녀 두 명을 둔 이혼이 전체의 31.4%나 될 정도로 자녀가 있는 상태에서 부모의 이혼이 결정되는 경우가 많다.

표 14-2 이혼 당시 미성년 자녀 유무별 이혼건수 및 구성비

(단위: 천 건, %)

	1995	1996	1997	1998	1999	2000	2001	2002	2003	2004	2005
계	68.3	79.9	91.2	116.7	118.0	120.0	135.0	145.3	167.1	139.4	128.5
자녀 있음	48.7	57.4	65.3	83.8	84.1	84.4	94.9	101.4	114.3	91.3	81.4
1명	22.5	26.0	29.2	37.0	37.7	38.1	42.2	43.7	47.8	39.1	35.0
2명	22.5	27.3	31.4	41.4	41.2	41.1	46.7	50.8	58.3	45.6	40.3
3명 이상	3.8	4.1	4.6	5.5	5.2	5.3	6.0	6.9	8.1	6.6	6.0
자녀 없음*	19.5	22.5	25.9	32.9	33.9	35.5	40.1	44.0	52.8	48.1	47.1
구성비											
계	100.0	100.0	100.0	100.0	100.0	100.0	100.0	100.0	100.0	100.0	
자녀 있음	71.4	71.9	71.6	71.8	71.2	70.4	70.3	69.7	68.4	65.5	
1명	32.9	32.5	32.1	31.7	31.9	31.8	31.3	30.0	28.6	28.1	
2명	32.9	34.2	34.4	35.5	34.9	34.2	34.6	35.0	34.9	32.7	
3명 이상	5.5	5.2	5.1	4.7	4.4	4.4	4.5	4.7	4.8	4.7	
자녀 없음*	28.6	28.1	28.4	28.2	28.8	29.6	29.7	30.3	31.6	34.5	36.7

*미상 포함

출처: 통계청(2006). 2005년 혼인 · 이혼통계 결과.

부모의 이혼은 자녀에게 심한 정신적인 박탈감과 혼란을 준다. 정작 자녀와 함께 살게 되는 한쪽 부모는 자녀에게 신경을 써 줄 시간이나 정신적인 여유가 없으며, 같이 살지 않은 부모는 자녀와의 관계가 소원해지고 방임하게 된다. 자녀와 같이 살지 않은 부모는 특히 자녀와의 관계에서 모호한 위치에 서게 되고 그가 몸담고 있는 사회에서의 부모역할에 따라 나름대로의 갈등을 겪게 된다. 같이 살지 않은 자녀에게 애정이나 지지를 표현하는 것은 시간과 환경적인 여건으로 제약을 받는다. 특히 남성의 경우 이전에 자녀와 일상적인 접촉을 하지 않아서 이러한 역할을 잘 해내지 못한다.

특히 가정의 결손은 청소년기 자녀에게 많은 부적응 행동을 발생시키는데, 한부모가정의 청소년 부적응은 크게 우울 · 불안 등의 심리정서적 문제, 비행 · 공격성 등의 행동문제 등으로 구분해 볼 수 있다.

심리정서적 문제를 살펴보면, 한부모가정의 아동 및 청소년은 우울, 불안, 사회적 철회 등의 문제를 경험하고 있는 것으로 나타나고 있다. 또한 교사나 부모들은 양친가정의 자녀에 비해 한부모가정의 자녀가 더 우울한 것으로 평가하고 있으며, 양친가정의 자녀에 비해 한부모가정의 자녀가 인지적 및 사회적 능력이 더 낮다고 인식하고 있다.

또한 한부모가정의 청소년은 비행과 일탈 그리고 반사회적 행동 등의 문제행동을 보인다는 연구결과가 제시되고 있다. 많은 연구에서 한부모가정의 청소년은 양친가정의 청소년에 비해 높은 공격성 및 행동 장애 등 행동적 문제를 경험하고 있는 것으로 보고되고 있다. 한부모 밑에서 자란 아이들은 양부모가정에서 양육된 아이들에 비해 갖가지 정신장애와 약물남용에 빠질 위험이 높은 것으로 밝혀졌다.

스웨덴 국립보건후생국의 역학전문가 구닐라 바이토프트 박사는 영국의 주간 의학전문지에 발표한 연구보고서에서 부모가 헤어져 어머니 또는 아버지와 함께 살아온 아이들은 정상적인 가정의 아이들에 비해 정신분열증, 우울증, 자살, 자살미수, 약물 중독, 알코올 중독의 위험이 최소한 두 배나 높은 것으로 나타났다고 밝혔다. 선진국에서는 한부모가정 밑에서 자라는 아이들이 점점 늘고 있는 추세다. 스웨덴에서는 17세 청소년의 경우 네 명 중 한 명꼴로 부모의 별거를 경험한 것으로 나타나고 있다. 그러나 이혼 자체는 자녀들에게 정신건강의 문제를 일으키는 원인이 아니라 부모가 이혼하고 나면 오히려 아이들은 전보다 더 안정감과 행복감을 느낄 수도 있는데, 이는 부모가 자주 다투는 데서 받는 스트레스를 덜 느끼게 되기 때문이라는 견해도 제시되고 있다.

2. 자원관리의 지침

1) 이혼에 대한 적응

이혼이나 별거에 따른 한부모가정은 환경의 변화를 받아들이고 제한된 자원의 상황에서 새로운 역할을 배우는 재조정 과정이 필수적이다. 그러나 이러한 새로운 역할을 배우는 초기에는 심한 압박감을 경험하며 방향감을 잃어버릴 수 있다. 즉 설정된 목표를 상실하거나 가치의 혼란을 초래할 수 있어 더 많은 불안정한 문제를 초래할 수 있다.

이에 대해 버만과 터크(Berman & Turk, 1981)는 이혼으로 인한 심리적 스트레스를 감소시키기 위한 전략으로 느낌을 표현하기, 가정에 몰두하기, 사회적 · 대인적 활동 수행하기, 개인적 이해, 기계화, 중요한 부분에 대한 설명능력을 학습하기 등의 방법을 제시하였다. 즉 이혼이라는 생활상의 사건을 직시하고 이에 대한 자신의 감정변화나 역할변화에 대해 솔직하게 개방하며, 주위 환경에서 도움을 받을 수 있는 지지집단을 만들고, 과중한 역할을 혼자서 수행하려 하지 말고 자녀나 기계, 또는 외부의 다른 힘을 빌릴 것을 제안한다. 이와 관련해서 좀더 구체적으로 정리하면 다음과 같다.

① 부모역할 조정과 훈련

대부분의 한부모가정은 한쪽 부모의 부재로 인해 부모역할(parenting)의 문제를 가진다. 부모역할은 한부모가정의 가장 큰 관심사인 자녀양육과 교육에 있어 가장 중요한 영향을 미치는 부분이다. 따라서 편부나 편모는 바람직한 부모역할이 무엇이며, 또 한부모 상태에서 부모역할을 하기 위해서는 어떻게 하는 것이 바람직한 것인지에 대해 훈련을 해야 한다. 이러한 훈련은 혼자서 조정될 수도 있지만 교육을 통해 보다 용이하게 이루어질 수 있다. 즉 부모역할을 할 수 있도록 역할연습(role play)을 비롯한 다양한 기술을 훈련받을 수 있는 교육이나 상담을 통해 부모역할의 능력을 재조정하는 것이 필요하다. 전문가의 상담이나 치료를 통해 부모역할의 조정과 가정구성원 간 의사소통을 원활히 하여 결속력을 강화시키는 방법도 도움이 될 것이다.

② 지지적 관계망 형성

한부모가정은 잠재적으로 지지를 받을 수 있는 공식적, 비공식적 지지망(support networking)을 구축해야 한다. 즉 친척이나 친구, 이웃 혹은 사회기관 중에 한부모가정에 지지가 될 만한 자원을 찾아내어 연계하는 과정이 중요하다. 이를 위해서는 한부모가정의 편모나 편부가 겪는 어려움이나 문제에 대해 공개하고 감정을 개방하여 공유하도록 하는 과정이 필요하다. 또한 자신과 비슷한 처지에 있거나 비슷한 문제를 겪는 한부모가정끼리 자조집단을 형성하여 사회적인 활동을 수행하거나 공감대를 형성하는 방법도 가능하다.

③ 구성원 개인에 대한 이해

한부모가정의 구성원은 모두 새로운 역할변화나 가정환경의 변화에 적응하기 위해 어려움을 겪게 된다. 따라서 구성원 간의 개인적인 문제를 공유하고 자신의 감정을 솔직하게 개방하는 것이 가장 중요하다. 한부모가정의 어머니 또는 아버지가 겪게 되는 과중한 역할부담의 문제에 대해 다른 가정구성원에게 분담해줄 것을 요구하거나 재정적인 부담을 줄이기 위해 이사하는 것에 대해 가정구성원의 이해를 구하는 등 모든 새로운 변화에 대해 개방적 의사소통을 통해 문제를 해결하고자 하는 노력을 해야 한다. 한부모가정에서 자녀들이 경험하는 역할혼란에 대해 부모로서 이해하고 있음을 알리고, 자녀들과 함께 문제를 해결하기 위해 부모들이 노력하고 있는 방법들에 대해 구체적으로 논의하는 과정을 시도해 본다.

④ 부모-자녀의 새로운 협조관계 구성

한부모가정의 구성원은 새로운 역할수행에 대한 요구로 인해 시간관리상의 제약을 경험하게 된다. 전업주부로 있었던 편모는 생계를 위해 직업을 갖게 되므로 부양자와 양육자의 역할수행에 따른 시간부족의 문제를 겪게 된다. 한편 아내가 전담했던 자녀양육을 위해 퇴근 후에 자녀와 함께 지내거나 새로운 아버지 역할을 학습해야 하는 편부의 경우에도 시간부족으로 인한 갈등을 경험하게 된다. 이때 한부모가정에서 사용되는 대표적인 관리전략이 자녀들에게 가사노동을 분담시키는 것이다. 그러나 이러한 방법은 자녀들에게 과중한 가사노동부담을 줌으로써 학업이나 여가시간에서 자녀들의 복지를 떨어뜨릴 위험이 있다. 따라서 가정 내에서 사용할 수 있는 또 다른 관리전략으로 가사노동의 수행표준을 줄이는 방법, 가사노동의 기계화와 사회화, 시설 및 설비 구비 등의 방법을 모색할 수 있다. 그러나 경제적 어려움을 겪는 저소득층에 속한 한부모가정이 많아 현실적으로 기계화와 사회화의 방법을 적극적으로 도입하기는 쉽지 않다.

2) 사회적 지원과 가정의 선택

한부모가정은 다른 어떤 유형의 가정보다 활용할 수 있는 자원이 부족하여 생계 곤란과 같은 일차적 욕구의 문제를 해결하지 못하고 있다. 따라서 일차적 욕구를 충족시키기 어려운 한부모가정에 대해서는 정부의 적극적인 정책 대응이 요구된다. 그러나 한부모가정의 정책적 접근이 이러한 욕구를 충족시키기에 충분하지 못한 실정이다. 한부모가정의 소득보장을 위한 공식적, 비공식적 지원체계가 미흡하며, 그 수준 또한 인간다운 생활을 보장하기에는 대단히 미흡하다. 한부모가정을 위한 정책이 거의 없는 우리 나라의 경우 새로운 정책환경과 정책적 대응 전략이 다음과 같이 요구된다.

첫째, 한부모가정을 위한 정책은 한부모가정의 구성원 단위를 고려한 측면에서 이루어져야 한다. 즉 한부모가정을 위한 정책이 독립적인 영역으로 정립되어야 한다. 우리 나라는 1989년 제정된 모자복지법이 모자가정에 대한 정책의 근거가 되고 있으나 지원의 범위나 수준이 모자가정이 자립하기에는 대단히 미흡하며, 부자가정에 대한 지원은 그 법적 근거가 없는 실정이다.

둘째, 공적부조제도 내에 한부모가정을 위한 수당제도를 마련해야 한다. 한부모가정에 있어 중요한 대상은 자녀이므로, 한부모가정의 자녀양육을 위한 아동수당제도를 마련하고 특별히 자녀가 학교 다니기 전인 경우 편부나 편모가 자녀를 맡기고 직업에 종사할 수 있도록 탁아수당 제도를 마련해야 한다.

셋째, 기존의 국민연금제도 내에 유족연금 외에 자녀를 위한 유족자녀 연금이나 편모와 편부를 위한 연금 등을 제도화할 필요가 있다. 특히 사별로 인한 한부모가정뿐 아니라 이혼이나 별거로 인한 한부모가정을 포함시켜야 한다.

넷째, 우리 나라의 경제적 실정을 고려하여 한부모가정의 경제문제의 큰 부분을 차지하는 주택문제의 해결을 위해 공영주택의 임대나 우선분양, 그리고 주택구입을 위한 융자금을 저리로 제공하는 등의 특별 배려와 함께 주택수당 지급을 위한 대책이 마련되어야 한다.

다섯째, 장기적인 의료비 지출은 한부모가정의 경제상황을 빈곤으로 만드는 요인이라는 점에서, 이들에 대한 의료보호제도가 확대될 필요가 있다. 현재 의료보호체계에서 지역의료보험에 의존하는 생활등급 7등급과 그 이하의 저소득 한부모가정은 아무런 혜택을 받지 못하고 있다. 따라서 한부모가정에 대한 소득지원을 위해 저소득 한부모가정에 대한 의료서비스의 무료 지원이 마련되어야 한다.

여섯째, 한부모가정의 결속력 강화를 위한 사회교육 프로그램을 정기적으로 실시하고, 모자가정이나 부자가정으로 구성된 자조집단을 형성하여 긴장과 압박감을 완화시킬 수 있도록 제도적 · 정책적 차원에서 지원이 이루어져야 한다. 또한 한부모가정의 편모와 편부, 그리고 그들의 자녀들에게 전문적 상담과 훈련이 될 수 있도록 전문인력과 정보전달 체계를 정비할 필요가 있다.

일곱째, 한부모가정의 자녀양육비를 보장하기 위한 체계적인 관리 시스템이 요구된다. 현재 우리 나라 이혼법상으로는 부모의 이혼 시에 자녀를 양육하지 않는 부모에게 자녀양육비를 지급하도록 규정되어 있으나 법적 제재가 허술하여 현실적으로 이를 이행하지 않을 경우 양육비를 지급받는 데 많은 어려움을 겪는다. 외국 사례를 살펴보면, 독일의 경우 1998년 민법 개정을 통해 부양의무자에 대한 양육비 청구를 국가가 체계적으로 지원하고 대리하는 보좌제도를 도입하여 한부모가정의 양육비 확보를 위한 체제를 마련해 놓았다. 또한 독일, 덴마크, 스위스의 경우에는 국가에 의한 양육비 선급제도를 시행함으로써 이혼한 부모의 일방이 부양의무를 이행하지 않는 경우 다른 일방의 청구가 있으면 국가공동체에 대하여 부양을 청구할 수 있는 권리를 보장하고 있다. 이에 따라 국가가 직접 양육비를 선지급하여 아동의 양육에 장애가 없도록 조치하고, 그후 부양의 무자에게 양육비를 청구하고 있다.

생각해볼 문제

1. 이혼이나 별거에 의한 한부모가정의 자원관리의 특징과 관리전략을 설명해 보자.

2. 한부모가정의 공식적 · 비공식적 지지망을 찾아내어, 이와 연계할 수 있는 방법을 제시해 보자.

3. 한부모가정을 비정상적이고 문제가 있다고 바라보던 시각에서 다양성을 존중하고 인정하는 방향으로 사회적 인식을 개선하기 위한 정책적인 방법에 대해 생각해 보자.

참/고/문/헌

김유경(2005). 가족원 특성에 따른 다양한 가족의 실태와 사회적 지원체계. 보건복지 포럼(한국보건사회연구원) 103호. 47-72.

문숙재 · 윤소영(2000). 결혼과 노동. 파주: 교문사.

성정현 · 여지영 · 우국희 · 최승희(2004). 가족복지론. 파주: 양서원.

조추용 · 오정옥 · 한성심 · 이채식(2003). 가족복지론. 서울: 창지사.

통계청(2006). 2005년 혼인 · 이혼통계결과.

통계청(2005). 2004 생활시간조사보고서.

통계청. 인구주택총조사보고서. 각년도.

통계청. 한국의 사회지표. 각년도.

한국여성개발원(2003). 다양한 가족출현에 따른 쟁점과 가족관련법의 방향정립에 관한 연구.

CHAPTER

15

독신가정

1. 자원관리의 특징
2. 자원관리의 지침

CHAPTER 15

독신가정

독신가정이란

독신에 대한 사전적인 정의는 의외로 단순하다. 독신은 홀로 사는 사람을 통칭하는 용어이다. '독신'의 사전적 의미는 '혼자 몸'(獨身)을 뜻하는데, ① 형제자매가 없는 사람, ② 배우자가 없는 사람이라는 두 가지의 뜻이 있지만 일반적으로 후자의 의미로 사용된다. '배우자가 없는 사람'을 독신이라고 한다면 아직 결혼하지 않은 사람뿐만 아니라 이혼하거나 배우자를 사별한 경우도 포함된다. 그러나 보통 독신이라고 칭할 때는 그 중 결혼하지 않은 미혼 남녀를 지칭하는 경우가 대부분이고 협의로는 '혼자 사는 미혼자'를 가리킨다. 이러한 독신자의 생활이 가정생활의 모든 기능을 수행한다는 점에서 독신가정이라는 용어가 가능하다. 통계적으로는 '독신가정'을 '1인가구'로 지칭한다.

1. 자원관리의 특징

1) 독신과 만혼의 경향

2006년 현재 우리 나라 15세 이상 인구 중 결혼에 대해 긍정적인 생각을 가진 비율은 67.7%로 2002년의 69.1%보다 감소하였다. 특히 미혼의 경우 남자는 10명 중 7명(69.5%) 정도가 결혼에 찬성하였으나, 여자는 52.6%에 불과해 남녀 간에 큰 차이를 보이고 있다.

표 15-1 결혼에 대한 견해

(단위: %)

	계	결혼		
		해야 한다	해도 좋고 하지 않아도 좋다	하지 말아야 한다
2002	100.0	69.1	27.2	1.9
2006	100.0	67.7	27.5	2.2
남자	100.0	75.1	21.1	1.3
여자	100.0	60.5	33.6	3.1
미혼	100.0	62.0	32.8	1.6
남자	100.0	69.6	25.5	1.2
여자	100.0	52.6	41.8	2.0
15~19세	100.0	59.2	34.1	1.6
20~29세	100.0	64.5	31.2	1.6
30~39세	100.0	58.6	36.5	2.9
40~49세	100.0	63.2	31.6	2.7
50~59세	100.0	76.5	19.0	2.2
60세 이상	100.0	84.9	11.1	1.7

출처: 통계청. 사회통계조사.

2005년 현재 우리 나라 15세 이상 인구 중 59.3%가 기혼자이고, 미혼 인구는 30.3%이며, 사별 및 이혼 인구는 10.5%에 이른다. 남성의 미혼 비율은 35.1%로, 여성의 25.4%에 비해서 남성의 독신 비율이 훨씬 높은 것으로 나타났다. 이러한 경향은 1970년대 이후 별다른 변동을 보이지 않고 구성 비율이 일정하게 유지되고 있다. 한편, 결혼 후 사별 또는 이혼으로 인해 독신으로 지내는 비율에 있어서는 여성이 훨씬 더 높게 나타났다. 같은 경우의 남성들은 재혼을 하는 반면, 여성들은 독신으로 지내는 비율이 상대적으로 높음을 알 수 있다. 또한 초혼 연령이 1990년에 남자 27.8세, 여자 24.8세에서 2005년에는 각각 30.9세, 27.7세로 증가하여 독신의 증가는 만혼현상과 연결되고 있음을 알 수 있다.

표 15-2 혼인 상태별 인구구성비

(단위: %)

	미혼			유배우			사별 및 이혼		
	남	여	계	남	여	계	남	여	계
1970	37.5	24.9	31.0	59.8	59.1	59.5	2.8	16.1	9.6
1980	40/4	28.7	34.5	57.4	57.4	57.4	2.3	13.9	8.1
1990	38.2	27.8	32.9	59.3	58.8	59.1	2.5	13.4	8.0
1995	36.0	25.7	30.8	61.2	60.1	60.7	2.8	14.2	8.5
2000	35.1	25.1	30.1	61.2	60.0	60.6	3.6	14.9	9.3
2005	35.1	25.4	30.3	60.0	58.5	59.3	4.9	16.1	10.5

출처: 통계청. 인구주택총조사보고서.

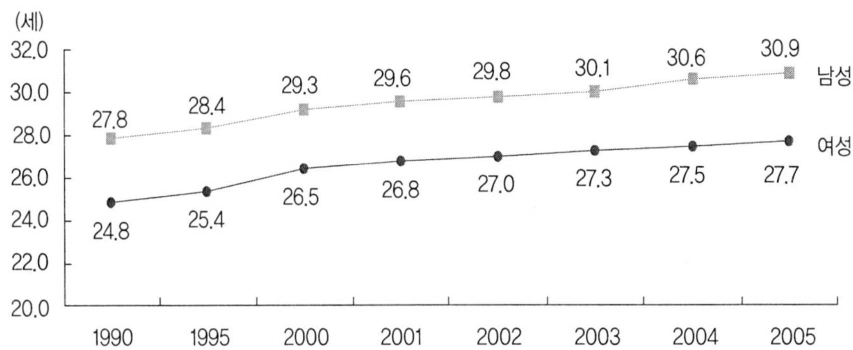

출처: 통계청. 한국의 사회지표.

그림 15-1 연도별 평균 초혼 연령

2) 자발성과 기간의 지속성

독신은 자발성과 기간의 지속성 여부에 따라 네 가지 유형으로 분류된다. 자발적 · 안정적 독신은 독신생활을 선호하여 독신을 선택한 유형으로, 결혼한 적이 있으나 재혼을 원치 않는 사람, 동거하고는 있으나 결혼까지는 생각하지 않는 사람, 성직자들이 이에 속하며 편부, 편모도 포함된다. 자발적 · 일시적 독신은 결혼은 하겠지만 당분간은 진학, 취업준비 또는 직업생활, 기타 자신만의 생활을 위해 결혼하지 않고 혼자 지내는 유형이 있는데, 교제하는 연인이 있는 사람도 있거나 없는 사람도 있다. 비자발적 · 일시적 독신은 결혼하기를 원하나 아직 배우자를 정하지 못하고 적극적으로 찾고 있는 유형으로써 미혼, 별거, 사별 상태가 이에 해당될 수 있다. 비자발적 · 안정적 독신은 비자발적 · 일시적 독신보다 연령이 많아 배우자를 찾기 힘들어 이제는 독신의 지위를 수용한 사람들이 이에 속한다. 신체적으로나 심리적으로 질병이 있어 결혼시장에서 배제되는 경우도 포함된다.

표 15-3 독신의 유형

지속성 자발성	안정적	일시적
자발적	자발적 · 안정적 독신	자발적 · 일시적 독신
비자발적	비자발적 · 안정적 독신	비자발적 · 일시적 독신

이러한 분류가 편리하기는 하나, 모든 독신자가 정확히 이들 중 한 유형에 속한다고 볼 수는 없다. 결혼 시기나 배우자 선택, 부모의 동의 등 제반 여건이 자신이 원하는 대로 되는 것이 아니기 때문에 자발적인 독신과 비자발적인 독신을 분류하는 것이 무의미할 수도 있다. 또한 본인이 지각하는 것과 가정구성원을 비롯한 주변 사람들이 지각하는 것과의 차이도 있을 수 있다.

독신에 이르는 과정을 기술해 보면, 결혼이나 이혼이 단 한 번의 사건이 아니라 여러 단계를 거치는 과정이듯이, 독신의 경우에도 일련의 과정을 거치게 된다. 독신자들 중엔 아주 어린 시절부터 어른이 된 후까지도 결혼하지 않고 혼자 살기를 마음먹은 독신주의자도 있지만, 대부분은 결혼하기를 원하고 결혼에 대한 계획이 있는 경우가 많다. 다만 연령이 많아졌는데도 여전히 독신의 경우엔 다음과 같은 과정이 진행된다고 추측된다.

20대 초반의 젊은이 중에는 결혼을 목표로 하면서도 자신만의 자유로운 삶을 즐기려는 자발적, 일시적 독신 유형을 선호하는 사람들이 있다. 사실, 결혼에 대한 관심은 젊은 남성보다는 젊은 여성이 더 많은 편이다. 하지만 결혼제도가 지니는 억압적인 면, 즉, 남성 위주의 가부장적인 결혼제도 자체가 구속으로 느껴지거나 불행한 부모의 생활, 이혼하는 부부들을 보면서 결혼에 대하여 회의적이 될 수 있다. 결혼의 장점보다는 단점이 더 부각되거나 독신의 단점보다 장점에 더 끌리게 되면 자발적, 일시적 독신 상태를 즐기게 된다.

그러면서도 우리 사회가 아직까지는 결혼을 지배적인 통념으로 인식하고 있어, 결혼을 전제로 한 이성교제를 진행하게 된다. 그러나 이 과정에서 결혼과 배우자감에 대한 비현실적인 기대가 높다면, 자신에게 꼭 맞는 사람이 나타날 때까지 결정을 미루게 되며 결혼적령기를 넘기게 될 수도 있다. 보통 서른 살에 가까워지면 남성이든 여성이든 위기감이나 긴장을 다소 경험하게 되는데, '올해를 넘기지 않으려는' 적극적인 자세로 바뀌기도 한다. 이 시기가 자발적 · 일시적 독신에서 비자발적 · 일시적인 독신으로 넘어가는 과정인 셈이다.

30대 중반이 되면, 직장 내에서도 승진을 하는 등 자신의 사회경제적 여건이 나아지고, 그에 따라 배우자를 고르는 기준이 까다로워지는 게 사실이다. 20대 초반일 때와는 달리 배우자감에 대하여 더욱 신중하게 생각하게 되고 적합하지 않으면 독신으로 지내려는 의지가 강하다. 직업에 몰두하면서도 취미생활이나 건강관리를 하기 시작한다. 그럼에도 자신이 나이를 먹고 있다는 사실, 나이가 많으면 결혼시장에서 불리하다는 사실을 인정하는 사람은 많지 않다. '이 나이에 결혼하는데', '지금까지 기다려 왔는데' 하는 심정으로, 현재 생활에 별 불편을 느끼지 못하는 한, 결혼해야 하기 때문에 할 수 없이 결정하지는 않겠다는 의지가 강해져 독신기간이 장기화될 수 있다. 이 시기에도 배우자와 자녀에 얽매인 기혼 친구들에 비해 다양한 활동을 하고, 이성친구를 접할 기회가 많기 때문에 그다지 외로움을 느끼지 못한다. 실제로 미혼 독신이 사별이나 이혼한 독신들에 비해 더 행복을 느끼는 것으로 알려져 있다.

40대에 가까워지면, 독신의 장점이 더이상 장점으로 느껴지지 않을 수 있다. 즉, 자기 마음대로 할 수 있는 자유가 주체하기 힘들고, 허물없이 지내는 여러 명의 이성보다 나만의 배우자가 더 소중하게 인식되는 전환기가 올 수 있다. 이 시기에 결혼하게 되는 사람들은 자신이 속한 동시 출생집단 중에서 20대에 결혼한 사람들에 비해 부부 간 연령차나 혼인 형태 등에 있어서 훨씬 이질적일 경향이 크다. 즉, 같은 연령대에 속하는 바람직한 배우자감들이 결혼함에 따라 선택의 폭이 좁아지면서, 나이 차가 많은 대상과 결혼하거나 재혼시장으로 흡수되기도 한다. 최근에는 남자 초혼과 여자 재혼인 결혼 비율도 늘어나는 추세이다.

40세 이상의 독신세대도 역시 젊은 독신세대나 기혼세대에 비해 다소 이질적인 특성을 지닐 확률이 높다. 사회경제적 지위에 있어서 전자가 정상분포를 이루는 반면, 후자는 정상분포의 양극단에 속하는 경우가 많을 것으로 보인다. 예를 들면, 한국이나 일본의 농촌 남성, 미국의 흑인 여성들, 그리고 고학력 전문직에 속하는 여성들이 이에 속한다. 이중, 고학력 전문직에 속하는 독신 여성들은 과연 독신을 선택할 것인가 아니면 남겨질 것인가로 분류해 볼 때, 둘 다 정확하지 않고 사회경제적 지위가 자신보다 낮은 하향적 선택을 하는 대신 독신으로 남겨지는 쪽을 선택한다고 볼 수 있다.

따라서 처음부터 자발적·안정적인 독신 유형에 속하는 사람 외에는 이러한 과정을 거치며 도중에 결혼하게 되거나 아니면 비자발적·안정적 독신에 이르게 된다. 결혼 대신 동거가 보편적인 서구사회와는 달리, 결혼을 지배적인 삶의 형태로 간주하는 우리 문화권에서는 독신생활에 적응하는 한편, 결혼을 포기한 것이 아니라 배우자감을 물색하는 과정 중이라고 표현하는 것이 아마도 더 적절할 것이다.

독신의 수가 증가한 것 이상으로 독신과 관련된 많은 이슈가 제기된 것도 최근의 변화 중 하나이다. 독신의 삶에 대해 '화려하고 구속받지 않는 무한한 자유'로 묘사되고 있으며, '싱글족', '코쿤하우스(cocoon house)[1]', '개전(個電)제품[2]' 등 독신과 관련된 새로운 개념이나 시장이 형성되고 있다.

3) 화려한 싱글족

독신의 라이프 스타일 중 가장 큰 변화로 '싱글들의 주말은 자신의 시간을 스

1) 코쿤은 누에고치라는 뜻으로, 코쿤하우스는 필요에 의해 잠만 자는 주거공간을 일컫는다.

2) '개전(個電)'이란 개인이 쓰는 제품이라는 신조어로써, 가정에서 사용한다는 '가전(家電)'의 개념과 대비된다.

스로 디자인하고 일주일의 피로를 풀어 재충전할 수 있다' 를 제시하는 경우가 많다. 이러한 의미에서 독신들의 삶을 흔히 '화려한 싱글' 로 표현하기도 하고, 자유의 대명사로 일컫기도 한다. 독신생활에 필요한 독신의 필수조건으로는 취미를 가져야 하고 자기에게 맞는 일과표를 짜야 하며, 열린 마음으로 주어진 시간을 마음껏 요리할 수 있어야 한다.

표 15-4 혼인 상태별 생활시간(20세 이상 인구)

(단위: 시간:분)

행동 분류	미혼			기혼		
	요일 평균	남자	여자	요일 평균	남자	여자
개인 유지	10:40	10:31	10:50	10:32	10:36	10:29
일	4:09	4:08	4:10	4:00	5:28	2:43
학습	0:47	0:48	0:47	0:01	0:01	0:01
가정관리	0:30	0:18	0:45	1:58	0:26	3:18
가족 보살피기	0:03	0:03	0:04	0:37	0:13	0:57
참여 및 봉사활동	0:07	0:12	0:01	0:03	0:03	0:03
교제 및 여가활동	5:33	5:53	5:08	4:58	5:07	4:50
이동	2:01	1:58	2:06	1:38	1:55	1:22
기타	0:09	0:09	0:09	0:13	0:11	0:16

출처: 통계청(2005). 2004 생활시간조사보고서.

또한 싱글족인 미혼 독신자들에게는 '취미' 로서의 레저나 여가가 많은 부분을 차지하고 있으며, 파티나 인터넷 모임을 통해 인간관계를 넓혀나가고 있다고 보고되고 있다. 20세 이상 미혼자와 기혼자의 생활시간을 분석해 보면, 미혼의 교제 및 여가활동시간이나 참여 및 봉사활동시간 등의 여가활동시간이나 학습시간 등의 자기계발을 위해 투자하는 시간이 기혼자에 비해 더 많음을 알 수 있다. 이는 미혼 독신자들의 생활시간 사용 구조가 기혼자들과 매우 다르며, 특히 자유시간을 통한 여가생활이 활발하다는 사실을 알 수 있다.

나홀로 가구

고대 이스라엘에서는 독신을 살인과 같은 중죄로 여겼다. 생명을 탄생시키지 않는 것은 살인과 마찬가지라는 것이다. 로마의 현제(賢帝) 아우구스투스조차도 독신자들에게 '독신세'를 부과하고, 상속권마저 박탈했다. 출산을 노동력의 증가라고 여기던 세상에서는 독신자들의 삶은 수난, 그 자체였다. 18세기 영국의 경제학자 맬서스가 '식량은 산술급수적으로 늘어나는데 인구는 기하급수적으로 증가한다'는 '인구론'을 발표한 이후 독신에 대한 시각이 변화하기 시작했다(장 클로드 볼로뉴 · 독신의 수난사).

1995년 여성잡지 〈코스모폴리탄〉의 편집장인 헬렌 브라운의 저서가 《나는 초라한 더블보다 화려한 싱글이 좋다》는 제목으로 번역돼 출간됐다. '화려한 싱글'은 오늘날 젊은 여성들이 꿈꾸는 라이프 스타일의 하나다. 직장생활에 한창 재미를 붙일 시기에 결혼을 장애물로 생각하기 쉽다. 더구나 우리 사회에서는 결혼이 사랑하는 남녀의 결합으로 그치지 않는다. 가문과 가문의 만남에 따른 중압감, 그리고 자녀 출산과 육아 교육까지 떠안아야 하는 부담감 때문에 독신의 편안함에 안주하게 된다.

통계청이 발표한 '2006년 한국의 사회지표'를 보면 독신 가구 비중이 20%로 5년새 4.5%포인트나 높아졌다. 물론 독신가구라고 하여 모두 젊은 싱글족이 아니다. 가정 해체에 따라 홀로 사는 사람이나 독거 노인도 독신가구에 포함된다. 그러나 한 외국계 카드사의 보고서에 따르면 한국은 젊은 독신자가 연 평균 0.3%씩 증가해 2014년엔 660만 명에 달할 것이라고 한다. 중국과 인도도 연 평균 1.5%, 3.6%씩 늘어나 각각 1억 명에 육박할 것이라는 전망이다. 최근 다보스 세계경제포럼에서도 '싱글스 이코노미(singles economy)'가 토론 주제로 다뤄졌다. 젊은이들이 편리함과 자유분방함을 추구하기 위해 홀로 사는 동안, 그들을 키워준 부모들의 얼굴은 주름이 깊어져 간다.

출처: 부산일보(2007. 1. 3)

그러나 30대 미혼들이 독신생활을 하는 이유로 가장 많이 언급되는 것은 직장생활(한국여성개발원, 2002)이라는 사실도 함께 존재한다. 이들은 현재 싱글이지만 독신주의자는 아니고 일 때문에 결혼이 늦어진 '비혼(非婚)' 족에 가깝다. 이들은 자신의 일에 몰두하여 둘이 아닌 하나의 삶을 즐기고 최적의 배우자를 찾기까지 결혼을 보류한 상태라고 진단된다. 예를 들어 30~40대 혼자 사는 독신자를 대상으로 조사한 윤소영(2002)의 연구에서는 오히려 독신남녀들이 기혼집단과 비교해 일에 투자하는 시간이 현저하게 많으며, 교제 및 여가활동시간이 오히려 적게 나타났다. 이러한 경우에는 일 중심의 생활구조로 인해 오히려 시간배분상의 불균형을 초래할 수 있다는 문제가 제기된다. 결국, 자유시간을 여가활동에 사용하는 독신이나 일 중심의 시간배분구조를 갖는 독신은 모두 균형있는 시간자원의 배분이나 조정의 문제를 경험하게 되며, 이에 대한 관리적 기능이 요구된다.

2. 자원관리의 지침

1) 독신에 대한 요구 점검

1인가정 또는 독신 인구가 증가하는 원인은 교육기간의 연장과 직장생활의 확산, 개인주의와 자유화의 영향으로 인한 자아실현에 대한 기대 상승, 가정에 대한 가치관의 변화, 생활양식의 변화 등을 들 수 있다. 성별에 따라 독신생활을 하는 이유를 보면 남자들은 직장 때문에 혼자 사는 경우가 가장 많으며, 여성들은 배우자와의 이혼이나 별거로 인해 혼자 산다는 이유가 많아 성에 따라 차이가 나타난다. 이는 이혼이 여성들에게는 개인적으로 결혼생활에 대한 부정적인 경험일 뿐더러, 나아가 사회적 낙인으로 작용하고 있음을 시사한다.

한편, 미혼 여성들의 만혼현상이나 결혼기피 현상은 일-가족 균형(Work Family Balance)의 문제와 관련된다. 즉 여성들의 경제활동참여의 증가는 가정생활과 직장생활을 병행하는 데서 오는 어려움의 문제를 발생시키고, 이러한 균형의 문제가 해결되지 않은 상태에서 여성들이 선택한 방법이 결혼을 기피하거나 자녀출산을 미루는 것이었다. 따라서 미혼여성의 독신은 결혼과 취업에 대한 선택의 문제에서 비롯되었다고 볼 수 있다.

따라서 독신으로 혼자 사는 각 개인들은 자신들의 독신에 대한 요구가 어디에서 비롯되었는지 정확히 파악해야 할 필요가 있다. 일-가족의 균형에 따른 독신의 선택일 경우 친가족적 정책이나 육아지원 정책 등의 외부적 환경 요인의 변화에 따라 새로운 가정 형태를 선택할 수도 있다.

서구에서는 1960년대 후반 범유럽적 학생운동과 사회운동을 기점으로 결혼에 대한 대안적 선택으로서 독신을 선호하는 개인들이 증가하기 시작하면서 전통적 가족제도의 붕괴와 개인주의적 생활방식에 대해 열띤 논의가 진행된 바 있다. 그런 결과 오늘날 서구에서 독신은 가정의 범주에 포함되는 또다른 선택적 형태로 인정되고 있다.

2) 사회적 지원과 가정의 선택

독신가정의 생활구조는 다른 형태의 가정과 다른 독특한 특성을 가진다고 볼 수 있다. 즉 혼자서 생활하고 있지만 그들의 원가족과 지속적으로 관계를 맺고 있으며, 자유시간을 활용할 수 있는 기회가 많지만 반대로 일 때문에 다른 생활이 제한을 받을 수도 있는 독특한 특성을 가진다. 특히 이들은 가정관리의 단위가 1인이며 끊임없이 새로운 욕구를 발생시키는 젊은 집단을 중심으로 이루어져 있다. 따라서 이들은 시장에 대해 새로운 욕구에 부합된 제품에 대한 개발을 적극적으로 요구하거나 사회화에 대한 요구가 높을 수 있다. 예를 들어 소량의 음식배달 서비스나 24시간 개점하는 식당, 소량의 세탁물을 세탁할 수 있는 소형 세탁기, 공간을 많이 차지하지 않고 복합적인 기능을 수행하는 가전제품 등에 대해 생산자와 소비자의 역할을 모두 수행하는 프로슈머(prosumer)로 작용할 수 있다. 따라서 독신가정은 생활구조의 변화에 대해 민감하게 반응하여 자신의 욕구에 적합한 새로운 시장을 개척하는 데 앞장설 필요가 있다.

또한 독신가정의 여가활동이 다른 미혼집단이나 기혼집단과 다르지 않게 소극적 여가활동에 치우쳐 있다는 점에서, 좀더 적극적인 여가활동을 개발할 필요성이 강조된다. 독신 스스로 시간관리에 주의를 기울이게 되고, 자신들의 요구에 맞는 생활 패턴을 개발한다면 균형있는 생활을 영위할 수 있을 것이다. 이를 위해서 독신가정의 시간관리와 시간계획을 도와줄 수 있는 프로그램이 요구된다. 독신생활에 필요한 필수조건으로 자기에게 맞는 일과표를 개발할 수 있는 능력이 요구되는데, 독신들은 자발적인 시간관리를 하기보다는 '일' 때문에 결혼을 하지 못한 상태에서 '일' 중심의 시간계획이 이루어질 가능성이 높다. 따라서 독신들은 자신의 시간사용 실태 및 구조를 이해하여 시간관리에 도움을 줄 수 있는 프로그램을 활용하며, 특히 여가생활에 도움을 주는 프로그램에 참여하거나 훈련을 받을 필요가 있다.

생각해볼 문제

1. 미래 가정의 형태상의 변화를 예측하고, 이러한 다양한 가정 유형에서 가정의 건강성을 유지시키기 위해 현재 시점에서 필요한 노력은 무엇인지 생각해 보자.

2. 독신가정을 위한 새로운 상품이나 서비스를 제시해 보자.

3. 다른 형태의 가정과 다른 독신가정의 독특한 특성을 설명하고, 건강한 가정을 위한 관리전략을 제시해 보자.

참/고/문/헌

김유경(2005). 가족원 특성에 따른 다양한 가족의 실태와 사회적 지원체계. 보건복지포럼(한국보건사회연구원) 103호. 47-72.

윤소영(2002). 독신의 시간사용과 여가활용에 대한 탐색적 연구. 한국가정관리학회지 20(5). 209-217.

통계청(2005). 2004 생활시간조사보고서.

통계청. 사회통계조사. 각년도.

통계청. 인구주택총조사보고서. 각년도.

통계청. 한국의 사회지표. 각년도.

한국여성개발원(2003). 다양한 가족출현에 따른 쟁점과 가족관련법의 방향정립에 관한 연구.

한국여성개발원(2002). 가족유형에 따른 생활실태와 복지욕구에 관한 연구.

CHAPTER

16

노인가정

1. 자원관리의 특징

2. 자원관리의 지침

CHAPTER 16

노인가정

1. 자원관리의 특징

1) 고령화 사회의 진입

평균수명의 연장으로 60~65세 이상의 인구, 즉 노인인구가 급격히 증가하는 추세이며, 전체 인구 분포에서 이들이 차지하는 비율 역시 급속히 증가하고 있다. 통계청에서 발표한 2005년도 노인인구비율은 전체 인구의 9.1%로 2000년 65세 이상 인구가 총인구의 7%를 넘는 '고령화 사회'에 진입한 이래 다른 어느 나라보다도 빠른 속도로 인구의 고령화가 진행되고 있다. 현 추세가 계속될 경우 2019년에는 노인인구가 14%를 넘고, 2026년에는 20%를 넘게 될 가능성이 크다. 그 결과, 65세 노인인구의 수가 2005년 437만 명에서 2020년에는 782만 명(약 두 배), 2030년에는 1,190만 명(약 세 배)으로 증가할 것으로 예상되며, 특히 75세 이상의 후기 노인인구의 비율이 크게 증가할 것으로 예측된다.

우리 나라 인구의 고령화는 저출산율로 인해 더욱 빨라지고 있다. 현재 경제협력개발기구(OECD) 국가의 평균 1.6명에도 훨씬 못 미치는, 전세계에서 가장 낮은 출산율(1.08명)을 감안할 때 다른 선진국보다 급속히 고령사회(aged society)로 진입하고 있다. 특히 전후 베이비붐 세대인 현재 40대(1953년~1965년생 해당)에 해당하는 1,000만 명의 인구가 노인층으로 진입하게 되는 2020년경부터는 65세 이상 노인인구의 비율이 14세 이하의 인구 비율을 앞서게 된다.

표 16-1 노인 구성비와 고령화지수

(단위: %)

	2000	2001	2002	2003	2004	2005	2010	2015	2020	2025	2030	2035	2040	2045	2050
0~14세 인구 구성비	21.1	20.8	20.4	20	19.6	19.1	16.3	13.9	12.6	11.8	11.2	10.8	10.1	9.4	9
15~64세 인구 구성비	71.7	71.6	71.6	71.7	71.7	71.8	72.8	73.2	71.7	68.3	64.7	61.2	57.9	55.9	53.7
65세 이상 인구 구성비	7.2	7.6	7.9	8.3	8.7	9.1	10.9	12.9	15.7	19.9	24.1	28	32	34.7	37.3
고령화지수	34.3	36.4	38.9	41.5	44.4	47.4	66.8	93.2	124.2	168.9	214.8	260.3	316.6	370.3	415.7

출처: 통계청. 장래인구특별추계. 2005.

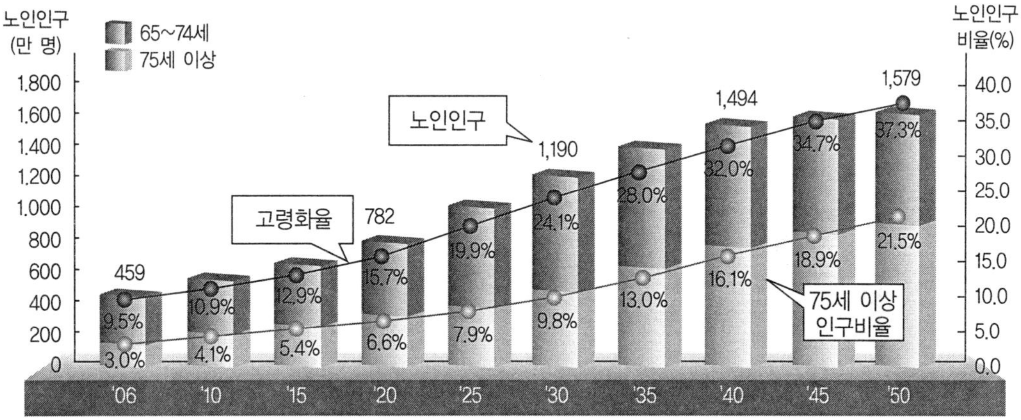

출처: 통계청. 고령자통계. 2006.

그림 16-1 고령화의 추이 및 전망

세계에서 유래를 찾기 힘든 빠른 속도로 고령사회로 진입하고 있는 우리 나라에서 노인문제는 이제 노인에게만 국한된 문제가 아니라 우리 모두의 문제가 된지 오래이다. 중요한 사실은 이러한 문제가 지금까지 경험해 본 적이 없는 새로운 문제라는 점이다. 우리 사회의 압축적 사회변화로 인해 급격히 증가한 노인들과 이들이 맞는 늘어난 노년기를 일종의 '신세대'(New Age)로 보아야 한다는

표 16-2 주요국의 인구고령화 속도

구분	도달년도			소요년수	
	고령화사회 (7%)	고령사회 (14%)	초고령사회 (20%)	고령사회 도달	초고령사회 도달
한 국	2000	2018	2026	18	8
일 본	1970	1994	2006	24	12
독 일	1932	1972	2010	40	38
미 국	1942	2014	2030	72	16
프랑스	1864	1979	2019	115	40

출처: 통계청. 장래인구특별추계. 2005.

관점이 존재한다. 왜냐하면 21세기 노인들은 개인적으로 집단적으로 이전의 인류가 경험하지 못한 전혀 새로운 연령대를 살게 되는 일종의 '신세대'로 볼 수 있다. 이는 이들이 청소년들과 마찬가지로 급격히 연장된 노년기를 보람있게 살기 위해 과거로부터 충분한 정보나 교훈을 얻는 것이 불가능하였기 때문에 새로운 실험적 사회집단으로서의 삶을 개척해 나가야 하기 때문이라는 것이다.

2) 노화와 자원의 변화

(1) 사회적 지위의 변화

현대 산업사회에서 노인은 농업중심사회에 비하여 사회적 지위가 크게 낮아졌다. 현대사회는 노인들의 오랜 경험과 지식, 전통과 관습이 중시되던 농경사회에서 생산성, 노동의 효율성과 유용성이 중시되고 경쟁과 변화를 특징으로 하는 직업구조의 산업사회로 변화되었다. 이러한 변화는 노년층의 퇴직을 가속화시키고 노년층의 가정 및 직장에서의 역할을 위축시키는 결과를 초래하였으며 사회의 주요 활동에서 노인을 소외시킴으로써 노인의 사회적 지위가 더욱 낮아지게 된 것이다.

(2) 경제적 자원의 감소

대부분의 노인이 당면하게 되는 경제적 지위의 하락은 다양하고 복합적인 요인에 의해 비롯되지만 본질적으로는 공업화와 그에 따른 산업사회화로부터, 직접적으로는 정년퇴직제도의 도입에서 그 원인을 찾을 수 있다. 열악한 경제적 조건에 처하게 되고 비교적 적은 연령에 정년퇴직함으로써 직업선택의 기회가 크게 제한된다. 이 때문에 노인은 경제적인 측면에서 자녀와 사회의 공적부조에 의존할 수밖에 없게 된다.

가정이나 사회에서 노인의 지위 하락은 빈곤의 주요 요인이 되었으며 현재 노인은 빈곤층을 구성하는 주요 계층이 되었다. 우리 나라의 노인이 특히 빈곤한 원인은 직장에서의 조기 은퇴, 연금제도를 비롯한 사회보장제도의 미흡, 자녀양육으로 인한 과다 지출이 그 원인이다. 노후준비를 못하는 이유로는 자녀양육비의 과다, 저임금, 질병, 사고 등인데, 이러한 유형의 노인들은 용돈의 곤란뿐 아니라 생계문제에도 어려움을 겪고 있다. 서구의 노인들은 용돈보다는 고독과 소외, 역할상실 또는 노화현상으로 인한 건강 등이 문제이지만 우리 나라 노인의 경우는 연령이 높다는 이유만으로 직장에서 제외된다는 사실이 더욱 심각한 문제이다.

(3) 역할상실과 고독감

노인들은 퇴직이나 배우자 상실과 같이 다른 것으로 대체되지 않는 역할상실(role lose)을 경험하게 된다. 이러한 역할상실은 책임범위의 축소와 활동의 제약을 초래하여 노인은 다른 사람들로부터의 역할기대가 불분명한 역할 모호성(role ambiguity)의 문제에 직면하게 된다. 노인들이 경험하는 역할상실에는 퇴직에 따른 배우자 역할의 상실, 노인의 사회적 유대의 축소 및 약화 등으로 나누어진다. 이러한 역할상실에 따라 노인들은 심각한 고독감, 불안감, 삶의 보람 상실, 정신적 갈등 등을 경험하게 된다.

비교적 나이가 젊고 건강한 노인은 오히려 혼자 사는 자유를 즐기며 취미나 사회참여, 친구와의 교류를 즐기는 사람도 있고, 또한 이웃과 교류하고 자녀들의

65세 이상 노인의 진료비 증가 현황
(2006 건강보험 주요 통계 주요 내용)

◈ 65세 이상 노인은 '96년 259만 명(적용인구 5.8%)에서 '06년 말 407만 명(8.6%)으로 점유율이 2.8%p증가하였으나 진료비 점유율은 12.9%에서 25.9%로 증가하였고, 급여비 점유율도 13.5%에서 26.7%로 거의 두 배 증가하였다.

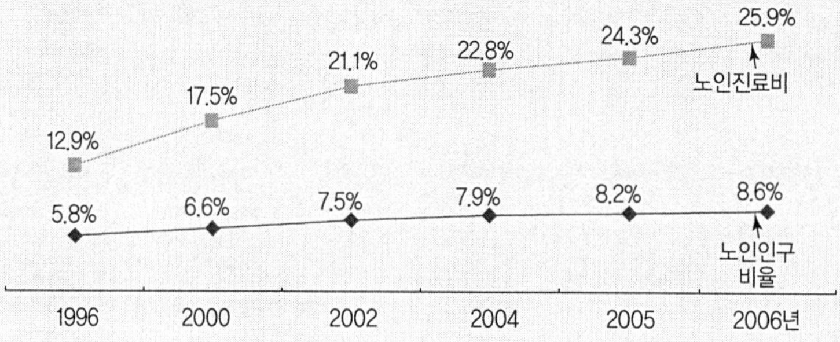

〈그림 1〉 65세 이상 노인 및 진료비 점유율

◈ 65세 이상 1인당 연간 진료비는 '96년 382,076원에서 '06년 1,804,583원으로 10년간 4.7배가 증가하였고, '06년 65세 이상 연간 급여비는 1,374,566원이었다. 노인 의료기관 의료 이용은 '96년 15.68일에서 '06년 38.49일로 대폭 증가하였다. 입원의 경우 65~74세는 '96년 2.21일에서 '06년 3.96일로 1.8배 증가하였으나, 75세 이상은 '96년 1.98일에서 '06년 8.07일로 4배 이상 급격하게 증가하였다.

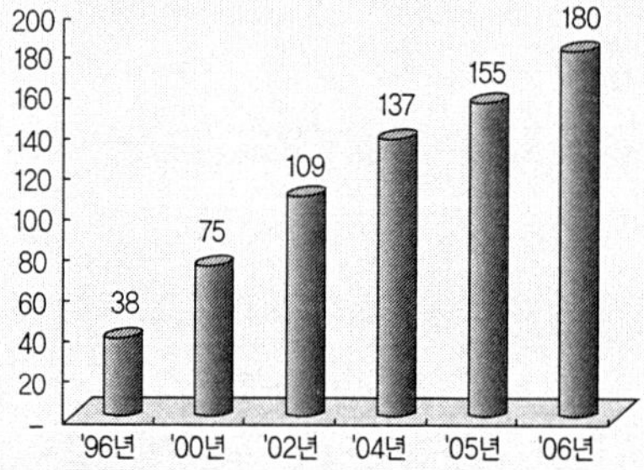

〈그림 2〉 노인 1인당 진료비(만 원)

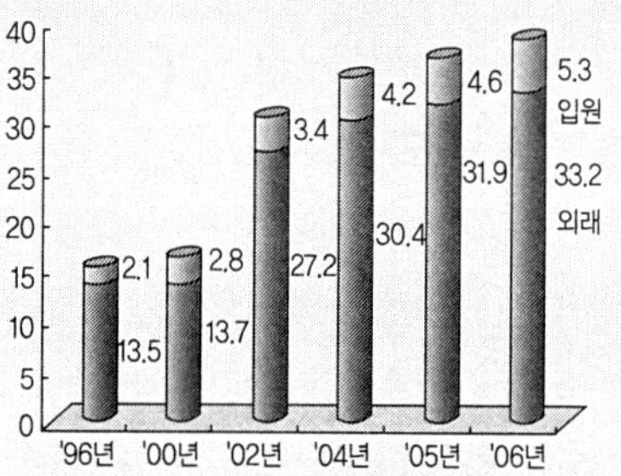

〈그림 3〉 노인 1인당 의료 이용 횟수

출처: 국민건강보험공단, 2006 건강보험 주요통계(2007. 2. 22)

빈번한 왕래가 있는 노인은 그다지 고독감이 없다. 그러나 신체가 부자유스럽고 신변의 조그마한 일도 맡길 사람이 없으며, 친구나 이웃 친족과의 교류도 없는 단독세대 노인은 심각한 고독감에 빠지게 된다.

(4) 신체적 노화

노인은 노화과정으로 인하여 생리적 · 신체적 기능의 퇴화를 경험하게 됨으로써 심각한 고통에 직면하게 된다. 이러한 건강의 악화는 가장 현실적으로 극복해야 할 문제이자 삶의 전부를 결정하는 가장 중요한 관건으로서 노인이 경험하는 가장 대표적인 고통 중의 하나이다. 이와 같은 노인의 건강악화는 심신의 여러 기능이 복합적이고 동시다발적으로 저하되어 나타나는 만성 퇴행성 질환으로부터 기인하며, 따라서 장기간의 치료와 요양뿐 아니라 가정과 노인 자신이 체계적인 관리, 그리고 사회적인 지원을 통해 치유될 수 있다.

3) 원치않는 계속되는 여가

역할 없는 역할(roleless role) 속에서 원치 않는 계속되는 여가(full-time leisure)로 고통을 받는 노인들의 '여가' 문제는 중장년층의 노동생산력 인구가 경험하는 여가와 다른 특성과 환경에 놓인다.

(단위: %)

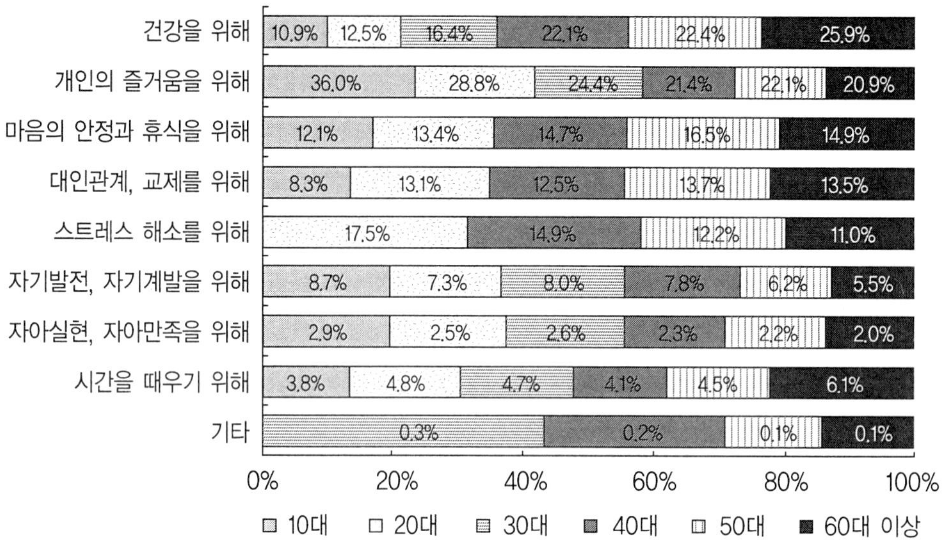

출처: 문화관광부 · 한국문화관광연구원(2006). 2006 여가백서.

그림 16-2 연령별 여가 목적

(1) 노인들의 여가활동 실태

노년기에 이르게 되면 여가시간은 증가하지만 이러한 여가시간을 적절히 활용하지 못하고 단순히 소일하는 경우가 많아진다. 현재 60세 이상의 노인세대는 여가활동을 즐긴 경험이 적고 여가활동의 방법과 기술이 제한되어 있어 주어진 많은 시간을 제대로 활용하지 못하고 무료한 시간을 보내고 있는 실정이다. 예를 들어 노인에게 있어 여가는 젊은이들이 개인의 즐거움이나 심신의 피로회복 또는 자기계발 등을 목적으로 하는 것과 달리, 노년기 생활의 무료함을 달래고 건강을 위해서, 그리고 대인관계 및 교제를 위한 활동으로 인식되고 있다. 노인들의 여가활동 실태를 살펴보면, 대부분 TV 시청이나 라디오 청취로 여가시간을 보내고 있으며, 목욕이나 낮잠 등으로 시간을 소일하는 것으로 볼 수 있다.

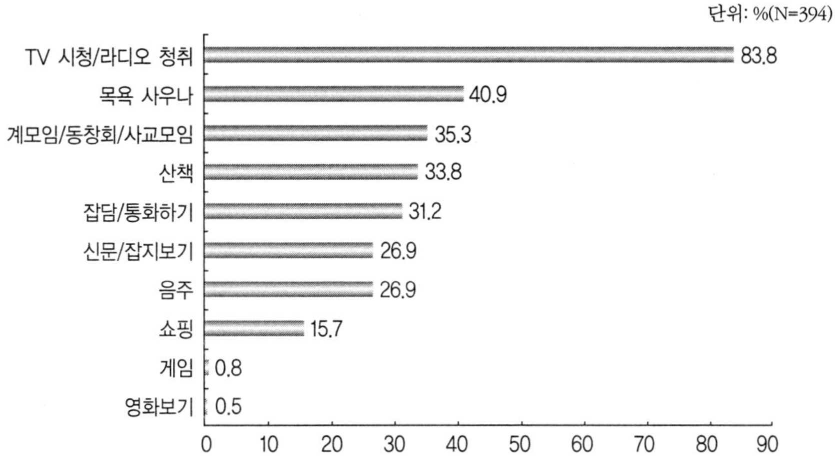

출처: 문화관광부 · 한국문화관광연구원(2006). 2006 여가백서.

그림 16-3 노인의 주 여가활동(60세 이상)

현재 노인들의 여가활동을 시간량으로 살펴보면, 우리 나라 60세 이상 노인들은 하루 24시간의 활동에서 수면이나 식사 등을 포함한 개인 유지활동 이외에 교제 및 여가활동에 가장 많은 시간을 사용하고 있다. 그러나 실제 활동은 집에서 TV를 시청하거나 취미활동인 바둑이나 장기, 화투 등의 놀이를 하며 옥외에서는 여가비용이 추가적으로 지출되지 않는 걷기나 산책을 가장 많이 하는 것으로 나타났다. 사회적인 관계는 가정구성원이나 친척과의 관계보다 종교활동 등을 통한 다른 사람들과의 교제활동이 더 많아진 것도 특징이다.

노인들이 지출하는 한달 평균 여가비용은 전체 116,802원이며, 희망하는 여가비용은 176,434원으로 6만 원 정도 늘어나기를 희망하고 있다. 성별에 따라 지출하는 여가비용과 희망하는 여가비용에 차이가 나는데, 남성 노인의 경우 한 달 평균 여가비용이 151,226원임에 비해 여성 노인은 92,510원으로 차이가 크다. 희망하는 평균 여가비용에 있어서도 남성 노인은 217,668원으로 6만 원 정도 증가하기를 희망하고 있고, 여성 노인의 경우 147,337원으로 약 5만 원 정도 증가하기를 희망하고 있었다.

표 16-3 연령별 교제 및 여가활동 세부 분류 평균 시간 사용량(10세 이상)

(단위: 시간:분)

행동 분류	요일 평균					
	10~11세	20~29세	30~39세	40~49세	50~59세	60세 이상
전체	24:00	24:00	24:00	24:00	24:00	24:00
교제 및 여가활동	4:19	5:15	4:18	4:34	5:08	6:37
1. 교제활동	0:42	0:53	0:50	0:51	0:54	1:04
1-1. 교제 관련 전화통화(가족, 친구)	0:04	0:11	0:10	0:09	0:09	0:06
1-2. 가족, 친척과의 교제	0:05	0:06	0:11	0:11	0:11	0:11
1-3. 그외 사람들과의 교제	0:28	0:31	0:25	0:27	0:30	0:43
2. 일반인의 학습	0:01	0:26	0:12	0:05	0:03	0:02
3. 미디어 이용	1:40	2:10	2:01	2:14	2:37	3:27
3-1. 신문	0:01	0:03	0:05	0:09	0:09	0:07
3-3. TV	1:24	1:34	1:38	1:56	2:21	3:15
4. 종교활동	0:05	0:05	0:08	0:12	0:15	0:19
4-1. 개인적 종교활동	0:01	0:01	0:02	0:04	0:05	0:10
4-2. 종교 집회, 모임 참가	0:04	0:04	0:05	0:07	0:08	0:08
4-3. 그외 종교 관련 행동	0:01	0:01	0:01	0:02	0:01	0:01
5. 관람 및 문화 행사 참여	0:02	0:06	0:02	0:01	0:01	0:01
6. 스포츠 및 집밖의 레저 활동	0:14	0:17	0:19	0:27	0:34	0:41
6-1. 걷기, 산책	0:02	0:05	0:06	0:10	0:17	0:28
7. 취미 및 그외 여가활동	1:32	1:13	0:45	0:42	0:44	1:02
7-3. 놀이	0:16	0:01	0:01	0:03	0:06	0:15
7-7. 아무것도 안 하고 쉼	0:06	0:10	0:10	0:14	0:19	0:36
8. 교제 및 여가활동 관련 물품 구입	0:02	0:04	0:02	0:01	0:01	0:01
9. 기타 여가 관련 활동	0:00	0:00	0:00	0:00	0:00	0:00

출처: 통계청(2005). 2004 생활시간조사.

(단위: 원)

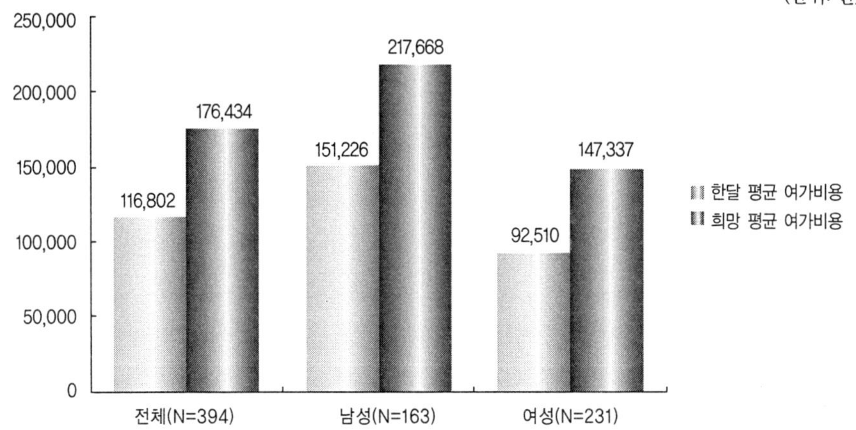

출처: 문화관광부 · 한국문화관광연구원(2006). 2006 여가백서.

그림 16-4 노인의 여가비용

현재 노인들이 가장 많이 이용하고 있는 공공 여가시설은 근린공원/생활체육공원이고, 그 다음으로는 종합사회복지관, 국민체육센터 등의 순이다. 특히 남성의 경우 문화의 집을, 여성의 경우 주민자치센터를 이용하는 비율이 상대적으로 높게 나타났다.

표 16-4 노인의 공공 여가시설 이용도(60세 이상)

(단위: %)

순위	전체		남		여	
	여가시설	%	여가시설	%	여가시설	%
1	근린공원/생활체육공원	47.5	근린공원/생활체육공원	46.6	근린공원/생활체육센터	48.1
2	종합사회복지관	8.1	국민체육센터	7.4	종합사회복지관	8.7
3	국민체육센터	4.8	종합사회복지관	7.4	주민자치센터	6.1
4	산림욕장	4.6	문화의 집	5.5	산림욕장	5.2
5	주민자치센터	4.6	산림욕장	3.7	고적지/성/능	3.5

출처: 문화관광부 · 한국문화관광연구원(2006). 2006 여가백서.

한편, 60세 이상 노인들은 여가활용에 대해 만족하는 사람들(41.5%)이 다른 연령집단에 비해 훨씬 많은 것으로 나타났으며, 불만족하는 사람들(58.5%)은 경제적 부담, 건강이나 체력부족, 시간부족, 무취미 등의 순으로 이유를 제시하였다. 특히 60세 이상 노인들의 여가 불만족 이유 중 건강문제나 별다른 취미가 없는 경우가 다른 집단에 비해 높은 비율이 나타난 것은 앞서 언급한 노인들의 여가환경적 특성과 매우 밀접하다. 결국, 노인들의 여가활성화를 위한 프로그램은 여가교육을 통한 여가인식의 변화, 적극적인 여가활동에의 참여 경험, 건강증진 효과 등을 목표로 계획되어야 할 것으로 평가된다.

표 16-5 여가활용 만족 여부 및 불만족 이유: 연령별

(단위: %)

	15세 이상 인구	만족	불만족	경제적 부담	시간 부족	교통 혼잡	여가 시설 부족	여가 정보 부족	취미가 없어서	건강·체력 부족	함께 즐길 사람이 없어서	기타
2004	100.0	27.3	72.7	52.4	25.0	3.8	3.7	2.0	4.7	6.1	2.1	0.2
15~19세	100.0	30.4	69.6	32.1	45.1	1.8	9.5	2.2	6.5	0.7	2.7	0.2
20~29세	100.0	27.3	72.7	48.9	28.0	3.6	7.0	3.7	4.6	1.3	2.1	0.3
30~39세	100.0	20.8	79.2	55.3	26.2	5.3	3.2	2.3	3.5	1.8	2.3	0.4
40~49세	100.0	22.0	78.0	59.4	24.7	4.1	1.7	1.4	4.0	3.2	1.6	0.1
50~59세	100.0	27.8	72.2	57.8	21.3	3.2	1.8	1.0	4.8	8.0	1.5	0.1
60세 이상	100.0	41.5	58.5	46.8	10.5	2.4	2.0	0.5	6.9	27.7	2.2	0.2

출처: 통계청(2004). 2004년 사회통계조사보고서(주거와 교통·문화와 여가·교육).

(2) 노인 여가환경의 특징

노인들의 여가환경의 특성을 정리하면 다음과 같다.

① 노인들의 여가(leisure)는 대부분의 생활시간을 차지한다.

일반적으로 여가란 자유, 해방, 일상으로부터의 탈출, 자율 결정 등으로 정의되며, 특히 생활시간의 측면에서 노동, 학습 등 강제적으로 규정된 시간 이외의 자유시간(free time) 동안 이루어지는 활동을 지칭한다. 노인은 노동시장에서 은퇴하여 강제적 시간으로부터 자유로운 일상을 보내는 집단으로, 수면과 식사 등의 생리적 필수시간을 제외한 시간은 대부분 자유시간에 속하게 된다. 그러나 노인 여가에 대한 연구는 자유시간과 여가시간을 같은 의미로 인식하는 것은 아니다. 즉 자유시간에 하는 모든 활동이 여가활동으로 분류되지는 않는다. 따라서 노인의 여가시간 또는 여가활동은 자유시간 동안 이루어지는 모든 활동과 구분될 필요가 있다.

② 소득의 여가 지배현상은 제한적이다.

노인들 역시 여가활동의 양극화 문제가 나타나지만, 노동시간의 증가가 여가를 지배하지는 않으므로 소득의 여가 지배현상은 제한적이다. 노인들도 여가활동에 참여하는 양상은 소득에 따라 여가활동에 필요한 비용을 지불하는 형태가 달라진다. 그러나 노인의 소득구조가 근로소득보다는 재산소득이나 기타 소득에 더 많이 의존하고 있으며, 소득을 증가시키기 위해 노동시간을 증가시키는 데에도 한계가 있기 때문에 노인들의 여가활동에는 소득제한의 문제가 뒤따른다. 즉 저렴하고 가급적 비용이 들지 않는 여가활동에 참여할 수밖에 없다.

③ 노인들의 과거 환경이 현재 여가환경에 영향을 미친다.

현재 우리 나라에서 노인으로 살아가고 있는 세대들은 젊었을 때 노동의 가치가 여가의 가치를 훨씬 능가하는 문화 속에서 살아왔다. 이로 인해 다양하고 의미있는 여가 경험이 부족하며 여가를 활용할 수 있는 기회가 충분하지도 않고 여가를 향유할 수 있는 기술도 지니지 못하였다. 노인들의 가치는 여전히 노동 중심적 사고에서 벗어나지 못했고, 육체적인 건강이 허락하는 범위에서 노동에 참여하는 것을 매우 가치있게 여기지만 반대로 건강이 허락되는데 사회적인 역할을 부여받지 못하고 있는 자신에 대해 매우 불만족하고 있다. 더욱이 가치적인 측면과 함께 실천적인 측면에서도 자유시간 동안 무엇을 하며 지내야 하는가의 선택의 문제가 매우 심각하다. 따라서 노인여가에 대한 고찰은 여가 경험의 정도와 여가에 대한 가치인식을 고려해야 할 필요가 있다.

④ 노인 계층의 특수한 문제를 고려해야만 한다.

노인들은 삶에서의 통과의례와 같은 중요한 사건들 예컨대, 퇴직, 배우자의 죽음, 부모의 역할상실, 소득의 감소 등을 경험한다. 노인들은 이러한 사건들로 인해 부정적 자아개념이 증대되고 삶의 질이 떨어지며 인간관계의 폭도 협소해질 수 있다. 결국 노인들의 자존감을 높이고 삶의 질을 높일 수 있는 대안적인 활동이 요구되는데, 이를 여가를 통해 충족시킬 수 있을 것으로 기대한다.

⑤ 노인여가의 특수성은 여가생활을 통한 만족을 증대시키려는 보편성의 문제를 넘어서지 못한다.

대부분의 사람들이 여가생활을 통해 삶의 여유로움과 만족을 증대시켜서 생활만족도 및 심리적 안정감, 그리고 행복감을 증진하고자 하는 욕구를 가지고 있으며, 이러한 욕구를 충족시키기 위해 다양한 여가활동에 참여하고자 한다. 이와 같은 보편적인 여가욕구의 측면이 노인들에게도 존재한다. 더욱이 최근에는 경제력과 학식을 갖춘 건강한 노인의 수가 증가하고, 많은 시간을 자신의 삶의 질 향상을 위해 꾸준히 노력하는 노인들이 많아지면서 다양한 여가생활에 대한 요구가 증대하고 있다. 즉 노인여가에 대한 접근이 소외계층의 복지적 측면만 강조하기보다는 그들의 변화하고 새로운, 그리고 다양해진 욕구를 충족시킬 수 있는 다양한 방법도 이루어질 필요가 있다.

2. 자원관리의 지침

1) 성공적인 노화

성공적인 노화(Successful Aging)는 1986년 미국 노년사회학회의 주제로 소개되고 1987년 로우와 칸(Rowe & Kahn)이 일반적 노화(usual aging)와 비교한 논문을 발표하면서 주목을 받기 시작하였다. 로우와 칸(1987)은 일반적인 노화와 관련된 연구들이 나이와 관련한 손상만을 강조하고 노인들 간에 존재하는 실질적인 차이, 즉 이질성을 무시하고 있음에 주목하였다. 연령변화에 따라 주된 평균적인 감퇴를 보이는 많은 자료들 속에서 더 젊은 사람들의 평균치와 비교했을 때조차도 최소한의 생리적인 손상만을 경험하거나 또는 전혀 생리적인 손상을 겪지 않는 사람을 발견할 수 있었고, 이들을 성공적으로 나이가 들어간다고 규정함으로써 생리학적 용어로서 성공적 노화라는 개념을 사용하였다.

이후 많은 학자들은 로우와 칸의 신체적으로 건강한 노화 중심의 개념에서 벗어나, 성공적 노화는 신체적, 심리적, 사회적 기능의 수준이 높고 삶의 만족이 높은 상태이며 적응의 수준이 높은 상태라는 데 일치된 견해를 보이기 시작했다. 웡(Wong, 1989)은 건강상의 쇠퇴에도 불구하고 심리사회적 건강과 삶의 만족이 높은 수준을 성공적 노화로 정의하고 있으며, 슐츠와 헤크아우젠(Schulz & Heckhausen, 1996)은 일생을 성공적으로 적응해 가는 과정으로서 성공적 노화를 이해하는 전생애주기 관점을 강조하였다.

각국의 여러 연구자들의 성공적인 노화에 대한 연구 결과를 정리해 보면 다음과 같다. ① 신체와 정신 건강, ② 자기수용과 자율 · 자기, 통제 등과 같은 심리적 적응 및 인지적 기능, ③ 부부와 자녀와의 관계를 포함한 친밀한 관계, ④ 사회적 관계 및 생산적 활동, ⑤ 경제적 준비 및 복지 등 여러 가지 측면들로 구성되어 있다.

2) 여가관리

노년기의 여가는 일하고 잠시 쉬는 여가가 아니라 생활 그 자체이기 때문에, 여생을 즐겁고 보람있게 보내기 위해서 여가활동을 어떻게 생활화하느냐는 어떠한 인생 주기보다도 중요하다. 즉 노인들은 여가를 통해서 노후생활에 필요한 심신의 건강을 유지하고, 재미있고 보람있는 활동을 하며, 사회적인 접촉을 통해 생산적이며 통합적인 생활을 유지하는 등 궁극적으로 노년기 삶의 질을 윤택하게 하여 삶의 만족감을 극대화시킬 수 있다. 이와 같이 여가생활을 통해 얻을 수 있는 심신의 건강, 의미있는 활동, 다른 이들에게 필요한 존재가 되는 것, 그리고 재정적 안정 등은 성공적 노화에 영향을 끼치는 요소이기도 하다. 즉 노인들이 삶의 질 개선과 만족감을 높이기 위해 여가생활을 잘 보낸다면 성공적인 노화과정을 따른다고 할 수 있다.

노인들의 성공적인 노화의 궁극적 목적은 생활만족에 있으며, 생활만족과 관련하여 여가활동이 중요한 의미를 갖고 있음을 여러 학자들의 연구를 통해 알 수 있다. 우선, 노년의 건강은 여가활동을 통해 증진될 수 있다. 특히 세심하게 계획된 신체활동 프로그램은 노인들의 만성질환을 막거나 감소시킨다. 이에 대해 티구(Teague, 1987)는 균형잡힌 운동 프로그램을 구성하는 다섯 가지 요소로, 첫째 꾸준히 몇 분간 행해지는 활동(에어로빅, 크로스컨트리, 스키, 번지점프, 사이클, 노젓기, 테니스, 라켓볼 등), 둘째 근육강화와 지구력활동, 체중감량과 허리근육을 강화하는 강화훈련활동, 셋째 유연성 강화활동(근육 긴장이 감소될 때 부상을 방지하기 위한 스트레칭), 넷째 균형감을 증진하는 활동, 다섯째 몸무게를 조절하는 운동 등을 제안하였다.

둘째, 노인들에게 의미있는 활동이란 목표에 도달하기 위해 여가를 도구적으로 사용하는 것과 의미를 찾기 위해 여가를 사용하는 것을 말한다. 노인들에게 여가가 의미있는 활동임을 보여줄 수 있는 이론으로는 버만(Burdman, 1986)의 'A's' 와 'FFIG's' 이론을 들 수 있다. 'A's' 에는 수용(Acceptance), 인식(Appreciation), 애정(Affection), 성취(Achievement), 오락(Amusement) 등이 있다. 즉 사람들에게는 다른 사람들과 어울리고 그들에게 수용되고 싶은 욕구가 있으며, 타인에게 필요한 존재가 되기를 바라며 한 사람으로서 공헌하고 싶어하는 욕구가 있다. 애정은 타인들에게서 사랑을 받고 타인들의 성공과 성취를 함께 공유하는 것이며 성취는 목표를 달성함으로써 경험을 강화하는 것이다. 그리고 웃음, 재미와 게임 등의 오락은 정서적인 다이어트의 중요한 일부분이다. 그러나 'A's' 를 상쇄시키는 'FFIG's' 는 공포(Fear), 좌절(Frustration), 열등감(Inferiority), 죄의식(Guilty) 등이다. 따라서 여가는 과도해진 'FFIG's' 를 다루는 하나의 기법이 되며 'A's' 를 경험할수록 건강한 노화에 도움을 줄 수 있다.

셋째, 노인들이 다른 사람들로부터 존재감을 확인한다는 사실은 매우 중요하다. 이러한 활동들로 대표적인 것이 노인들의 자원봉사활동과 친구 간의 교제활동이다. 자원봉사활동을 통해 노인들은 남는 시간을 가치있게 쓸 수 있으며 규칙적인 생활을 제공하는 기회가 되고, 기술을 사용할 수 있으며 자신의 능력과 소질을 나타낼 수 있는 기회가 될 수 있다. 그리고 노인들의 친구 간 교제를 통한 우정 형성은 삶에 일정한 역할과 의미를 부여하며 상호 존중감을 경험할 수 있는 기회를 제공한다. 노인들은 놀이나 게임 등의 여가활동을 통해 집단 구성원과 상호 간에 공헌하며 평등한 교환이 가능한 경험을 하게 된다.

넷째, 노인들의 건강한 노후생활은 재정적 안정을 기본으로 한다. 이미 언급한 대로 대부분의 여가생활이 일정한 비용지출을 동반하며, 따라서 소득이나 재산상태에 따라 여가활동에서 매우 다른 양상을 보이고 있다. 이런 측면에서 여가생활을 통한 성공적 노화과정에는 경제적인 안정이 뒷받침되어야 한다. 여기서 말하는 경제적인 안정은 일반적으로 두 가지 방향을 지향한다. 한 가지는 저렴한 여가활동 선택을 통해 성공적인 노화를 돕고자 하는 방향이고, 다른 한 가지는 노인 여가활동이 여가 자체의 목적뿐 아니라 자아실현을 돕는 역할과 생계를 돕는 경제적 역할을 병행해야 한다는 방향이다.

한편, 여가의 성공적 노화에 기여하는 측면은 여가의 신체적, 심리적, 사회적 기능과도 연결된다. 노인들은 규칙적인 운동을 함으로써 심리적 안정뿐 아니라, 근력이 좋아지고 혈압이 떨어지며 콜레스테롤 수치가 낮아지고 인슐린의 민감성이 증가하며, 이는 심장질환에 걸릴 위험한 결과를 낮춘다. 그리고 노년기 삶에 여가가 기여하는 심리적 기능에는 개인적 재능 사용과 자기표현력 증대, 동료의식 증가, 자조력(empowerment) 신장, 새로움의 경험을 통한 직 · 간접적 보상 얻음, 일정한 형태의 안정감 획득, 봉사정신 배움, 지적 심미주의 경험, 고독감 감소 등의 혜택을 얻을 수 있다. 한편 노인 여가의 사회적 기능으로는 유대감, 단결, 통합의 혜택 등이 있다.

3) 사회적 지원과 가정의 선택

연금제도의 역사
– 산업혁명으로 발생한 은퇴자 위해 탄생

연금제도는 19세기 후반 유럽에서 처음 탄생했다. 산업혁명으로 농촌의 가족 중심 노동력이 도시의 임금 노동자로 대거 전환하면서 은퇴라는 개념이 탄생했고, 임금 노동자의 은퇴 후 소득 보장이 필요해지면서 연금제도가 발전했다.

최초의 연금제도는 일정 나이에 이르면 직장을 그만두는 대신 일정액을 정기적으로 주는 노령연금에서 출발됐다. 독일의 철혈 재상 비스마르크는 "나이 들어 일을 못하게 된 사람은 국가에 보호를 요구할 근거가 있다."는 빌헬름 1세의 주장을 받들어 1889년 세계 최초로 노령연금 제도를 도입했다. 당시 생산직 근로자들은 연금에 강제로 가입돼 70세가 되면 직장에서 나와 연금을 받았는데 일정액 이하의 임금을 받는 저소득 노동자만을 대상으로 했다.

이후 유럽 각국은 독일의 예를 좇아 연금제도를 잇달아 도입했다. 연금제도를 시행함으로써 나이 든 노동자들을 직장에서 내보낼 수 있고 생산력 향상을 꾀할 수 있다는 점이 주요한 동기가 됐다. 노령연금을 비롯해 의료보험, 실업보험 등 주요 사회보험들은 1차 세계대전이 끝날 무렵까지 거의 전 유럽으로 확산됐다.

영국의 경우 1908년 70세 이상의 저소득층 노인에게 연금을 지급하는 노령연금 제도를 실시했고 1911년 국민보험법을 제정했다. 세계 최초의 실업보험 제도를 탄생시킨 영국의 국민보험법은 처음엔 재정상의 이유로 건축, 토목, 조선, 기계, 제철, 차량제조, 제재 등 7개 분야의 노동자에게만 적용되었다. 하지만 영국은 이후 연금 수혜대상을 특정 계층에 한정하지 않고 전국민을 대상으로 하는 '보편주의'를 발전시킴으로써 근대 복지국가의 틀을 만들어 갔다. 영국이 오늘날과 같은 사회보장 제도를 완성시킨 것은 1940년대 나온 베버리지 보고서가 큰 영향을 미쳤다. 베버리지 보고서는 1941년 베버리지 경(卿)을 중심으로 구성된 사회정책개발위원회가 작성한 대정부 권고안으로, 영국뿐 아니라 서유럽 복지국가의 기틀 형성에 광범위한 영향을 미쳤다. 당시 언론은 베버리지 보고서의 청사진에 대해 '요람에서 무덤까지'의 사회보장이라는 유명한 말을 만들어 냈다.

보편주의와 최저생계비 보장을 핵심 이념으로 하는 베버리지 보고서는 국민보험을 근간으로 공적부조, 완전고용, 국민건강서비스, 가족수당 등을 사회보장의 중심 내용으로 삼았다. 이 보고서는 국민보험의 기본원리로 ▲전국민을 적용대상으로 하고, ▲모든 위험에 대해 포괄적으로 적용되며, ▲최저생계를 지탱할 수 있는 급여수준을 보장할 것 등을 제시했다. 이에 따라 영국은 1944년에 전국민을 적용 대상으로 하는 국민보험법을 제정하였고 1945년에는 가족수당법, 그리고 1946년에는 국민보험에 가입하지 못한 사람에 대한 구제책으로 조세를 재원으로 돕는 공적부조법(Public Assistant Act)을 제정했다.

미국의 경우는 1930년대 대공황을 겪으면서 연금제도가 결정적으로 확대됐다. 대공황이 닥치면서 실업률이 치솟자 젊은이에게 일자리를 주기 위해 사회보장연금을 확대하는 대신 고령자들을 직장에서 대거 퇴직시킨 것이다. 예컨대 1934년 상원의원 로버트 와그너가 제출한 철도노동자 퇴직연금 설립 법안은 5만 명의 노동자를 즉시 퇴직시킨다는 계획을 품고 있었다. 1935년에는 미국 최초의 연방정부 차원의 복지 프로그램을 탄생시킨 사회보장법(Social Security Act)이 만들어졌다.

출처: 주간조선(2006. 07. 11)

기초노령연금 개요

▶누가

- 2008년 1월 70세 이상 노인 60%에 지급
- 2008년 7월 65세 이상 노인 60%로 확대
- 소득과 재산을 점수화해 대상자 선정

▶얼마나 받나

- 월 8만 9000원 일괄 지급
- 국민연금 수령 여부와 관계없이 지급

▶들어가는 돈은(연간)

- 2008년 2조 4000억 원
- 2020년 8조 3000억 원
- 2030년 19조 1000억 원

내년 1월부터 70세 노인 가운데 소득 · 재산이 적은 60%는 매월 8만 9000원씩 기초노령연금을 받게 된다. 내년 7월부터는 65세 이상 노인으로 확대된다. 대상자는 소득과 재산을 점수화하는 과정을 거쳐 선정하게 된다.

국민연금을 받는 사람도 기초노령연금을 받을 수 있고, 부부인 경우는 개인별로 각각 8만9000원씩을 받게 된다.

문제는 돈이다. 지난해 초까지 정부는 "재정 부담이 너무 크다"며 기초노령연금법을 시행할 수 없다고 주장해 왔다. 60%라는 지급 기준도 정치적 타협의 산물이다. 기초연금제도를 운영하고 있는 유럽 국가들이 늘어나는 재정 부담을 줄이기 위해 제도 개편을 추진하고 있는 것과는 대조적이다.

김진수 연세대 교수는 "노인들에게 일괄 지급하는 노령연금보다 저소득층 노인을 중심으로 선별적으로 직접 지원하는 것이 지원 효과도 크고 재정 부담도 적다."고 말했다.

국회가 이번에 국민연금제도는 그대로 두고 노령연금제도를 도입하면서 '연금 역전' 현상이 벌어질 수 있다. 열심히 일해서 국민연금 보험료를 꼬박꼬박 낸 사람이 보험료를 덜 낸 사람보다 총 연금액이 줄어드는 것이다.

예를 들어 30년간 매월 18만 원씩 보험료를 낸 사람이 기초노령연금 대상자가 안 되면 국민연금만 월 80만 원씩 받게 된다. 그러나 보험료를 15만 원만 낸 사람이 기초노령연금을 받게 되면 총 82만 원(국민연금 73만 원, 노령연금 9만 원)을 받게 된다.

출처: 중앙일보(2007. 04. 03)

생각해볼 문제

1. 노인들이 가정생활에서 건강하게 자원관리를 하기 위한 구체적인 방법을 설명해 보자.
2. 노인 여가생활의 특징을 설명하고, 성공적인 노화를 위해 여가자원을 어떻게 관리해야 하는지 설명해 보자.
3. 노인가정을 위한 다양한 정책적 지원 내용을 검색해 보고, 외국의 사례들과 비교해 보자.

참/고/문/헌

강정호 · 박정희(2004). 고령화사회와 노인 삶의 질 향상을 위한 여가정책에 대한 연구. 한국스포츠리서치 15(6). 117~128.

강현민(2004). 사회지표 분석을 통한 한국노인의 여가전망. 한국여가레크리에이션학회지 27. 79~92.

구교만 · 이은석(2004). 노인의 과거 여가활동 경험이 현재 여가심화에 미치는 영향. 한국스포츠리서치 15(6). 325~338.

김미혜(2001). 생산적 복지와 노인고용정책. 사회과학연구논총 7. 이화여자대학교 사회과학연구소.

김미혜 · 심경림(2005). 한국노인의 '성공적 노후 척도' 개발에 관한 연구. 한국노년학 25(2). 35~52.

김진욱(2006). 한국노인의 생활시간에 관한 연구-2004년 생활시간자료에 나타난 노인의 일, 가족, 여가생활 분석을 중심으로-. 노인복지연구 32. 149-177.

김희년 · 정미숙(2004). 지역사회복지시설 이용노인들의 여가활용실태 및 활성화에 관한 연구. 노인복지연구(한국노인복지학회) 26(겨울호). 263~285.

나항진(2004). 삶의 질 향상을 위한 노인여가의 역할에 관한 연구. 한국노년학 24(1). 53~70.

나항진(2003). 성공적 노화를 위한 노인의 여가에 관한 연구. 노인복지연구 18, 131~164.

나항진(2002). 노인의 학습 요구분석에 관한 연구. 노인복지연구 17. 51~83.

문숙재 · 윤소영 · 차경욱 · 천혜정(2005). 여가문화와 가족. 서울: 신정.

박미석(2002). 노년기 여가만족이 삶의 질에 미치는 영향. 대한가정학회지 40(5). 133~146.

원형중(2005). 우리나라 여성 노인의 성공적인 노화를 위한 여가정책. 한국여성체육학회지 19(3). 79~96.

이종호 · 이용인 · 김동건 · 조민행(2005). 능동적 노화대처 전략을 위한 여가교육 프로그램 모형 구축. 한국사회체육학회지 24. 479~491.

장동일(2003). 노인복지회관 이용노인의 욕구와 프로그램의 개선방안. 노인복지연구(한국노인복지학회) 19(봄). 109~144.

통계청(2005). 2004 생활시간조사보고서.

한국보건사회연구원(2005). 2004년 전국 노인생활실태 및 복지욕구조사.

한국보건사회연구원(1999). 노인교육기관 및 프로그램 실태조사 분석연구.

한국여성개발원(2003). 외국인 노동자 가족관련 정책 비교 연구.

한국여성개발원(2003). 다양한 가족출현에 따른 쟁점과 가족관련법의 방향정립에 관한 연구.

홍기형 · 나항진 · 이희경 · 이현석(2001). 중하위계층 노인의 학습요구분석. 교육부.

홍성희(1998). 노인의 여가활동참여와 여가만족이 생활만족에 미치는 영향. 한국가정관리학회지 16(1). 107~123.

Burch, W. R., & Smith, E.(1986). Mapping a new frontier: Identifying, measuring, and valuing social cohesion benefits related to nonwork opportunities and activities. In B.L. Driver, P. J. Brown & Peterson(Eds), Benefits of Leisure. State College, PA: Venture. 369~382.

Burdman, G. M.(1986). Healthful aging, Englewood Cliffs, NJ:Prentice Hall. 6 Burton(eds.), Understanding leisure and recreation: Mapping the past, charting the future, State College, PA: Venture. 247~279.

Driver, B. L., Tinsley, H. E., & Manfredo, M. J.(1991). The paragraphs about leisure and recreation experiences preference scales. In B. L. Driver, P. J. Brown & Peterson(Eds), Benefits of Leisure. State College, PA: Venture. 263~286.

Eichler, M.(1988). Nonsexist research mathods: A pratical guide. Boston: Allen & Unwin.

Leitner, M. J., & Leitner, S. F.(1996). *Leisure in later life*. Binghamton, NY: Haworth Press.

CHAPTER

17

국제결혼가정

1. 자원관리의 특징

2. 자원관리의 지침

CHAPTER 17

국제결혼가정

1. 자원관리의 특징

1) 국제결혼의 여성화 현상

국제결혼은 언어, 종교와 관습이 다른 남녀 간의 결합으로 우리 사회에서 오랜 기간 동안 환영받지 못하였다. 최근 국제결혼에 대한 거부감이나 부정적인 정서가 사라지면서 국제결혼이 증가하는 경향을 보이는데, 이는 우리 나라의 경제적 발전 및 국제적 지위 향상, 인터넷 통신의 발전, 외국과의 빈번한 교류 왕래, 농촌총각의 결혼문제 등과 관련이 깊다. 국제결혼의 동기는 과거에는 외국인에 대한 호기심, 경제적 안정 및 정서적 안정, 위기탈출 및 종교적 차원의 사랑인 경우도 있었으나, 점차 순수성이 상실되면서 국적취득이나 취업, 현실탈출로서 동기가 변화되고 있다. 최근 국제결혼의 양상은 한국인 특정 남성 집단과 외국인 여성 사이의 결혼이 폭발적으로 증가하여 국제결혼의 여성화 현상이 두드러지고 있으며, 특히 몽골, 러시아, 필리핀, 베트남, 인도네시아를 포함한 동남아시아 출신 여성과의 결혼이 눈에 띄게 증가하는 경향을 보인다.

국제결혼 건수는 1991년 5,012건에서 1995년 13,494건으로 약 세 배 정도 증가하였으며, 2005년에는 43,121건으로 약 여덟 배 이상의 증가폭을 보이다가 2006년에는 다소 감소하는 경향을 보이고 있다. 그러나 이러한 통계는 법률혼만을 대상으로 하기 때문에 사실혼 관계를 포함하면 국제결혼의 실제 건수는 훨씬 더 많을 것으로 예상된다. 국제결혼의 유형을 보면 전체 국제결혼 건수 중 한국 남성과 외국 여성이 결혼한 비율이 급속도로 증가하여 1991년 약 13%에서 2006년 약 76%의 비율을 보이고 있다. 특히 한국에서 결혼하는 외국 여성들은 초혼인 경우가 가장 많았으며, 그 비율도 매년 증가하는 추세이다.

표 17-1 연도별 외국인과의 혼인건수

유형 / 연도	합계	한국 남자+외국 여자						한국 여자+외국 남자					
		계	초혼	재혼	사별후 재혼	이혼후 재혼	미상	계	초혼	재혼	사별후 재혼	이혼후 재혼	미상
1991	5,012	663	-	-	-	-	-	4,349	-	-	-	-	-
1995	13,494	10,365	-	-	-	-	-	3,129	-	-	-	-	-
1997	12,448	9,266	-	-	-	-	-	3,182	-	-	-	-	-
1999	10,570	5,775	-	-	-	-	-	4,795	-	-	-	-	-
2000	12,319	7,304	-	-	-	-	-	5,015	-	-	-	-	-
2001	15,234	10,006	6,676	3,230	341	2,889	100	5,228	3,142	1,961	145	1,816	125
2002	15,913	11,017	7,739	3,844	418	3,426	92	4,896	3,470	1,842	167	1,675	68
2003	25,658	19,214	11,175	7,781	756	7,025	258	6,444	3,637	2,674	269	2,405	133
2004	35,447	25,594	13,667	11,591	1,040	10,551	336	9,853	4,553	5,111	610	4,501	189
2005	43,121	31,180	17,277	13,480	1,244	12,236	423	11,941	5,180	6,506	745	5,761	255
2006	39,690	30,208	19,044	10,702	995	9,707	462	9,482	5,237	4,030	430	3,600	215

출처: 통계청. 인구동태통계. 해당 연도.

"가난 피해 한국 왔는데 남편은 무일푼"
(가정법률상담소, 결혼이민자 상담 통계)

상당수의 결혼 이민 여성들이 가난을 벗어나기 위해 한국인과 결혼하지만 결혼 후 남편이 무일푼인 것을 알고 큰 좌절을 느끼는 것으로 조사됐다.

한국가정법률상담소는 지난해 1년간 결혼 이민자 135명(여성 121명, 남성 14명)을 대상으로 실시한 이혼상담 통계를 4일 발표했다. 통계에 따르면 결혼 이민자들은 이혼을 결심하는 주된 이유로 '결혼생활을 계속할 수 없는 중대한 사유'(51.3%, 99건), '배우자 또는 그 직계존속에게 심히 부당한 대우를 받았을 때'(34.7%, 67건)를 들었다. '결혼생활을 계속할 수 없는 중대한 사유'는 가족갈등(28.2%, 24건)과 경제갈등(23.5%, 20명)이 대부분을 차지했다. 주목할 만한 점은 여성 결혼 이민자들의 경제적 기대치를 한국인 남편들이 충족시키지 못해 빚어지는 갈등이 크다는 것이다. 상담에 응한 여성 결혼 이민자 가운데 남편의 보유 재산이 전혀 없다는 응답이 59.5%(72명), 남편의 월수입이 전혀 없는 경우도 62%(75명)에 달했다. 남편의 월수입이 100만~200만 원은 26.5%(32명), 100만 원 미만은 4.1%(5명)였다.

가정법률상담소 박소현 상담위원은 "외국인 아내들 중에는 본국 친정 형편이 어려워 생활비 송금이나 이전 결혼으로 태어난 자녀양육을 위해 국제결혼을 선택하는 경우가 많다."면서 "하지만 소개받은 것과는 달리 결혼 후 남편의 경제 여건이 열악한 것을 알게 돼 가정 파탄에 이르고 있다."고 설명했다. 상담에 응한 외국인 아내의 국적은 중국이 78명으로 가장 많고, 필리핀 22명(18.2%), 베트남(11.6%) 등의 순이다. 박 상담위원은 "상담을 해보면 대부분의 외국인 아내가 상당히 야무지고, 경제 관념이 뚜렷한 반면 일부 한국 남성은 일단 결혼만 하면 된다는 심산으로 자신의 경제적 상황을 부풀리는 경향이 있는 데서 문제가 발생하는 것 같다."고 분석했다. 한편 교육 수준별로는 외국인 아내의 경우 고졸 이상이 72.7%였지만 한국인 남편은 고졸 이상이 49.5%인 것으로 나타났다.

출처: 연합뉴스(2007. 04. 05)

2) 문화차이와 편견

국제결혼가정은 언어 및 문화적 차이 등으로 부부 및 부모관계, 친족관계 등에서 정서적 갈등이 발생하고 있다. 인간관계에 있어서 기본적인 표현의 수단인 언어소통이 원활하지 않아서 오해와 갈등을 야기하고 가정구성원의 고민 등도 함께 나누고 해결하기가 쉽지 않다. 이와 같은 언어의 단절은 가정구성원 간의 정서적 단절로까지 연결되기 쉽다. 또한 이질적인 문화적 배경은 생활습관 및 가치관의 차이로 인하여 부부 및 가정구성원 간의 공동생활에 혼란과 어려움이 발생한다. 그리고 일반 가정에 비해 부부 간의 이질적인 문화와 가치관, 가정환경으로 인하여 자녀양육방법, 교육방법, 징계 및 훈련방법, 기대에 이르기까지 견해를 달리할 수 있어서 자녀양육으로 부부 간의 갈등이 발생할 가능성이 높다.

가정폭력으로 보호시설에 입소한 필리핀 이주여성과 이들의 한국인 배우자를 대상으로 조사연구한 신경희 · 양성은(2006)은 필리핀 이주여성들이 결혼 후 낯선 사회문화에 적응하기 위해 노력하지만, 아내의 적응에 대해 남편은 양가적인 감정을 가진다고 하였다. 즉 한국 남성들은 이주여성인 아내가 한국어를 익히고 한국의 일상생활에 적응하기를 원하는 동시에 일반적으로 자신보다 고학력이고 젊은 아내가 한국 사회에 익숙해지면 가출할지 모른다는 불안을 느끼는, 일종의 '선녀와 나무꾼 신드롬' 을 겪는다는 것이다. 따라서 국제결혼가정 내 이주여성은 남편이 국적 취득 절차를 미룸으로써 체류 신분상의 제약을 받으며, 가정 내에서 의사결정권이나 경제권을 갖지 못한다. 부부권력의 불균형과 문화적 적응에 어려움을 겪는 이주여성들은 부부갈등 시 남편이 폭력을 행사하여도 불법체류자로 전락하는 것이 두려워 결혼관계를 유지한다.

또한 민족 중심, 가부장적 혈연 중심의 사회적 가치관 또는 문화적 편견은 가정적으로, 사회적으로 여러 가지 혼란과 문제가 발생할 수 있다. 외국인 배우자는 한국 사회의 문화, 습관 등에서 배제되어 있으며, 외국인 배우자의 국적이 선진국이냐 후진국이냐에 따라 사회적 시각이 다르게 나타나고 있다. 선진국의 경우는 부러움의 대상이 되나, 후진국은 우월의식을 갖고 차별적인 대상으로 바라보는 경향이 있다. 이러한 사회적 분위기 속에서 외국인 배우자는 이웃과 직장 등 지역사회 등에서 따돌림 때문에 소외감과 정신적 긴장의 연속선상에서 살아간다.

사회적 차별은 국제결혼의 자녀에게 심각하게 나타난다. 배타적 민족주의 성향이 강한 우리 사회에서 혼혈이라는 이유로 차별의 가능성이 높다. 예를 들면 피부색이 다르다는 이유로 또래집단과 교육제도 등에서 상처받을 가능성이 크기 때문에 국제결혼가정은 자녀의 육아와 교육문제 등으로 어려움을 경험한다. 이와 같은 이질적인 가정구성원으로 이루어진 가정에 대한 사회적 편견은 전통적 부계 중심 · 혈연 중심의 가부장적 가족으로 보려는 사회적 가치가 중요한 요인으로 작용하고 있으며, 이외에도 사회적 편견은 가족이기주의나 인간 존엄성에 대한 인식 부족에서도 기인되고 있다.

3) 자녀양육 및 교육의 어려움

국제결혼가정, 특히 여성 결혼 이민자들이 자녀양육 시 어려움을 겪는 것은 양육지원체계가 빈약하기 때문이다. 양육에 따른 지원이 필요한 경우라도 이를 적절하게 조언해 주고 도와줄 수 있는 친척이나 가까운 이웃이 없다. 부모가 자녀를 양육하는 경우, 자녀양육에 대한 경험과 정보가 부족하여 부모가 자녀를 타인에게 위탁 양육하는 경우, 자녀를 본국에 보내는 경우가 많다.

외국인 노동자를 대상으로 조사한 국가인권위원회(2002)의 자녀양육 실태를 보면, 미등록 노동자들은 탁아소나 유치원 같은 곳에 자녀를 맡기기보다는 부모나 가정구성원이 직접 돌보고 있는 것으로 나타났다. 외국인 노동자가 한국에서 자녀를 양육하는 데 가장 어려운 점은 돈 문제와 의사소통 문제였다.

표 17-2 국내 거주 외국인 노동자의 미취학 자녀양육 실태

문항	전체 (N=39)	산업연수생	미등록 노동자	
		한국계 (N=4)	한국계 (N=15)	비한국계 (N=20)
비해당(미취학 자녀 없음)	17.3	40.2	.0	25.0
부모나 가족이 돌본다	32.0	23.5	50.0	20.7
보육시설(어린이집, 놀이방)	9.6	.0	.0	18.8
유치원	4.2	.0	.0	8.3
모국인 친구에게 맡긴다	4.1	36.3	.0	.0
낮에는 아이 혼자 지낸다	2.5	.0	.0	4.8
기타	30.3	.0	50.0	22.4
계	100.0	100.0	100.0	100.0

출처: 국가인권위원회(2002). 국내 거주 외국인 노동자 인권실태조사.

■ 표 17-3 국내 거주 외국인 노동자의 자녀양육에 가장 어려운 점

문항	전체 (N=31)	미등록 노동자	
		한국계 (N= 7)	비한국계 (N=20)
돈 문제	35.6	.0	25.0
학교 교육	7.4	.0	20.7
한국 사회 적응(한국어 습득 등)	2.6	.0	18.8
귀국 後 모국사회 적응준비(모국문화 및 언어습득)	3.8	.0	8.3
의사소통	23.7	100.0	4.8
기타	27.0	.0	22.4
계	100.0	100.0	100.0

출처: 국가인권위원회(2002). 국내 거주 외국인 노동자 인권실태조사.

우리 나라는 2001년까지는 불법체류자의 자녀가 한국 학교에 입학하려면 그 절차가 매우 까다로웠다. 출입국사실증명서와 거류신고증이 있어야 했고, 서류를 모두 갖추었어도 학교장의 배려 여부에 달려 있었다. 그러나 2002년 3월부터 외국인 노동자 자녀들도 한국 초등학교에 해당 학구 내 거주 사실 증명서만 있으면 입학이 가능하게 되었다. 그러나 문제는 한국 학교에 입학해서부터 발생하는데 한국어 교육기회의 문제이다. 정규 한국 학교에서는 한국어 특별수업이 없어 인사나 완전 초보 수준의 생활 한국어만 겨우 익힌 아이들이 한국 아이들과 함께 동등한 수업을 받기는 어렵다는 사실이다. 학습능력의 부재에다 선생님의 이해 부족, 그리고 심각한 따돌림까지 겪고 있는 실정이다. 더욱이 가정 내에서 외국인 엄마나 아빠와 함께 한국어 교육을 따로 받거나 이를 위해 과외 지도를 받기 어려운 경제적 상황에서 자녀들은 학교생활에서 현실적인 문제에 많이 노출될 수밖에 없다.

2. 자원관리의 지침

1) 다문화의 수용과 공동체 의식

국제결혼가정 구성원들에게 있어서 가장 시급한 과제는 이주해 온 가정구성원이 한국 문화에 일방적으로 동화되는 것이 아니라 자국의 출신 문화와 한국 문화 간의 쌍방향 소통 가능성을 모색하고 이를 활성화하는 방안을 찾는 것이다. 이를 위해서는 가정구성원 모두 문화적 차이의 존재에 대한 일반적 이해를 높이고 문화적 차이를 긍정적 요소로 받아들일 수 있는 분위기를 조성해야 할 것이다. 특히, 여성 결혼 이민자 대부분이 아시아 개도국 출신으로 '우리보다 못사는 나라' 라고 무시하거나 차별하는 사고에서 벗어나는 것이 중요하다.

이들에게 있어서 가정 형성의 철학은 다문화의 차이에 두는 것이 아니라 함께 공유하고 만족스러운 가정생활을 영위하는 데 근거해야 한다. 즉 인종이나 문화적인 차이에 우선해서 가정의 행복을 목적으로 생활해야 건강한 가정생활을 영위할 수 있을 것이다.

가정구성원이 다문화를 수용하고 공동체 의식을 높이기 위해서는 우리 나라에 소개되고 있는 아시아를 비롯한 각국의 다양한 문화 프로그램을 접해보는 것이 좋은 기회가 될 수 있다. 이러한 면에서 오스트레일리아 정부가 공동체적 조화를 장려하고 집단 간 관계성을 향상시키기 위해 실시하는 '화합을 이루는 삶(Living in Harmony) 프로그램' 등은 매우 좋은 사례이다. 이 사업에는 다양한 민족, 문화 출신 여성들 간의 교류, 특정 민족 여성의 역사와 문화 홍보, 여성과 관련된 민족적 편견이나 특정 민족의 젠더 문화에 대한 편견을 철폐하기 위한 교육이나 홍보, 젠더 문화에 대한 비교문화적 이해 증진을 위한 워크숍 등의 여성 관련 사업이 포함된다. 이와 같이 문화적 차이에 대한 인식의 변화를 위해서는 이주여성과 여성들의 출신 문화에 대해 우리 사회가 부여하는 가치를 긍정적으로 재구성해야 한다.

2) 사회적 지원과 가정의 선택

국제결혼가정이 직면하게 되는 여러 가지 문제들과 이를 해결하기 위해 필요한 관리적인 전략은 가정 스스로 극복하고 해결하는 차원을 넘어서 공공정책이나 서비스의 지원을 받아 관리기술을 높이는 방법이 절실하다. 예를 들어 국제결혼가정에게 있어 가장 기본적이면서도 중요한 문제인 국적 취득을 둘러싼 법률적인 문제는 법적, 행정적 서비스의 지원을 통해서 이루어질 수 있다. 또한 이주해 온 가정구성원은 한국어를 익히고 한국문화를 이해하는데 교육이나 사회적 관계망을 통해 지원을 받는 것이 중요하며, 한국인 배우자도 외국인 배우자 국가나 문화에 대한 이해를 통해 건강한 가정의 모습을 지키도록 노력하는 것이 중요하다. 따라서 국제결혼가정은 관련 정책이나 구체적인 서비스 지원에 대해 많은 정보를 받아들이고 사회관계망 형성을 통해 지지를 받는 것이 중요하다.

이에, 국제결혼과 외국인 노동자의 급증에 따라 최근 들어 정부에서는 여성 결혼 이민자와 혼혈인, 외국인 노동자 등이 직면한 문제를 정책의제로 채택하고 이에 대한 해결책을 강구하기 위한 움직임이 빠르게 진행되고 있다. 특히, 2005년 하반기부터 광범위한 정부 부처에서 종합적인 대책을 마련하기 시작하여 2006년 4월 '여성 결혼 이민자 가족 및 혼혈인 · 이주자 사회통합 지원방안'을 발표하였다.

이 가운데 여성 결혼 이민자와 관련해서는 여성 결혼 이민자의 사회통합과 열린 다문화사회 실현이라는 비전을 통해 우리 사회에서 차별과 복지의 사각지대를 해소한다는 기본 방향을 지향한다. 구체적으로 탈법적 국제결혼 중개방지 및 결혼 당사자 보호, 가정폭력 피해자의 안정적 체류지원, 한국 사회 조기 정착 지원, 아동의 학교생활 적응 지원, 생활 안정 지원 강화, 사회적 인식 개선, 추진체계 구축 등의 정책과제를 포함한다.

따라서 국제결혼가정의 결혼 이민자 여성은 한국어 교육, 가족교육, 문화교육, 정보화 교육 등을 받거나 출산도우미나 관련 네트워크 활용 등의 다양한 서비스를 이용하여 가정관리의 여러 가지 문제들을 해결하는데 도움을 받을 수 있다. 이러한 서비스를 지원하고 다양한 사업을 시행하기 위해 결혼 이민자가족지

표 17-4 여성 결혼 이민자 정책의 세부 계획

정책 과제	세부 계획
탈법적인 국제결혼 중개방지 및 결혼당사자 보호	- 국제결혼 중개업 관리 법률 제정 - 사증발급 심사 강화 - 이주 전 건강 관리체계 구축
가정폭력 피해자의 안정적 체류지원	- 이주여성 체류 제도 개선(쉼터나 시민단체 확인 인정) - 가정폭력 피해자 지원만 구축(전용 쉼터 설치, 종사자 언어교육, 인식교육)
한국 사회의 조기정착 지원	- 한국어 · 한국문화교육 실시(방송교육, 지역단위 교육 실시, 교재개발, 사전발간) - 단계별 정착지원(입국 전 한국이해교육, 정착 초기 가정 내 상호문화 이해증진교육, 국가별 커뮤니티 형성 등)
아동의 학교생활적응 지원	- 다문화교육 추진체계 구축 - 학교의 다문화교육 기능 강화 - 집단따돌림 예방
생활안정 지원강화	- 기초생활보장을 위한 제도개선(국민기초생활보장법 등) - 저소득층 모자보건 서비스, 보건 서비스 지원
사회적 인식 개선	- On/Off-Line 홍보 - 관계자 다문화 교육 - 지역사회 다문화 프로그램 지원
업무추진체계 및 전달체계 구축	- 결혼 이민자 가족지원센터 운영 등

출처: 한국여성개발원(2006). 여성 결혼 이민자의 문화적 갈등 경험과 소통증진을 위한 정책과제. p.199.

원센터가 이미 설립되어 운영 중에 있다.

또한 지방자치단체는 여성회관, 종합사회복지관 등을 통해 결혼 이주 여성을 대상으로 한 다양한 서비스를 시행하고 있다. 주요 서비스는 한국어 교육, 한국요리강습, 문화유적 탐방, 한국의 전통문화 체험, 생활예절 교육, 일상생활 적응 프로그램 등 한국생활에 필요한 기본적인 정보를 제공하고 언어와 음식 등 생활문화에 대한 적응력을 높이며 한국의 역사와 전통문화에 대한 이해를 증진시키기 위한 프로그램이다. 따라서 국제결혼가정의 결혼 이민자 여성들은 이러한 프로그램에 참여하여 한국의 문화를 이해하고, 사회적 연계망을 구축하며, 생활에서 발생할 수 있는 문제에 대해 실질적인 도움을 받을 수 있다.

표 17-5 결혼 이민자 가족지원센터의 공통사업

공통사업	내 용
교육	• 한국어 교육 • 가족교육(국제결혼부부교육 프로그램, 결혼이민자 가족통합 프로그램) • 문화교육, 정보화교육
상담	• 개인상담, 가족상담, 집단상담
자녀보호	• 부모교육 시 아동보호
자조집단 육성	• 결혼 이민자 자조집단 육성지원 • 자조집단 지도자 양성사업
문화 · 정서 지원	• 출산도우미 • 친정어머니(멘토) 및 후원가정 매칭 • 결혼 이민자 가족 단위 네트워크 구축
홍보 네트워크 형성	• 지역사회 홍보 • 지역 내 유관기관과 협의체 구성 • 결혼이민자 가족지원 사업수행기관 및 단체와 네트워크 형성

출처: 한국여성개발원(2006). 여성 결혼 이민자의 문화적 갈등 경험과 소통증진을 위한 정책과제. p.205.

생각해볼 문제

1. 우리 사회에서 국제결혼 증가 현상에 따라 나타난 변화상을 제시해 보자.
2. 국제결혼가정이 겪는 가정관리상의 문제점을 지적해 보자.
3. 국제결혼가정을 대상으로 제공할 수 있는 공공정책 서비스의 사례를 알아 보자.

참/고/문/헌

국가인권위원회(2002). 국내 거주 외국인노동자 인권실태조사.

김유경(2005). 가족원 특성에 따른 다양한 가족의 실태와 사회적 지원체계. 보건복지포럼(한국보건사회연구원) 103호. 47-72.

신경희 · 양성은(2006). 국제결혼가족의 부부갈등에 관한 연구. 대한가정학회지 44(5). 1-8.

한국여성개발원(2006). 여성결혼 이민자의 문화적 갈등 경험과 소통증진을 위한 정책과제.

한국여성개발원(2003). 외국인 노동자 가족관련 정책 비교 연구.

한국여성개발원(2003). 다양한 가족출현에 따른 쟁점과 가족관련법의 방향정립에 관한 연구. Press.

찾 · 아 · 보 · 기

■ 저자 약력

홍성희(hsh@kmu.ac.kr)
이화여자대학교 가정경영 및 경제전공, 문학박사
계명대학교 소비자정보학과 교수

김혜연(morning@cheju.ac.kr)
이화여자대학교 가정경영 및 경제전공, 문학박사
제주대학교 가정관리학과 교수

김성희(dustinw@unitel.co.kr)
이화여자대학교 가정경영 및 경제전공, 문학박사
가톨릭대학교 사회복지학 박사 수료
여주대학 사회복지과 교수
여주군 건강가정지원센터 센터장

윤소영(soyoung@kcti.re.kr)
이화여자대학교 가정경영 및 경제전공, 문학박사
한국문화관광연구원 여가연구센터장

고선강(skoh@sungshin.ac.kr)
아이오와주립대학교 가정자원관리전공, 철학박사
성신여자대학교 가족문화 · 소비자학과 조교수

건강가정을 위한 **가정자원관리**

2008년 3월 5일 초판 1쇄 인쇄 | 2008년 3월 10일 초판 1쇄 발행
2010년 3월 10일 초판 4쇄 발행 | 2010년 9월 10일 초판 5쇄 발행
2011년 3월 10일 초판 6쇄 발행 | 2012년 9월 10일 초판 7쇄 발행
2013년 9월 10일 초판 8쇄 발행 | 2014년 9월 10일 초판 9쇄 발행
2016년 9월 10일 초판 10쇄 발행 | 2018년 9월 10일 초판 11쇄 발행
2021년 3월 10일 초판 12쇄 발행

지 은 이 홍성희 김혜연 김성희 윤소영 고선강
펴 낸 이 최용구
펴 낸 곳 도서출판 신정

주 소 (04316) 서울시 용산구 원효로 89길 19 (원효로1가)
전 화 02) 3211-4782 · 0266(영업부), 3211-4783(편집부), 3211-4784(팩스)
이 메 일 shinjeong72@naver.com
홈페이지 www.sjbook.co.kr
등 록 2001년 5월 11일 제13-702호

기획마케팅 최용구 장만동 최충구 진소희
책임편집 석기은 황가연
본문편집 이안기획
표 지 SDY

ISBN 978-89-5912-043-7 93590

정가 16,000원